新・宇宙戦略概論

グローバルコモンズの未来設計図

［著］
自由民主党　総合政策研究所　特別研究員
坂本 規博

科学情報出版株式会社

はじめに

この本を目にしている皆様は宇宙関係者か宇宙に興味を持っている人と思われますが、紫式部や清少納言が住んでいる太陽系の星をご存知でしょうか？答えは水星です。水星の英名Mercuryはローマ神話の芸術の神の名であるため、国際天文学連合が水星のクレーターに文学者や芸術家、音楽家の名前をつけたものです。因みに最大のクレーターはベートーベンで、日本人では、Murasaki（紫式部）、Sei（清少納言）のほか、Basho（芭蕉）、Hitomaro（柿本人麻呂）、Kenko（吉田兼好）など20人が命名されています。

宇宙には夢とロマンと芸術がいっぱい詰まっています。米国では名誉とお金を手にしたＩＴ企業の経営者が続々と宇宙に参入しています。たとえば、イーロン・マスク（電気自動車テスラモーターＣＥＯ）はSpaceX社を設立してファルコンロケットで宇宙輸送事業を展開し、ジェフ・ベゾス（ＡｍａｚｏｎＣＥＯ）は民間宇宙開発企業ブルーオリジン社を設立し、ポール・アレン（マイクロソフト共同創業者）はストラトローンチシステムズ社を設立してロケットによる宇宙輸送事業に参入しています。これは、人間の生命が宇宙から来ており死ぬときには宇宙に帰るという自然の摂理がもたらしているのでしょうか。

1章では、過去30年にわたる筆者の宇宙開発の現場体験と宇宙政策立案体験をもとに、政策の階層と課題、国家戦略と宇宙政策、日本の宇宙政策（宇宙基本法～今日まで）、国家戦略遂行に向けた重要課題、という四つの視点で「国家戦略と宇宙政策」についてまとめました。２００８年の宇宙基本法ができる前は「科学技術」に偏重した宇宙開発となっていましたが、現在では宇宙基本法の理念の三本柱である「安全保障」「産業振興」「科学技術」のバランスのとれた宇宙開発となっています。また、米国の宇宙政策関係者も感心している宇宙プロジェクトの立案過程を明確にし、産業界が投資しやすくするために予算とリンクした10年間の衛星やロケットの打ち上げスケジュールを明記した宇宙基本計画・工程表が作られました。これらの宇宙政策の課題をどのように解決していったか、その経緯について紹介しています。国家戦略には大別して、「国家安全保障戦略」と「国家経済戦略」

がありますが、我が国では２０１３年に国家安全保障戦略ができる前までは「欧米に追い付き追い越せ」が唯一の国家戦略でした。国家経済戦略は「国のあるべき姿」を示した上で国家経済のあるべき姿を体系的に描く必要があり、テーマが大きすぎるためか未だ実現に至っていません。そろそろ「日本国のあるべき姿」のグランドデザインを描く時期がきているのかもしれません。

2章では、日本の宇宙開発の歴史、歴史的なターニングポイントと今後、日本の主要ロケット打ち上げ実績、という三つの視点から、「日本の宇宙開発の歩み」としてまとめました。日本航空宇宙工業会（ＳＪＡＣ）は、我が国の航空宇宙産業の50周年記念誌として平成15年に「日本の航空宇宙工業50年の歩み」を発刊しました。筆者は当時ＳＪＡＣに勤務しておりその「宇宙編」を担当・編纂したのですが、日本の宇宙開発の歴史は、そのとき集めた膨大な資料から筆者が編集したものです。本編に「日本の主要ロケット打ち上げ実績」、巻末に「資料　日本の宇宙開発の歴史年表」を付けました。読者が日本の宇宙開発の歴史を振り返りたいときに役立つと思いますので、折に触れ参考にしてください。

3章では、我が国の宇宙利用、宇宙産業の動向、世界を制する宇宙技術の獲得、世界の宇宙開発最前線という四つの視点から、「日本の宇宙産業」としてまとめました。私は宇宙利用分野には、「観測地点としての宇宙」「中継地点としての宇宙」「宇宙としての宇宙」「産業波及としての宇宙」「安全保障としての宇宙」という五つの利用分野があると定義しています。これらの宇宙利用の結果、ある程度の規模になると宇宙産業が出現するのですが、これまでの「産業振興」を重視してこなかったツケにより、残念ながら我が国の宇宙産業は欧米に比べるとまだ幼児期で大人になるためにはまだ相当の時間がかかります。今後しっかりとした宇宙産業ビジョンを作って推進する必要があります。筆者は宇宙産業を振興するにはどうしたらいいかをこの20年毎晩のように考えてきました。ＧＤＰ拡大に貢献するという観点からの現時点の結論としては、来るべき宇宙旅行時代の乗り物に航空機と同じく重要なパーツサプライヤーとして参画すること、新たな宇宙輸送手段である宇宙エレベータで世界のリーダーシップをとること、宇宙発電所を作り日本の不足しているエネルギーを確保する（その技術を世界展開し外交ツールとして活用）こと、勃発した宇宙資源開発競争において日本の優秀なロボティクス技術を活用することなどでしょうか。宇宙環境保全、宇宙交通管理という観点からは、宇宙ゴミの回収も緊急の課題となっています。

4章では、宇宙基本法の「安全保障」政策の実現に向けて、衛星情報とG空間情報との融合、軍事通信手段の確保、宇宙状況把握（SSA）・海洋状況把握（MDA）・大規模津波災害への対処、自律的打上手段の確保、自律性を考慮した射場、安全保障に係る国の仕組みの構築（国家の体制）といった視点から、「安全保障と宇宙・海洋総合戦略」としてまとめました。宇宙は国家戦略を遂行するための重要なツールであり、宇宙、航空、海洋、サイバー分野は安全保障戦略で言うところのグローバルコモンズとして関連しています。国家安全保障戦略実現する具体的な方策として、宇宙と海洋の融合した戦略について提案してみました。

5章では、電磁サイバー攻撃の現状、電磁サイバー攻撃・防御技術、重要社会インフラの脅威、軍事インフラの脅威、新時代の電磁サイバー戦略という五つの視点から「安全保障と電磁サイバー戦略」についてまとめてみました。我が国の安全保障を考えたときに最も脆弱なのが電磁サイバー分野と言われています。今後の世界の戦闘形態の主流は宇宙戦・電磁サイバー戦であり、まず戦闘の指揮命令系統を遮断するため宇宙の衛星の機能を喪失させ、次に航空機や艦船、地上のレーダーに電磁サイバー攻撃を仕掛けることで、その後に続く航空戦、海上戦を有利に導くものです。なお、我が国が関係すると思われるこれからの戦争・紛争は電磁サイバーとミサイルによる短期決戦が主（世界は経済で有機的に連携し長期戦になると攻撃する側も疲弊し経済的メリットはなく世界から非難を浴びる）で、国民が心配する徴兵制につながる長期戦にはならないと言われています。

6章では、21世紀の未来学、宇宙・航空・海洋の未来設計図という四つの視点から「グローバルコモンズの未来設計図」についてまとめてみました。

宇宙分野においては、近未来（現在～2030年）に、自律的、即応的な安全保障衛星の打ち上げ、弾道型宇宙旅行、火星衛星の探査（フォボス・ダイモス）、太陽系外の惑星探査、月面基地の建設が始まります。世紀の半ば（2030～2070年）には、低コスト、高効率、大量、高頻度の衛星の打ち上げ、滞在型宇宙旅行、宇宙エレベータ、宇宙太陽光発電所が実現し、東京～ニューヨーク日帰りが可能となり、火星のテラフォーミング、低軌道補給基地から月へ人員・物資を輸送、深宇宙探査、惑星資源回収が始まります。遠い未来（2070～

2100年）には、月、火星を拠点とした宇宙探査や、原子力ロケット、核融合ラムジェット、反物質ロケット、ナノシップの開発、そして地球からの脱出の検討が始まります。

航空分野においては、航空機産業として、2030年代に現在の自動車の世界シェアに匹敵する15～20％（7.5～10兆円規模）の実現を目指した開発が行われます。民間航空機プロジェクトでは、リージョナル機MRJの推進とアジアを中心とする小型機（100～150席クラスの機体）需要を獲得するためのポストMRJの開発、大型民間輸送機（B777-X）エンジン共同開発研究、アジア地域への移動時間が半減する超音速機の開発などです。技術面では、世界最高レベルの省エネ性、経済性、環境適合性、安全性を目指した革新的素材、電化装備品、水素燃料技術等の重要先端技術研究が挙げられます。防衛航空機プロジェクトでは、US-2等防衛省機の民間転用・海外輸出、次期戦闘機（F-35A）への国内企業参画シェアの拡大、将来戦闘機の国産化、などがあります。

海洋分野においては、海洋安全保障として、MDAの能力強化と海洋・宇宙・サイバーが連携した平和安全保障の実現が重要です。産業振興面では、海洋産業の振興・国際競争力強化と人材の育成、年間20兆円規模の石油・ガスエネルギーを輸入している日本の最大のウィークポイント解決のための海洋鉱物資源・エネルギーの開発です。科学技術面では、海洋情報の一元化や東日本大震災の教訓を活かしたわが国の津波警報システムの世界の津波地域への展開、気候変動メカニズムの解明、台風、集中豪雨等の被害を軽減するための気象をコントロールする仕組みの研究開発、などです。

本書は、図書館、書店に宇宙政策の本が少ないこと、筆者が過去に海洋・宇宙・防衛三分野のプロジェクトの設計実務者であったこと、現在の宇宙政策に多少なりとも関与しているという三点から、過去・現在・未来を展望して宇宙戦略概論（航空、海洋、サイバーを含む）としてまとめたものです。対象読者は、宇宙を愛する人、宇宙の仕事に従事している人、現在学生で将来宇宙を職業にしたい人、過去に宇宙で歴史を作ってきた人を想定しましたが、航空、海洋、サイバー関係者の方にも参考になると思います。この本は宇宙政策書として、また我が国の宇宙開発の歴史書かつ2100年までの未来書として書きました。読者の手元において活用していただければ筆者の喜びとするところです。

Contents

Contents

章

国家戦略と宇宙政策

宇宙を利用した一連のサービスは極めて多岐にわたり、私たちの生活に密着したものとなっている。世界は、安全保障だけでなく、気象、環境モニタリング、災害防止、通信、教育、娯楽、監視等で宇宙技術に依存している。本章では、宇宙政策を例にして、国家戦略と政策の関係、国家戦略と国益の関係を明確にするとともに、２００８年に制定された宇宙基本法から今日までの日本の宇宙政策の主要な流れと、国家戦略遂行に向けた重要課題について紹介する。

1-1 政策の階層と課題

(1) 政策の階層

政策に階層はあるのだろうか?他の政策領域を含め政策には共通して次に示すように、国家戦略／長期戦略／短期戦略／プログラムという4つの階層があり、宇宙政策を例にとると図1-1のようになる。

①階層１：国家戦略（National Strategy）

ここで定めるのは「国家のあり方」である。具体的には「国家目標／自律性の程度／優先すべき政策課題」で、我が国では宇宙基本法と後述する宇宙2法である。

②階層２：宇宙戦略（Space Strategy）

ここで定めるのは「国家戦略に奉仕する長期戦略」である。具体的には「国家戦略からプログラムまでの一貫した戦略」で、我が国では宇宙基本計画・工程表である。

③階層３：宇宙政策（Space Policy）

ここで定めるのは「戦略を具体化する短期戦略」である。具体的には「政策の重点化／予算配分」で、我が国では宇宙基本計画・工程表である。

④階層4：宇宙プログラム（Space Program）

ここで定めるのは「政策の実施項目」である。具体的には「宇宙戦略・政策に合致した効率的なプログラム」で、我が国ではＪＡＸＡ中期計画等である。

(2) 国家戦略遂行上の課題

これら国家戦略を遂行する課題としては、大別して次の二つがある。

＜課題１＞：宇宙システムの整備が遅れている。

人工衛星やロケット等の宇宙システムは国家戦略遂行のために必須のツールだが、必要なシステムの整備が遅れている。たとえば、図1-2に国家戦略遂行に必要な宇宙システムを示しているが、欧米、ロシア、中国では一通り整備されているのに対し、我が国では図中の（★）部で示す衛星しか配備されておらず、宇宙基本法や国家安全保障戦略を遂行するための準備が不十分である。

＜課題２＞：宇宙2法をもとに宇宙産業の振興を図る。

宇宙基本法の理念を具体化し、我が国の宇宙活動を規定する通称「宇宙2法」（宇宙活動法、衛星リモートセンシング法）がようやく2016年11月に成立したが、我が国は欧米に比べて宇宙分野の産業振興が遅れている。因みに、世界の宇宙法は、下記に示すように多くの国で制定されているが、大別すると、産業振興含む宇宙活動法と衛星リモートセンシング法と考えてよい。図1-3に、宇宙基本法と宇宙2法の関係を示す。

(ア) 国際宇宙法

国際宇宙法としては次のようなものが制定されている。

①国連宇宙諸条約

A.宇宙条約、B.救助返還協定、C.宇宙損害責任条約、D.宇宙物体登録条約、E.月協定

②国連原則等

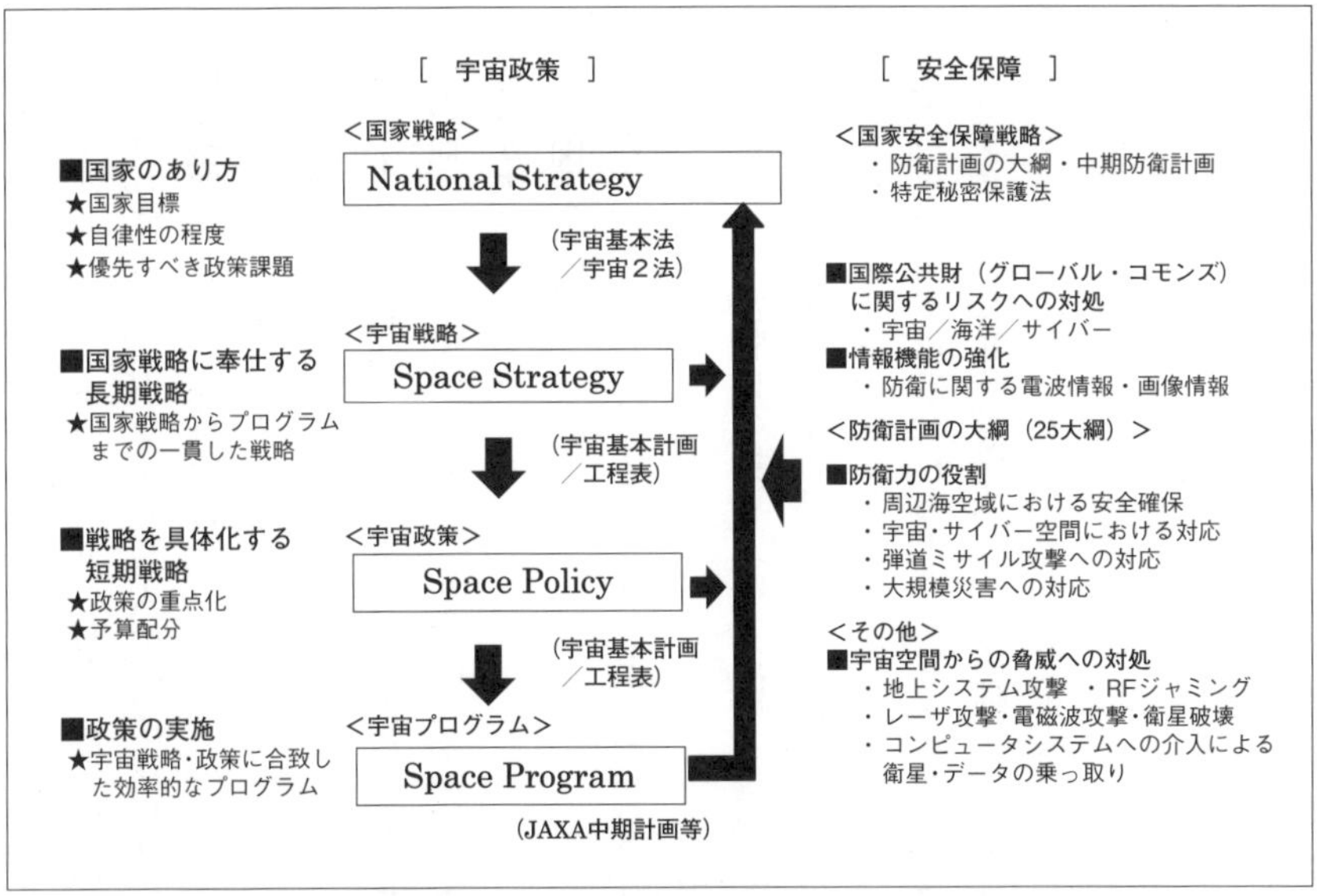

〔図 1-1〕国家戦略と宇宙政策の階層図（出所：筆者作成）

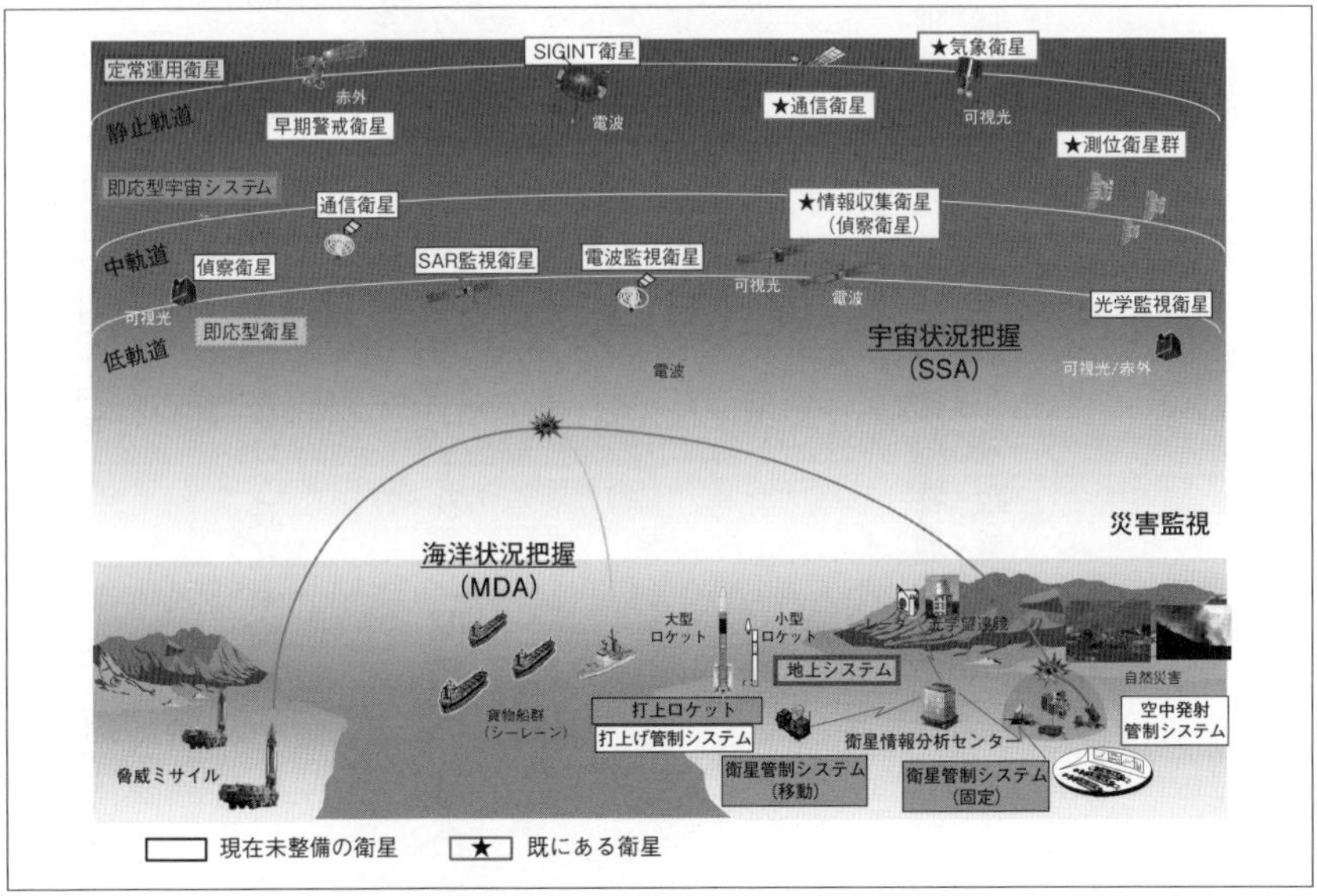

〔図 1-2〕国家戦略遂行に必要な宇宙システム
（出所：NPO 宇宙利用を推進する会資料より）

A.宇宙法原則宣言、B.直接放送衛星原則、C.リモートセンシング原則、D.原子力電源利用原則、E.スペース・ベネフィット宣言、F.「打ち上げ国」概念の適用、G.宇宙物体登録勧告、H.国連（IADC）スペースデブリ低減ガイドライン、I.国内法採択勧告

③国際機関の設立に係る条約

A.欧州宇宙機関（ESA）設立条約、B.アジア太平洋宇宙協力機構（APSCO）設立条約

④自主規制による国際レジーム

A.ハーグ行動規範、B.宇宙活動行動規範案（EU提案）

⑤その他の国際宇宙法として、通商関連条約、ケープタウン条約、国際宇宙ステーション関連法、日米二国間条約等がある。

（イ）各国の宇宙法

各国の宇宙法としては次のようなものが制定されている。

①豪州：宇宙活動法

②ベルギー：宇宙物体の打ち上げ、運用、誘導

③ブラジル：商業打ち上げ活動に係る決議

④カナダ：リモートセンシング宇宙システム法

⑤中国：民生用宇宙飛行打ち上げプロジェクト許可証管理暫定弁法、宇宙物体登録管理弁法

⑥フランス：CNES設置法、宇宙活動法、新アリアン宣言、リモートセンシング政令

⑦ドイツ：高解像度リモセンデータ配布法

⑧オランダ：宇宙事業法

⑨ノルウェー：宇宙物体打ち上げ法

⑩韓国：宇宙開発振興法、宇宙損害賠償法

⑪ロシア：宇宙活動に関する連邦法、連邦ナビゲーション活動法

⑫南アフリカ：宇宙事業法
⑬スウェーデン：宇宙活動に関する法律・政令
⑭ウクライナ：宇宙活動法
⑮イギリス：宇宙活動法
⑯米国：国家航空宇宙法、商業宇宙打ち上げ法、陸域リモートセンシング政策法、１９９８年商業宇宙法
⑰日本：宇宙基本法、宇宙活動法、衛星リモートセンシング法

現在、アルゼンチン、オーストリア、チリ、カザフスタン、スペイン、インドネシアの６か国が宇宙活動法を作成している。

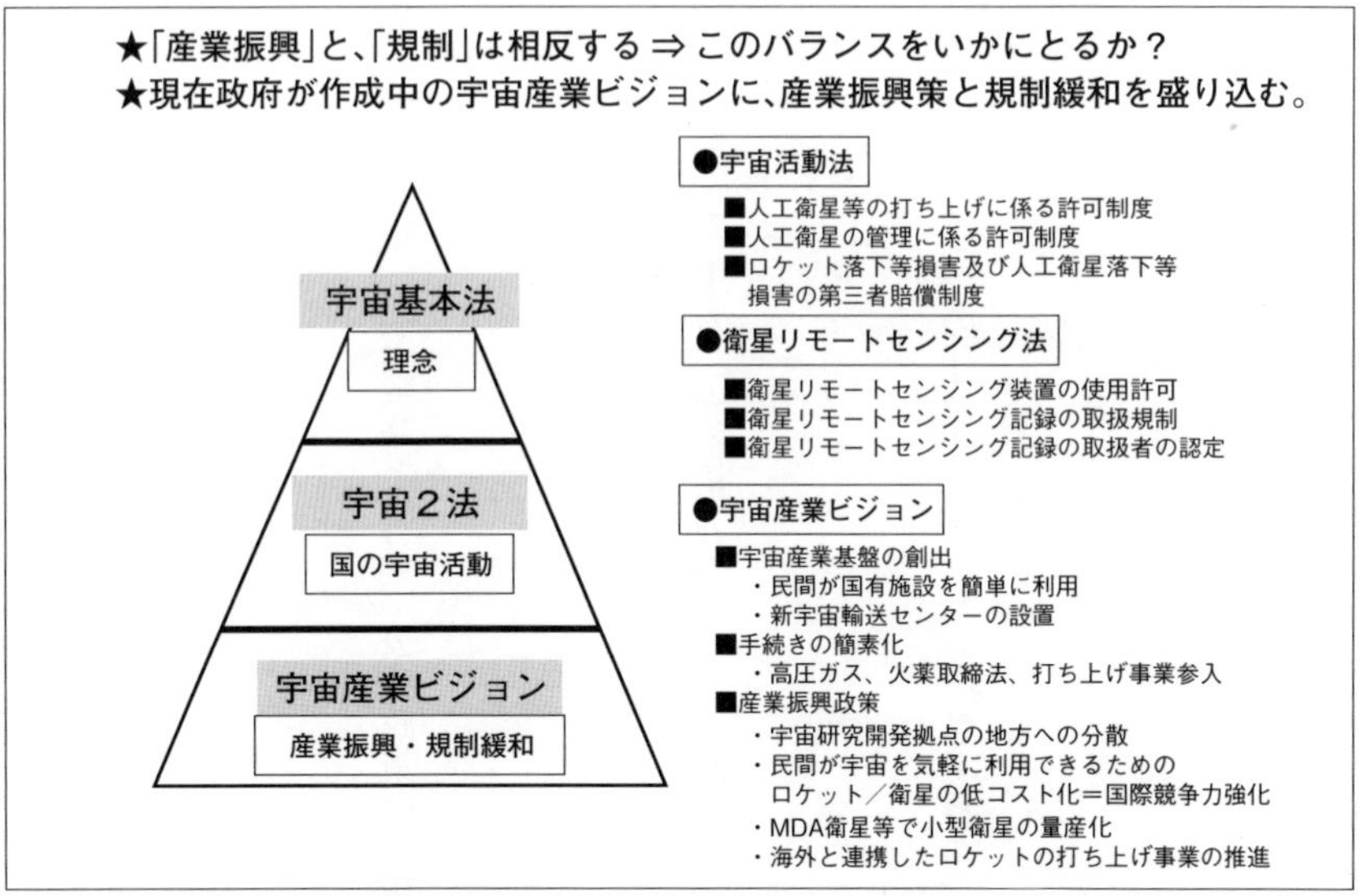

〔図 1-3〕宇宙基本法と宇宙２法の関係（出所：筆者作成）

1-2 国家戦略と宇宙政策

(1) 国家戦略と国益

国家戦略と国益の関係はどのようになっているのだろうか。図1-4に、国家戦略と国益、公共政策の関係を示す。

(ア) 国家戦略とは?

・国家戦略：国力を使って国益を実現する方法
・国益：国民が幸福に暮らせること
・国力：国際関係に影響力を及ぼすことができる力で、具体的には、「軍事力」、「経済力」、「ソフトパワー」のこと

(イ) 領土・領海

・国土：世界第62位
・グローバルコモンズを構成する「海洋」は、EEZを含むと世界第6位（海の体積では4位）の広さを持ち、島嶼数は6,852もあり、我が国は世界屈指の海洋大国である。

(ウ) 国民

・GDP：世界第3位
・国民資質：世界トップクラスの勤勉さ、器用さを持つ。

(エ) 国益とは?

国家安全保障戦略によると、国益とは次の4点である。

①主権・独立を維持し領域を保全し国民の生命・身体・財産の安全を確保すること。

②豊かな文化と伝統を継承し我が国の平和と安全を維持しその存立を全うすること。

③我が国と国民のさらなる繁栄を実現すること。

④自由、民主主義、基本的人権を尊重し、法の支配に基づく国際秩序を維持・擁護すること。

(2) 国家戦略と公共政策

国家安全保障の目標は、次に示す3点である。

①平和と安全を維持し必要な抑止力を強化して我が国に直接脅威が及ぶことを防止すること。

②日米同盟を強化しアジア太平洋地域の安全保障環境を改善して直接的な脅威の発生を予防・削減すること。

③国際秩序を強化し紛争の解決に主導的な役割を果たして平和で安定し繁栄する国際社会を構築すること。

なお、これらの国家安全保障の目標を実現するには、国家が安定した社会基盤を持つことが重要であり、その社会基盤を構築するための政策が公共政策である。この公共政策は二層からなり、第1層は衣食住、安全安心、娯楽であり、第2層は宇宙、航空、海洋、

国家戦略

■国家戦略：国力を使って国益を実現する方法
■国益　　：国民が幸福に暮らせること
■国力　　：国際関係に影響力を及ぼすことができる力で、具体的には、「軍事力」、「経済力」、「ソフトパワー」

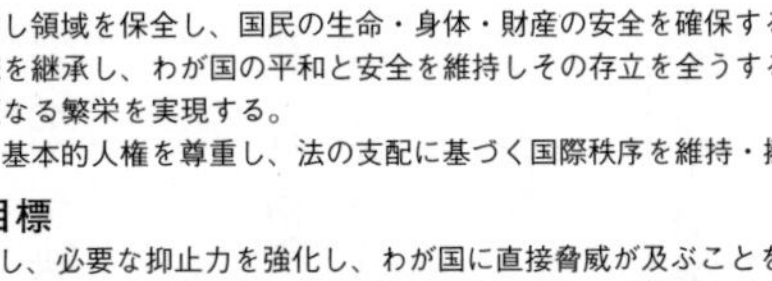

■1層：衣・食・住／安全・安心／娯楽
■2層：宇宙／航空／海洋／サイバー／エネルギー／環境、他　　⇔ 公共政策

● 国益

① 主権・独立を維持し領域を保全し、国民の生命・身体・財産の安全を確保する。
② 豊かな文化と伝統を継承し、わが国の平和と安全を維持しその存立を全うする。
③ わが国と国民の更なる繁栄を実現する。
④ 自由、民主主義、基本的人権を尊重し、法の支配に基づく国際秩序を維持・擁護する。

● 国家安全保障の目標

① 平和と安全を維持し、必要な抑止力を強化し、わが国に直接脅威が及ぶことを防止する。
② 日米同盟を強化し、アジア太平洋地域の安全保障環境を改善し、直接的な脅威の発生を予防・削減する
③ 国際秩序を強化し、紛争の解決に主導的な役割を果たし、平和で安定し繁栄する国際社会を構築する。

〔図 1-4〕国家戦略と公共政策の関係（出所：筆者作成）

エネルギー、輸送・交通、環境等の政策から構成される。図1‐4に、国家戦略と公共政策の関係を示す。

(3)国家安全保障戦略

2013年12月17日、国家安全保障戦略、特定秘密保護法、防衛計画の大綱（25大綱）が閣議決定されたことで、防衛分野における宇宙技術の活用が我が国の大きなテーマとして浮上してきた。

(ア)基本理念

国家安全保障戦略の基本理念は、「我が国は平和国家としての歩みを堅持し、国際政治経済の主要プレーヤーとして我が国の安全およびアジア太平洋地域の平和と安定を実現しつつ、国際社会の平和と安定、反映の確保にこれまで以上に積極的に関与していく」ことである。

(イ)国家安全保障上の課題

国家安全保障戦略で示されている国家安全保障上の大きな課題は、①パワーバランスの変化と技術革新、②大量破壊兵器拡散の脅威、③国際テロの脅威、④国際公共財に関するリスク、⑤人間の課題、⑥リスクを抱える世界経済、の6つである。

これを宇宙と海洋政策に絞ると、ポイントは「グローバルコモンズ（注）に関するリスクへの対処」と「情報機能の強化」となる。

（注）グローバルコモンズとは、海洋・宇宙・サイバーといった国際公共財のことで、これらのリスクの定義と対処に必要な宇宙・海洋インフラを示す。

＜課題1＞グローバルコモンズに関するリスクへの対処

①海洋

（リスクの対処）

・海賊／不審船／不法投棄／密輸・密入国／海上災害／航行の安全と自由／シーレーンの確保／北極海航路の開通／資源開発における国際的なルールの構築／大量破壊兵器の拡散防止

（必要インフラ）
・海洋状況把握（ＭＤＡ：Maritime Domain Awareness）システム
②宇宙
（リスクの対処）
・情報収集や警戒監視機能の強化
・軍事のための通信手段の確保
・衛星破壊実験や衛星の衝突による宇宙ゴミ増加と対衛星兵器の開発への対処
（必要インフラ）
・日本版ＮＧＡ（注）システム、軍事通信衛星、宇宙状況把握（ＳＳＡ：Space Situational Awareness）システム

（注）ＮＧＡ（National Geospatial-Intelligence Agency）とは、アメリカ国家地球空間情報局のこと。

③サイバー
（リスクの対処）
・情報の自由な流通による経済成長やイノベーション推進に必要なサイバー空間の防護とサイバーセキュリティの強化
（必要インフラ）
・サイバー状況把握（ＣＳＡ：Cyber Situational Awareness）システム
＜課題２＞情報機能の強化
①国家安全保障に関する政策判断を的確に支えるための人的情報・公開情報・電波情報・画像情報等、多様な情報収集能力を強化すること。
②人的基盤の強化、政府が保有するあらゆる情報を活用した総合的な分析を行い、国家安全保障会議（日本版ＮＳＣ）に資料・情報を適時に提供し、政策に適切に反映すること。

（ウ）特定秘密の保護に関する法律（平成25年法律第１０８号）

特定秘密の指定対象は次の通り。

①防衛に関し収集した電波情報、画像情報その他の重要な情報

②上記情報の収集整理またはその能力

③防衛の用に供する通信網・通信の方法

(4) 防衛計画の大綱（通称25大綱）

（ア）基本理念

我が国は国家安全保障戦略を踏まえ、国際協調主義に基づく積極的平和主義の観点から、我が国自身の外交力、防衛力等を強化し、自らが果たし得る役割の拡大を図るとともに、日米同盟を機軸として各国との協力関係を拡大・深化させ、我が国の安全およびアジア太平洋地域の平和と安定を実現しつつ、国際社会の平和と安定、反映の確保にこれまで以上に積極的に関与していくこと。

（イ）防衛力の役割

防衛計画の大綱に示されている防衛力の役割を宇宙と海洋関係に絞ると、ポイントは「自衛隊の体制整備」で、具体的には次に示す「防衛力の役割」と「自衛隊の体制整備にあたり重視すべき機能・能力」である。

①防衛力の役割

・自衛隊の効率的な活動を妨げる行為を防止するための常続監視体制の構築

・周辺海空域における安全確保

・弾道ミサイル攻撃への対応

・大規模災害等への対応

②自衛隊の体制整備にあたり重視すべき機能・能力

・人工衛星を活用した情報収集能力の強化

・宇宙状況把握（ＳＳＡ）の取り組みを通じた効果的かつ安定した宇宙空間の利用の確保

これを実現する宇宙システムは、偵察衛星／早期警戒衛星（センサ）／測位衛星／気象衛星／海洋状況把握（MDA）／ミサイル監視（SSA）／情報収集衛星／通信衛星／宇宙状況把握（SSA）等のシステムである。

⑸宇宙空間からの脅威

（ア）宇宙空間からの脅威

米空軍が考える宇宙空間からの脅威は、表1-1に示すように六つあるが、我が国としても体系的に検討し関連する政策に反映する必要がある。

（イ）脅威への対策

これらの「脅威への対策」としては、表1-2、表1-3に示すように、DCS：Defensive Counter Space（宇宙防勢）とOCS：Offensive Counter Space（宇宙攻勢）の二つがある。

〔表1-1〕宇宙空間からの脅威

No	宇宙空間からの脅威	脅威の内容
1	地上システムへの攻撃	地上設備、地上インフラに対する攻撃
2	RFジャミング	衛星との通信リンクに関する電波干渉
3	レーザ攻撃	レーザによる衛星の干渉、性能劣化、破壊
4	EMP（Electro Magnetic Pulse）	強力な電磁波による衛星、地上システムの性能劣化、破壊
5	ASAT（Anti Satellite）	ミサイル等の運動体による衛星の性能劣化、破壊
6	IO（Information Operation）	コンピュータシステムへの介入による衛星乗っ取り、データ横取り

（出所：米空軍情報を基に筆者編集）

〔表1-2〕DCS（宇宙防勢）

No	DCS（宇宙防勢）	脅威への対策
1	パッシブな対抗措置	地上システムのカムフラージュ、欺瞞、電波干渉・妨害への対応、衛星自体の強化
2	攻撃の探知・分析	攻撃の探知・特質・武器の識別、脅威位置の特定、対抗手段の決定
3	アクティブな対抗措置	衛星軌道の変更、アンチジャミングや暗号変更等のシステム構成の変更、敵能力抑圧のためASATの攻撃、敵OCSの無力化、ハード・ソフト・通信リンクの冗長性

（出所：米空軍情報を基に筆者編集）

〔表 1-3〕OCS（宇宙攻勢）

No	OCS（宇宙攻勢）	脅威への対策
1	五つの効果	① Detection（欺瞞） ② Disruption（混乱） ③ Denial（拒否） ④ Degradation（劣化） ⑤ Destruction（破壊）
2	ターゲット	①衛星への攻撃 ②通信リンクへの攻撃 ③衛星管制・地上局・射場施設の攻撃 ④戦略的攻撃のための C4ISR システムへの攻撃 ⑤民間や他国プロバイダに対する攻撃

（出所：米空軍情報を基に筆者編集）

1-3 日本の宇宙政策（宇宙基本法～今日まで）

(1) 現在までの宇宙政策の大きな流れ

我が国の宇宙政策の現況はどうなっているのだろうか。宇宙基本法の成立から今日までの我が国の宇宙政策の流れをまとめると、次のようになる。なお、宇宙基本法から今日まで、政権与党である自民党の「宇宙・海洋開発特別委員会」（河村建夫委員長）と「宇宙総合戦略小委員会」（今津寛委員長）、「宇宙法制に関するワーキング・チーム」（寺田稔座長）のリーダーシップは非常に大きく、宇宙基本計画や工程表の改訂、宇宙2法など、政府の宇宙政策に着実に反映されていった。

・2008年5月28日：宇宙基本法の制定
・2009年6月2日：政府は＜第一次＞宇宙基本計画を作成
・2009年8月30日：政権交代（自民党⇓民主党）
・2012年12月16日：政権交代（民主党⇓自民党）
・2013年1月25日：政府は＜第二次＞宇宙基本計画を作成
・2014年8月26日：自民党は＜第一次提言＞「国家戦略遂行に向けた宇宙総合戦略」を作成
・2015年1月9日：政府は＜第三次＞宇宙基本計画・工程表を作成
・2015年9月18日：自民党は＜第二次提言＞「新宇宙基本計画制定後の我が国の宇宙政策の主要課題」を作成
・2015年11月19日：自民党は＜宇宙2法への提言＞「宇宙法制に関するワーキング・チーム取りまとめ」を作成
・2015年12月8日：政府は2015年度版工程表を改訂
・2016年11月：宇宙2法の成立

これらの一連の宇宙政策の流れについて、細部を説明すると、次のようになる。

⑵宇宙基本法の制定

（ア）宇宙基本法制定による利用の拡大

宇宙基本法は、２００８年５月に制定され、図1-5に示すように、我が国の宇宙開発・利用は、「科学技術」主体から「安全保障」、「産業振興」、「科学技術」へ拡大していった。

（イ）宇宙基本法制定後の宇宙政策の課題（～２０１４年）

宇宙基本法の制定により、宇宙政策の基本理念は、従来の「科学技術（研究開発）」主体から、「安全保障」、「産業振興」、「科学技術」へと拡大され、宇宙開発から宇宙利用に舵が切られた。しかし、宇宙基本法制定以降、時の政権の交代もあり、我が国の宇宙開発利用は、予算、政策、体制面において、宇宙基本法の理念に照らして十分といえる状態にはない。なお宇宙政策は、米国・ロシア・中国においては大統領、国家主席が自ら発令する国家戦略として位置付けられている。

我が国では、宇宙予算について言うと、各省の積み上げ方式のため効率が悪く、「安全保障」、「産業振興」、「科学技術」の予算配分バランスが偏っているため、宇宙予算は、従来の研究開発予算に加え、「安全保障」「産業振興」の利用を目的とした予算が新規に配分されるべきである。政策については、これまで「安全保障」の観点から宇宙政策が議論される機会が乏しく、安全保障面における宇宙システムの活用が遅れている。

体制については、省庁間の縦割りにより情報が共有されておらず、「安全保障」「産業振興」「科学技術」が一体となった政策展開がなされていない。結果として、宇宙産業の従事人員が減少し、宇宙事業分野からの企業の撤退が相次ぎ、リモートセンシング衛星をはじめとした衛星計画が平成30年以降未確定である等、我が国の宇宙開発利用は停滞している。

今後我が国は、政治と産官学のオールジャパンで下記のような課題を解決していく必要がある。

①宇宙基本法の理念が実現すべく、「安全保障」、「産業振興」、「科学技術」へ拡大する。

②国家安全保障戦略を実現するための議論が少ないため、米国と一層連携して我が国を取り巻く環境の変化に対

応する。

③人員減少、企業の撤退、リモセン衛星計画が平成30年以降未確定など宇宙開発利用の停滞を解消する。

④宇宙予算配分が相変わらず「科学技術」予算であるため、「科学技術」予算に加え、「安全保障」、「産業振興」に新規に配分する。

(3) 我が国を取り巻く環境の変化

①我が国を取り巻く安全保障環境の変化

我が国の安全保障をめぐる環境は一層厳しさを増している。今世紀に入り、中国、インド等の新興国の台頭に伴い、国際社会におけるパワーバランスはかつてないほどの変化を見せている。グローバルレベルでは、大量破壊兵器等の拡散の脅威、国際テロの脅威、グローバルコモンズに関するリスク、人間の安全保障に関する課題、グローバル経済に関するリスクが増大している。また、アジア太平洋レベルでは、北朝鮮の軍事力増強と挑発行為の増加や中国の急速な台頭と様々な領域への積極的進出を含め、同地域における緊張が増大している（国家安全保障戦略）。

また、中国においては、制海権、制空権に加え、最近では制宙権（宇宙空間を国家領域として確保する権利）を唱え始めている。

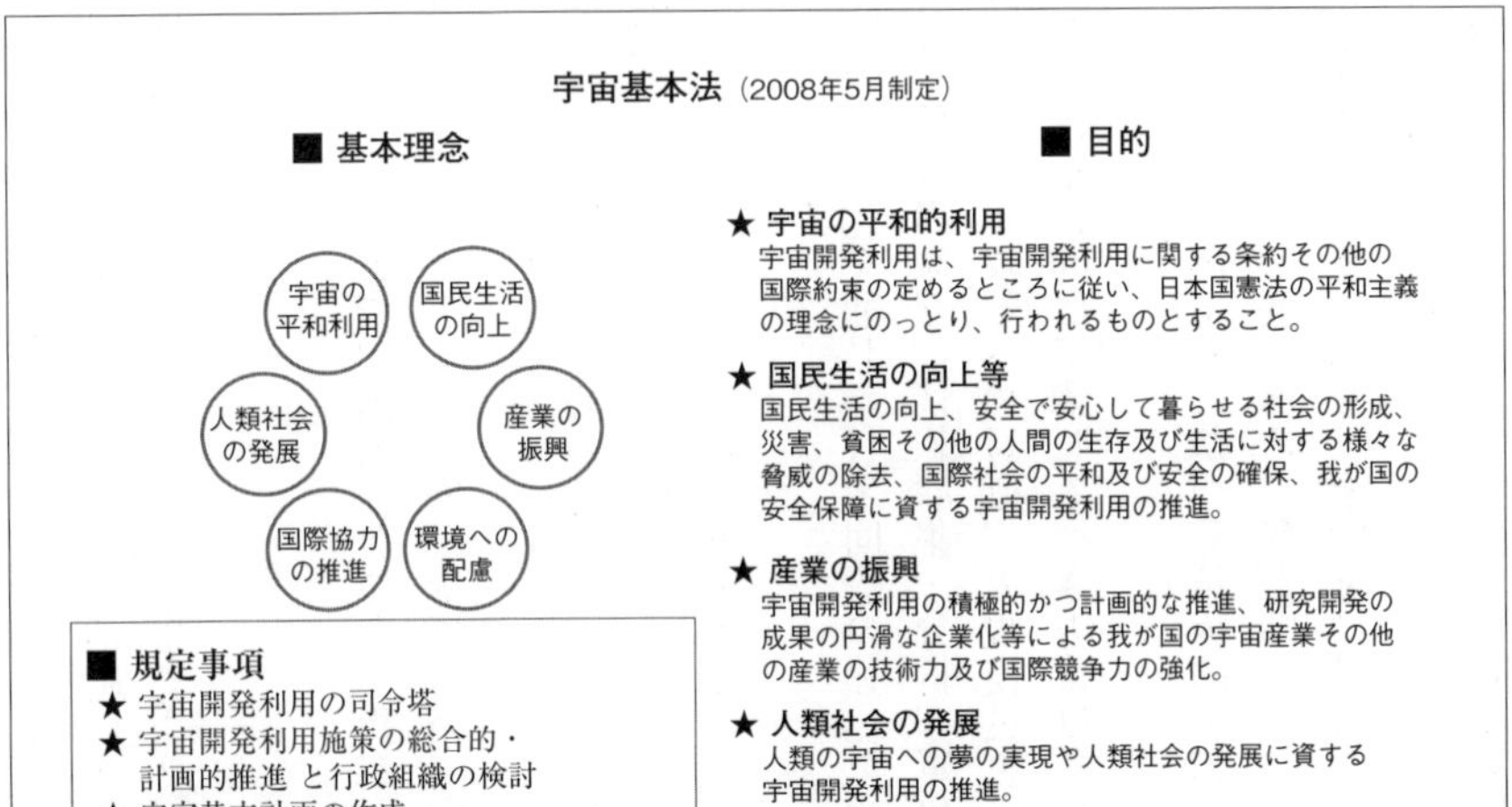
★ 宇宙開発利用施策の総合的・計画的推進 と行政組織の検討
★ 宇宙基本計画の作成
★ 体制の見直しに係る検討
★ 宇宙活動に関する法制の整備
★ 宇宙航空研究開発機構（JAXA）の見直し
★ 宇宙の平和的利用
宇宙開発利用は、宇宙開発利用に関する条約その他の国際約束の定めるところに従い、日本国憲法の平和主義の理念にのっとり、行われるものとすること。
★ 国民生活の向上等
国民生活の向上、安全で安心して暮らせる社会の形成、災害、貧困その他の人間の生存及び生活に対する様々な脅威の除去、国際社会の平和及び安全の確保、我が国の安全保障に資する宇宙開発利用の推進。

宇宙開発利用の積極的かつ計画的な推進、研究開発の成果の円滑な企業化等による我が国の宇宙産業その他の産業の技術力及び国際競争力の強化。
★ 人類社会の発展
★ 国際協力等の推進
国際社会における役割を積極的に果たし、我が国の利益の増進に資する宇宙開発利用の推進。

国民生活の向上
★ 環境への配慮
人類社会の発展

〔図 1-5〕宇宙基本法の概要（出所：筆者編集）

上記に加え、技術の進歩と脅威やリスクの性質の変化、地域における多国間安全保障協力等の枠組みの動き、国際社会全体が対応しなければならない深刻な事案の増加、自衛隊の国際社会における活動の変化等、我が国の外交・安全保障・防衛をめぐる状況の変化はその規模と速度において過去と比べても顕著なものがある（「安全保障の法的基盤の再構築に関する懇談会」報告書（平成26年5月15日））。

②国家安全保障戦略の策定

このような状況変化の中、我が国の国益を長期的視点から見定めた上で、国際社会の中で我が国の進むべき進路を定め、国家安全保障のための方策に政府全体として取り組んでいくべく、安倍政権において国家安全保障戦略および防衛計画の大綱が閣議決定された。

国家安全保障戦略においては、情報収集や警戒監視機能の強化、軍事のための通信手段の確保等、宇宙空間の国家安全保障上の重要性が近年著しく増大しているとの認識の下、海洋、宇宙空間、サイバーといったグローバルコモンズに対する自由なアクセスとその活用を妨げるリスクへの対処のための方策を講じる必要があるとしている。

具体的には、宇宙空間における国際的ルール作り、宇宙協力の強化を通じた日米同盟の強化を始め、宇宙を利用した海洋状況把握（ＭＤＡ）の強化、宇宙状況把握（ＳＳＡ）体制の確立、情報収集・分析、軍事情報通信、測位といった分野における各種衛星情報の一元化と共用、弾道ミサイル攻撃への対処、大規模災害への対処、自律的打ち上げ手段・射場の確保等、安全保障に係る国の仕組みの構築に向けて講じるべき方策は多岐に渡っている。

③日米宇宙協力の新しい時代の到来

国家安全保障上の課題を克服し、目標を達成するためには、国際協調主義に基づく積極的平和主義の立場から、日米同盟を基軸としつつ、各国との協力関係を拡大・深化させていく必要がある。我が国が上記の安全保障環境の変化に対応してその安全を全うするには現在のところ日米同盟が必要であり、米国をはじめとした関係国との協力の下、我が国としても地域の平和と安全に貢献しなければならない時代となっている。

このような中、２０１３年10月の「日米安全保障協議委員会」（「２＋２」）において、「日米防衛協力のための指針（ガイドライン）」の見直しを行うことが日米両国政府間で合意された。地域の平和と安全に貢献する観点から、日米両国間の具体的な防衛協力における役割分担を含めた安全保障・防衛協力の強化に向けた議論を行っている。

また、2014年5月の「宇宙に関する包括的日米対話の第2回会合」では、「両国が直面する共通の安全保障上の課題を踏まえ、日本の宇宙活動の活発化が日米双方の安全保障に不可欠な宇宙アセットの抗たん性の向上につながる日米宇宙協力の新しい時代が到来したこと」が確認され、具体的な関心分野として、リモートセンシング・データポリシー、米国GPSと日本の準天頂衛星システムによる測位、SSA、MDA等が挙げられた。特に、米国の財政難による米国国防予算、米国宇宙予算の減額が予想される状況下では、国際的な国家安全保障体制の変化、アジア・オセアニア地域の安全保障環境の影響も考慮しなければならない。

我が国としては、「日米宇宙協力の新時代」に相応しい形で、今後とも宇宙における安全保障面での日米協力を一層強化するとともに、技術進歩や脅威・リスクの性質変化を踏まえながら、宇宙空間の安定的利用に向け米国を含む各国との協力関係を拡大・深化させることにより、我が国がアジア・オセアニア地域をはじめ、国際社会で大きな役割を担う必要がある。

(4) 自民党＜第一次提言＞を作成

自民党は、これらの宇宙政策の課題と取り巻く環境の変化を踏まえ、2014年8月26日、図1-6に示す＜第一次提言＞「国家戦略遂行に向けた宇宙総合戦略」を作成した。

(5) 政府＜第三次宇宙基本計画・工程表＞を作成

政府は、2015年1月9日、自民党＜第一次提言＞を反映した図1-7に示すような＜第三次＞宇宙基本計画・工程表を作成した。この制定の背景と特徴は次のようなものである。

(ア) 制定の背景

前宇宙基本計画では「安全保障」に関する検討が十分なされていなかったことがあり、そのため、自民党「宇宙・海洋開発特別委員会／宇宙総合戦略小委員会」は10回の委員会議論を行い、党の提言（国家戦略遂行に向けた宇

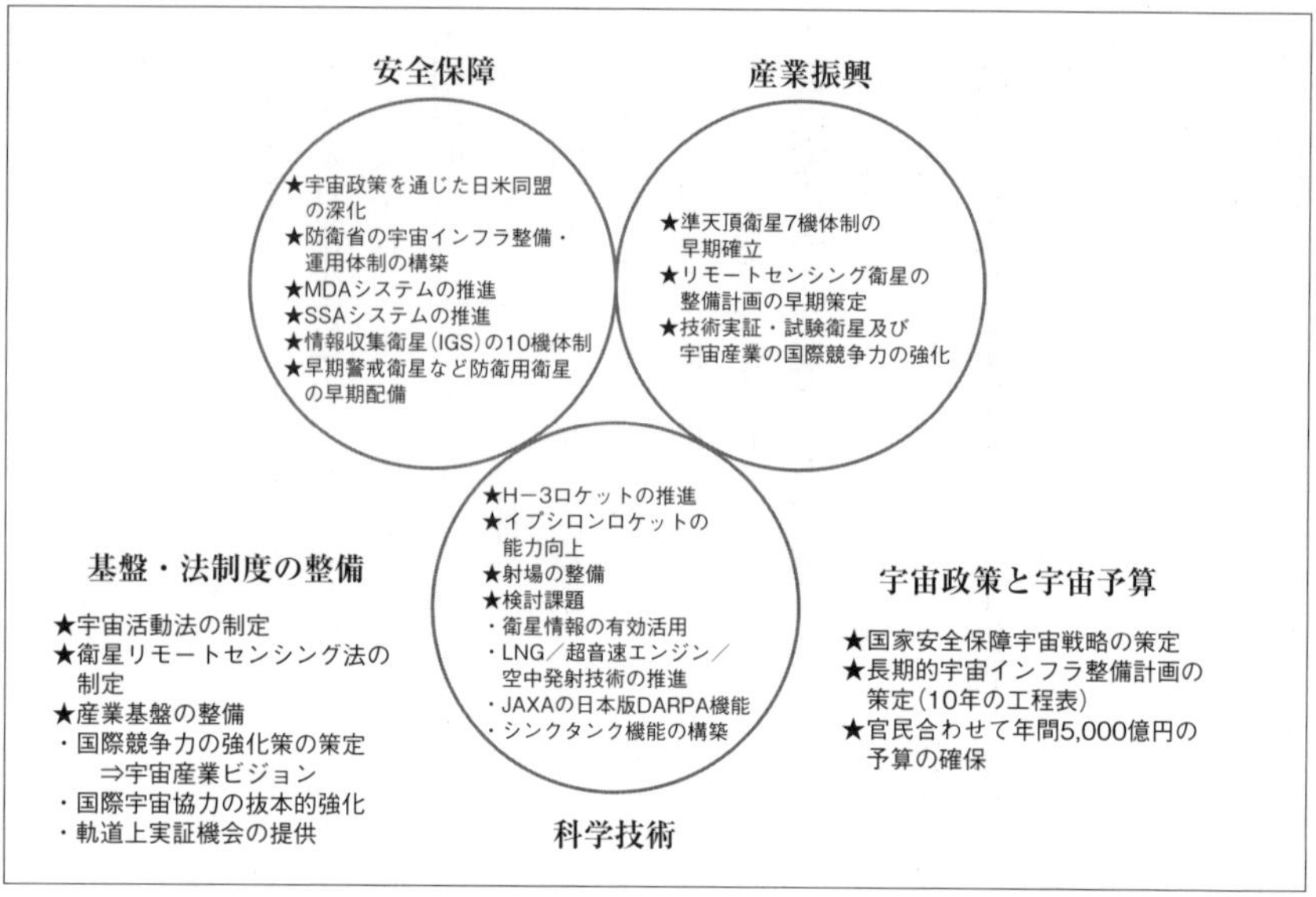

〔図 1-6〕自民党第一次提言「国家戦略遂行に向けた宇宙総合戦略」の概要（出所：筆者作成）

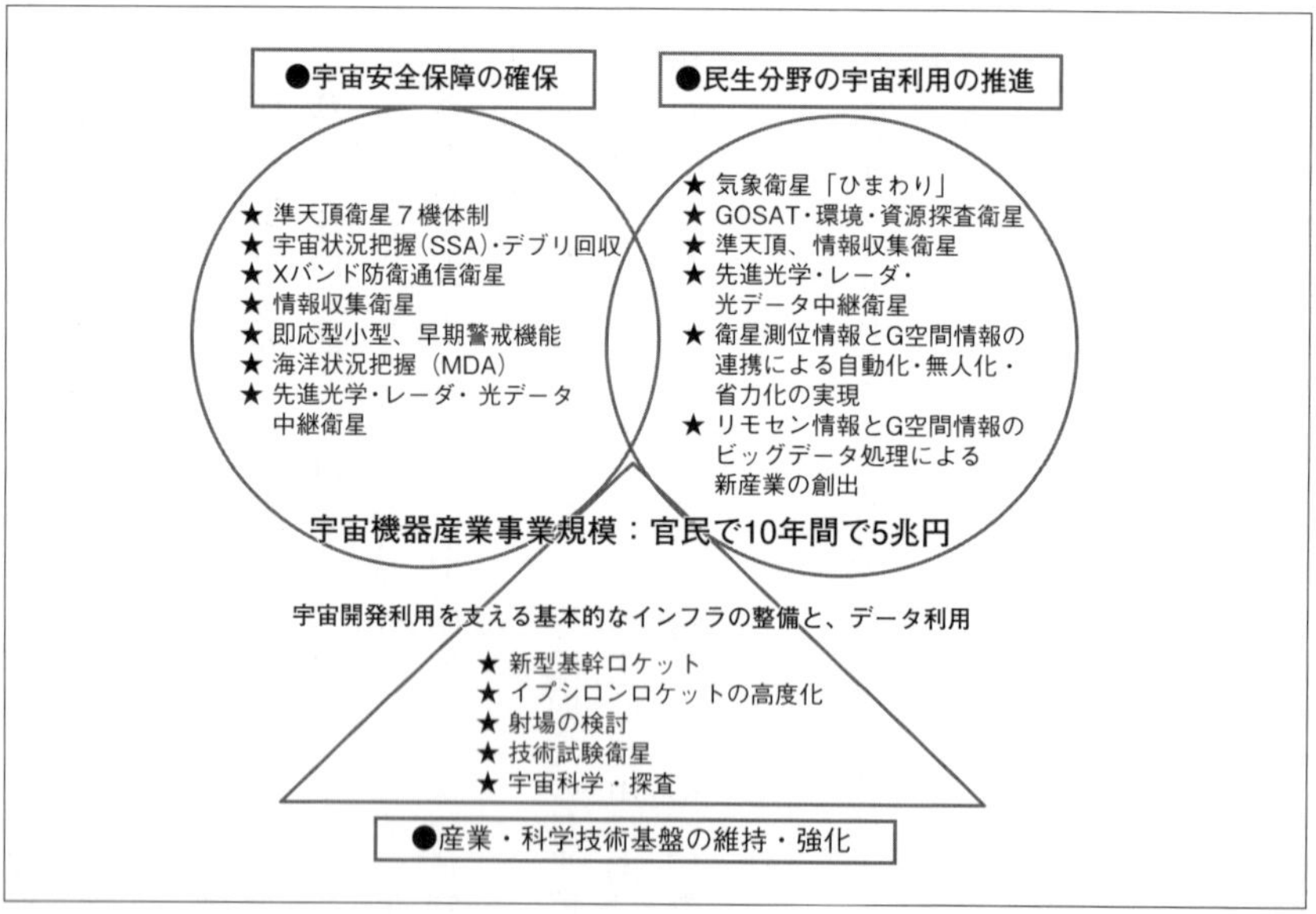

〔図 1-7〕第三次宇宙基本計画の概要（出所：筆者作成）

宙総合戦略）をまとめた。これを受けて政府では、２０１４年９月の総理指示により、宇宙基本法の理念（科学技術、産業振興、安全保障）に基づいて、図1-7に示すような〈第三次〉宇宙基本計画を制定した。

（イ）特徴

〈第三次〉宇宙基本計画・工程表の特徴は、次のようなものである。

①宇宙予算：宇宙機器産業事業規模を官民合わせ10年で累計５兆円（年５,０００億円）とする。
②長期ビジョン：従来５年の短期計画から10年の長期ビジョンを策定。
③工程表：10年間の宇宙プログラムを示すことで政策立案過程を明確化するとともに、毎年ローリング（評価・更新・改定）をかけて工程表を見直す。
④産業基盤：宇宙産業界の投資の「予見可能性」を高め産業基盤を強化するため、今後20年を見据えた10年間の宇宙プログラムの長期整備計画を設定。
⑤プログラム：10年間の人工衛星等の機数、整備・運用年次、担当省庁を明記。

（ウ）自民党提言の成果

この自民党提言は、次のような成果をもたらした。

①新宇宙基本計画（平成27年１月９日宇宙開発戦略本部決定）に対する反映事項
・必要な宇宙予算の獲得
・工程表に10年間のプログラムと衛星の機数、整備年次を記載
・宇宙２法の制定の決定
・準天頂衛星システムの７機体制の決定
②日米防衛協力のための指針への反映
・２０１５年４月27日に発表された「新たな日米協力のための指針」において、宇宙に関する協力について日米両政府の連携を維持・強化することについて合意。
③行政改革への対応

・国家戦略としての宇宙政策の強力な推進に資する以下の改正を含む法律案が閣議決定。（平成28年4月から施行）。

・宇宙基本計画の閣議決定化等（宇宙基本法の一部改正）

・独立の事務局の設置（内閣府設置法の一部改正）

・宇宙政策に関する内閣官房・内閣府の協議の場の設置

(6) 自民党＜第二次提言＞を作成

政府の作成した＜第三次＞宇宙基本計画・工程表は、宇宙基本法の理念に沿ってある程度の成果はでたものの、まだまだ不十分なものであった。自民党では、＜第三次＞宇宙基本計画・工程表に反映が不足している項目をまとめ、図1-8に示す自民党＜第二次提言＞「新宇宙基本計画制定後の我が国の宇宙政策の主要課題」を作成した。

(7) 政府による工程表の改訂

政府は、自民党＜第二次提言＞を反映した2015年度版工程表を改訂した。工程表は宇宙予算とリンクしているため、我が国の宇宙政策は世界的に見てもしっかりしたものになり、米国からも

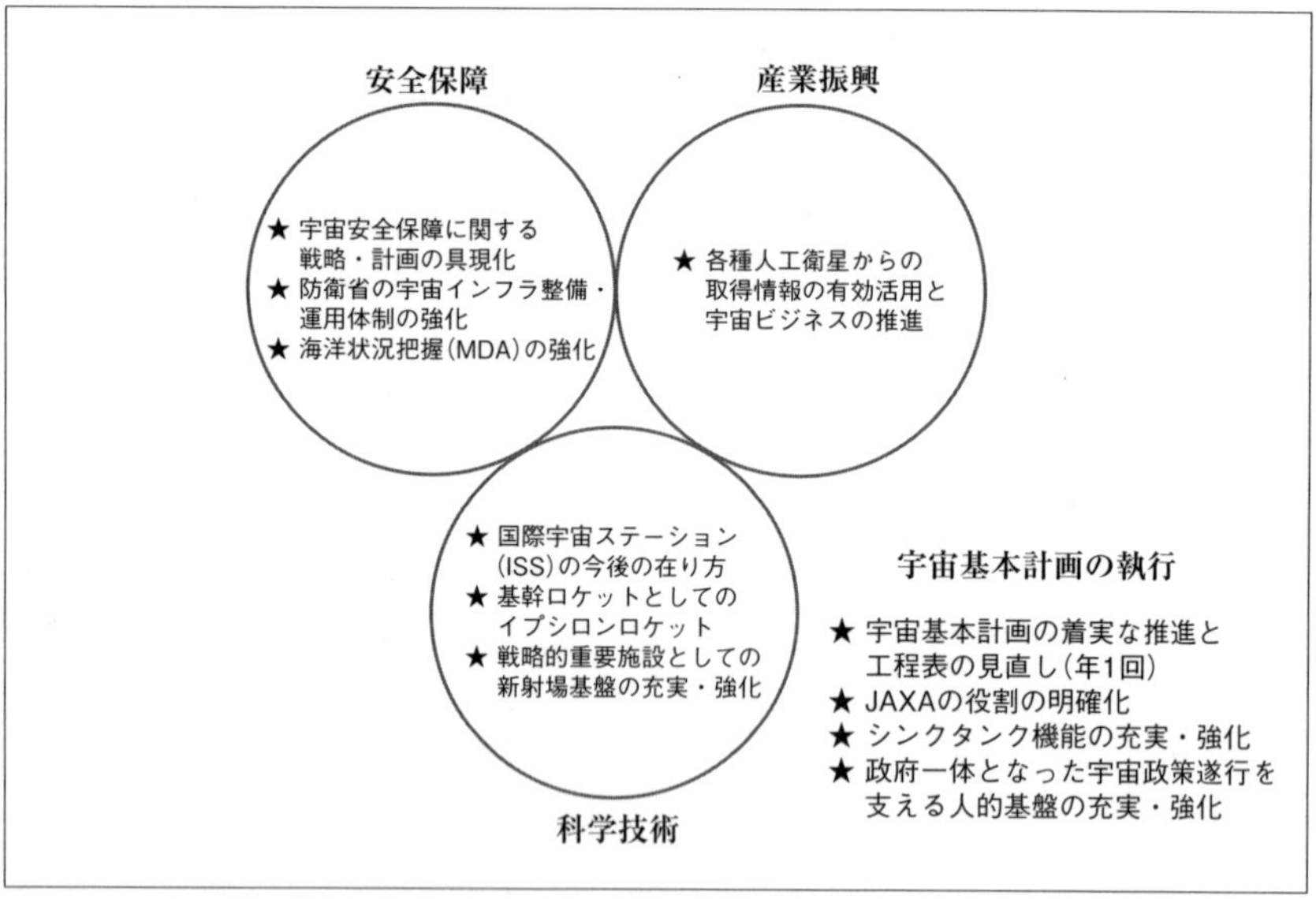

〔図 1-8〕自民党第二次提言「新宇宙基本計画制定後の我が国の宇宙政策の主要課題」（出所：筆者作成）

「充実した内容でしっかり描かれている」と評価されるようになった。工程表の改訂内容を要約すると、次のようなものになる。

(ア) 宇宙政策の目標達成に向けた宇宙プロジェクトの実施方針

①衛星測位
○準天頂衛星7機体制の確立
・航空用の衛星航法システムによる測位補強サービスの検討・整備に着手し、災害危機通報・安否確認システム等の利活用に向けた自治体との連携
②宇宙輸送システム
○新型基幹ロケット(H3ロケット)
・詳細設計フェーズに移行
○イプシロンロケット
・打ち上げ能力高度化完了、次年度に高度化初号機打ち上げ
○射場
・国内外の主要射場の調査、論点整理
③衛星通信・衛星放送
○次期技術試験衛星
・次年度より開発に着手(オール電化等)
○光データ中継衛星
・基本設計、試作、地上設備整備等に着手
○Xバンド防衛衛星通信網3号機
・1号機の打ち上げと運用開始
④宇宙状況把握(SSA)

○ＳＳＡ関連施設の整備および政府一体の運用体制の確立
・次年度よりシステム設計および体制整備／米国戦略軍と連携強化に係る協議実施

(イ) 宇宙政策の目標達成に向けた宇宙プロジェクトの実施方針

①衛星リモートセンシング
○情報収集衛星の機能強化・機数増
・10機体制を目標に時間軸多様化衛星等の開発に次年度より着手
○即応型の小型衛星
・運用構想等に関する調査研究の実施
○先進光学衛星・先進レーダ衛星
・先進レーダ衛星の開発に次年度より着手
○静止気象衛星
・次年度に9号を打ち上げ、２機体制を確立
○温室効果ガス観測技術衛星
・平成29年度めどに2号機打ち上げ、３号機開発着手
○水循環変動観測衛星（ＧＣＯＭ-Ｗ）の後継ミッション等の検討
・衛星開発が利用ニーズや市場ニーズを踏まえたものとなるよう評価・検証
②海洋状況把握（ＭＤＡ）
・衛星情報の試験的利活用を次年度前半をめどに開始
③早期警戒衛星
・衛星搭載型２波長赤外線センサの研究に着手
④宇宙システムの抗たん性強化
○抗たん性を総合的かつ継続的に保持・強化するための方策に関する検討し、次年度中にコンセプト策定

⑤宇宙科学・探査、有人宇宙活動
○火星衛星からのサンプルリターンについて検討開始、小型月着陸実証機を選定し、国際宇宙ステーション（ISS）については2020年までは「こうのとり」2機に加え将来に波及性の高い技術（HTV-X）を開発
○2024年までの延長については日米協力の戦略的・外交的重要性を踏まえ、米国政府と調整後、結論
○国際有人探査：第2回国際宇宙探査フォーラム（ISEF2）を平成29年後半に東京開催
（ウ）個別プロジェクトを支える産業基盤・科学技術基盤の強化策
①新規参入を促進し宇宙利用を拡大するための総合的取組
○「スペース・ニューエコノミー創造ネットワーク（S-NET）」の創設による異分野融合
○「宇宙産業ビジョン」の作成（宇宙機器・利用産業の動向等）
○「衛星リモートセンシング関連政策に関する基本的考え」の作成
○G空間情報を活用した新事業・新サービスの創出支援（社会インフラ整備・維持、防災・減災、交通・物流、農林水産、個人サービス・観光）
②宇宙システムの基幹的部品等の安定供給に向けた環境整備
○部品・コンポーネントに関する技術戦略を年度内に取りまとめ
○軌道上実証機会の提供（ISSからの超小型衛星放出、材料曝露実験等）
③将来の宇宙利用の拡大を見据えた取組
○東京オリンピック・パラリンピックの機会を活用した先導的社会実証実験を検討
○LNG推進系の実証試験、再使用型宇宙輸送システム研究開発、宇宙太陽光発電等
（エ）宇宙開発利用全般を支える体制・制度等の強化策
①政策の推進体制の総合的強化
○宇宙戦略の司令塔の内閣府への一元化（宇宙開発推進事務局）
②調査分析・戦略立案機能の強化

○基礎データ等の共有・分析・活用の仕組みを年度内に具体化
③国内の人的基盤の総合的強化、国民的な理解の増進
○海外との人的交流・ネットワーク強化、クロスアポイント制度の整備等を推進
④法制度等整備
○宇宙活動法案（平成28年通常国会提出）
・許可監督の仕組み、第三者損害賠償責任制度の創設
○衛星リモートセンシング関連法案（平成28年通常国会提出）
・衛星画像の管理基準明確化による利用促進
⑤宇宙空間の法の支配の実現・強化
○国際社会におけるルール作りに貢献
⑥国際宇宙協力強化
○米国、欧州、豪州、ASEAN等
⑦「宇宙システム海外展開タスクフォース」の立ち上げ
○平成27年8月に立ち上げ。課題別・国別にすでに八つの作業部会を設置
○作業部会の活動を主体として官民一体となった商業宇宙市場の開拓に取り組む

(8)自民党〈宇宙法制への提言〉（宇宙2法）を作成

宇宙基本法で、基本法制定後に速やかに「宇宙活動法」を作成することが規定されていたが、実際は政府の対応が遅れていたため、自民党は〈宇宙法制への提言〉「宇宙法制に関するワーキング・チーム取りまとめ」を作成した。表1-4に、宇宙活動法に規定すべき事項を、表1-5に、衛星リモートセンシング法に規定すべき事項を示す。

(9)宇宙2法の成立

自民党が作成した〈宇宙法制への提言〉をもとに作成された宇宙2法案（宇宙活動法、衛星リモートセンシン

〔表 1-4〕宇宙活動法に規定すべき事項

No	項目	規定すべき事項
1	規制面	⑴国の許可・監督 ①宇宙物体の打ち上げ、海外打ち上げ委託、宇宙物体の帰還（再突入機） ②人工衛星の管理、射場・帰還地点の管理 ⑵宇宙物体の登録 ①宇宙物体の登録、救助返還、宇宙環境の保全（宇宙ゴミの抑止・回収） ⑶宇宙損害の賠償 ①第三者損害賠償責任の厳格化と集中 ②打ち上げ事業者等の義務履行（賠償保険加入、ロケットに起因するデブリ抑制） ③衛星管理に係る宇宙損害（宇宙諸条約に違反） ④国家補償（損害賠償でカバーできない地上の第三者補償）
2	産業振興面	⑴宇宙産業の育成 ①宇宙産業基盤の創出 ・国有施設の使用、宇宙環境保全事業の推進、衛星測位に関する体制整備 ②民間宇宙事業者の育成（打上事業者、衛星関連事業者）、中小企業の支援 ③民間能力の活用（PFI）、部品の安定供給 （注記）法律で規定できないものは、政令・省令で対応・実施する。
3	体制他	⑴政府の法律の執行体制の決定 ⑵新規射場の許可、海上・空中発射が可能となる制度、海外射場の利用

〔表 1-5〕衛星リモートセンシング法に規定すべき事項

No	項目	規定すべき事項
1	データポリシー	⑴衛星データ管理の規定 ①分解能、撮像地点、配布先、撮像～配布時間、センサ種類 ②データ保存、撮像依頼可否判断、撮像優先順位 ⑵衛星センサ、データ管理者の規定 ①衛星センサの管理者を許可制にする ②データの一次配布、行為を行なうデータ配布管理者を許可制にする ③データを一般に公開・配布している政府衛星の担当府省庁はこれに従う ⑶その他 ①有事への対処（国がコントロールする仕組み） ②海外における配布制限、データの所有権・著作権の規定
2	データセキュリティポリシー	⑴衛星データセキュリティポリシーの規定 ①ユーザ情報保全、資格要件、運用者セキュリティクリアランス、アクセス権 ②運用センターのセキュリティ要件
3	体制他	⑴政府の法律の執行体制の決定 ⑵情報産業との融合、ビッグデータとしての活用、デュアルユースを考慮

グ法）が、2016年11月、臨時国会で成立した。

1-4 国家戦略遂行に向けた重要課題

改訂された工程表をもとに国家戦略遂行に向けた重要課題を整理すると、次の7項目にまとめられる。

(1) 宇宙インフラは共有、情報は共用、デュアルユースを推進

①衛星情報
・地理（G）空間情報基本法／基本計画と連携する。
・衛星や取得した情報は政府共用とし、デュアルユース（軍民両用）で運用する。
②準天頂衛星
・米国のGPS衛星がなくても日本だけで測位・時刻機能が構築できる。7機体制にすることで我が国の自律性を確保する。
・アジア・オセアニア地域に測位政策を進展させて日本の国際的な地位を向上する。

（補足）今後自動車等で使用するためにはグローバルな衛星測位データが必要で、将来的には準天頂衛星システム自体を輸出する等、世界を3分割したグローバルなGNSSシステムを構築する必要がある。

(2) 宇宙状況把握（SSA）システムによる宇宙の監視

①宇宙デブリの監視
・現代の国家・社会は衛星への依存度を高めており、デブリとの衝突の危険性を常時監視し、必要時に衛星の軌

道を修正する。

②米国と連携

・米国と連携してデブリや敵国のミサイルの飛翔状況などの宇宙状況を監視・把握する。

（補足）北朝鮮の衛星、大学衛星、「ひとみ」の残骸等が日本のSSAシステムで観測できる必要がある。

(3) 海洋状況把握（MDA）システムによる海洋の監視

①海洋の監視

・国家安全保障戦略に規定されている海賊／不審船／不法投棄／密輸・密入国／海上災害／大量破壊兵器（WMD）／船舶航行状況／シーレーン／北極海航路／資源開発状況、を対象とする。

②官邸で常続的な状況の把握

・首相官邸等必要な場所で、広大なEEZエリアを常続的に監視する。

③我が国の優秀なソフトウエア技術を活用

・シーレーンやEEZ等洋上を航行する危険な船舶を監視し追跡する。

（補足）安保法制を加味し、海だけでなく日本人が活動するすべてのエリアをカバーするため陸の監視も必要である。

(4) 基幹ロケット（固体型）としてのイプシロンロケットの推進

①基幹ロケットとしての推進

・H-2A、2Bは「液体型」、イプシロンは「固体型」ロケットである。

・衛星が小型・軽量化し高頻度監視を実現する動向に合わせて、即応性に優れた小型固体ロケットの整備が安全保障の観点からも重要である。

②世界に誇る固体ロケット技術の維持

・50年来日本が自力で培ってきた技術の継承・発展と、即応的な打ち上げに対応する。

(5) 安全性・セキュリティを考慮した新射場の構築

①射場は各国とも戦略上の重要施設
・安全性、セキュリティを考慮した射場戦略を策定する。
②将来性・発展性・抗たん性を考慮したアジアに開かれた宇宙輸送センターを構築する。
・各種衛星打ち上げロケット、研究用航空機、無人航空機・飛行船、空中発射システム、宇宙観光用ロケット／スペースポート（宇宙港）、回収型ロケット実験を行う。

(6) 早期警戒衛機能構築に向けた検討の加速

①早期警戒機能
・防衛省が開発している早期警戒センサの実用化に向けた推進と米国との連携や他の衛星へのセンサの相乗り（Hosted Payload）としての活用の検討等早期配備に向けた調査検討を実施する。
・データ蓄積・分析には時間がかかるため早急にＡＩを活用した手法の検討を実施する。

(7) 宇宙利用による防衛能力の強化

宇宙利用による防衛能力の強化として次のような検討が必要である。
①周辺危険国における軍事施設等に関する状況監視能力の強化
・情報収集衛星の性能向上と４機の運用体制を確立（軌道および地上予備機の検討）する。
②周辺国によるミサイル攻撃を阻止するための早期警戒力の向上
・米国の早期警戒衛星からの情報の分析・評価体制を確立する。
・米国の次期早期警戒衛星開発に係る部分参加を検討する。
③新安保体制下での自衛隊の海外活動地域周辺における他国の軍事的行動に関わる動態監視体制の確立
・既存技術を用いた解像能力１ｍ程度の小型周回観測衛星（20機程度）を打ち上げて、頻度の高い（１時間に１度程度）観測を実現する。
・その観測結果をタイムリーに現地の自衛隊員に伝達するシステムを構築する。

2章

日本の宇宙開発の歩み

第9章 日本の自然再生の行方

日本の宇宙開発は1955年の糸川英夫が大学の研究班で始めた小型固体のペンシルロケットの水平発射によりその歴史の幕が開いた。ロケットから始まった研究であったが徐々に大型化し、人工衛星を打ち上げる研究を行うようになった。衛星を打ち上げるようなレベルに到達した頃、国も宇宙開発専門の機関を設置した。以来研究室から始まった宇宙科学研究所（ISAS）と国の機関である宇宙開発事業団（NASDA）の二つの宇宙開発機関が独自にロケットの開発を行ってきた。1990年代末から2000年代の初めにいくつかの失敗を経験した後、2003年10月、ISAS、NAL、NASDAが統合され、統一された宇宙機関である宇宙航空研究開発機構（JAXA）が設置され、その後、2008年には前章で詳しく述べた宇宙基本法が制定され、今日に至る。

日本航空宇宙工業会（SJAC）は、我が国の航空宇宙分野のプロジェクトを客観的に記述することにより、戦後50年にわたる航空宇宙工業の発展の歴史を総括することを目的として、平成15（2003）年5月に2002年までの歴史を記述した「日本の航空宇宙工業の五〇年の歩み」を発行した。当時筆者はSJACに勤務しており「宇宙編」を担当・編纂したが、その中で日本の宇宙開発を、次に示す四つの時代に区分した。

①敗戦ゼロからのスタート：基礎固めの時代（1945～1970）

②追いつく努力：独自技術力育成の時代（1970～1980）

③追い超す努力：技術基盤確立の時代（1980～1999）

④宇宙商業化への対応：国際競争力向上への努力（1999～）

しかしその後、2008年には宇宙基本法が制定され、今日に至るわけだが、欠けている2003年以降から今日までの新たな宇宙開発の歴史を追加する必要が出てきた。2002年から2008年までは④の名称でよいとしても、少なくとも2008年以降の時代を命名する必要があるわけだが、筆者は、本書では次のように名付けたいと考えている。

⑤新たな飛躍：宇宙基本法の理念の実現（2008～）

この時代の宇宙開発の歴史については、1章で詳しく述べたため本章では割愛し、①～④についてSJACの50年史をもとに概要として、順を追って紹介していく。

なお、表2-1に「日本の主要ロケット打ち上げ実績」を、巻末に資料として「日本の宇宙開発の歴史年表」（2002年までは50年史作成時に収集した資料をもとに筆者編集、それ以降今日までは筆者作成）を示す。日本の宇宙開発に貢献されてきた諸先輩や現役で宇宙プロジェクトに従事している人は、是非本書を手元に置いて、自分の従事したプロジェクトが「いつ・どのように日本の宇宙開発に貢献したか」といった歴史的な役割・位置づけを折に触れ振り返っていただきたい。

2-1 日本の宇宙開発の歴史

(1) 敗戦ゼロからのスタート：基礎固めの時代（1945～1970）

(ア) 概要

敗戦後、連合国軍総司令部（GHQ）の命令で、すべての航空機の生産・研究等が一切禁止されたが、昭和25（1950）年6月25日、朝鮮戦争が勃発後対日政策は急変し、昭和27（1952）年3月8日、GHQは航空機等の生産禁止を解除した。同年4月28日、サンフランシスコ対日平和条約が発効となり、航空の主権が日本に返還され、航空空白7年のブランク時代は終った。

航空再開となるや、レシプロ小型機の国産やジェット機のライセンス生産等の開始とともに、東京大学生産技術研究所の糸川英夫教授の発想による極超音速ロケット機構想というまったく別の動きが現れた。しかし、この構想は当時の国情では余りにも突飛すぎたものの、糸川教授グループは国際地球観測年（IGY：1957.7.1～1958.12.31）に実施された超高層大気観測へ参加と転換して、昭和30（1955）年4月12日超小型固体ロケット「ペンシル」の水平発射実験を成功させた。その後固体ロケットの自主技術による性能向上を図り、IGY終了3か月前に「カッパ」シリーズにより観測を成功させ、辛うじて面目を保った。さらに周回衛星を目指した同グループは、4度の失敗のあとの昭和45（1970）年2月12日鹿児島県内之浦より、日本初の人工衛星「おおすみ」の軌道投入に成功し、ソ連、米国、仏国に次ぐ4番目の自力衛星打ち上げ国となった。東京大学はその後も科学衛星やロケットの開発や観測を継続し、その成果は広く世界の宇宙科学に貢献している。

一方、ペンシル初発射の翌年、昭和31（1956）年5月19日に発足した科学技術庁は、昭和35年より国としての実用分野の宇宙開発に取組み、その実施機関として宇宙開発推進本部を設立、約5年間のQ、N計画の推進や小型ロケットの開発・打ち上げの後、昭和44（1969）年10月1日に宇宙開発事業団へ改組し、引継いだ。自主技術に基づく固体ロケット主体のQ、N計画では技術的に課題が多く、さらにスケジュール・資金的にも問題が山積していた。詳細は次の2-2で説明するが、そのような国内状況も抱える中、ときの佐藤総理が米国訪問の折、巨大なサターンロケットを視察し彼我の技術力の差に驚愕し、自力による国産ロケット開発から早急な技術のキャッチアップの必要性を痛感し、技術導入に政策転換を決断したといわれている。この政治決断に基づき、この宇宙開発事業団の初代理事長には、鉄道技術者の日本国有鉄道（国鉄）の島秀雄技師長が選定された。就任された島秀雄博士は、それまでの技術体験に基づく国家プロジェクトの進め方に対する信念と、当初は技術導入に依存するものの、段階的に国産化と性能向上に努め将来は国産ロケットを自主技術で開発するという長期的判断によるものであった。

このように戦後の宇宙開発は大学による科学分野と、国としての実用利分野との2本立てで、それぞれゼロからスタートした。

(イ) 主な出来事

①宇宙開発の黎明

・敗戦後発足した東京大学生産技術研究所

・ペンシルロケットの初公開水平発射からベビーロケットへ

・国際地球観測年（ＩＧＹ）参加へ転換、カッパロケットへ
・世界水準の観測ロケット、カッパ・シリーズ
②宇宙開発体制の整備へ
・衛星打ち上げへの期待
・文部省、東京大学に宇宙航空研究所を開設
・宇宙開発審議会から宇宙開発委員会へ
・日米宇宙協力に関する交換公文
・宇宙開発推進本部から宇宙開発事業団へ
③基礎技術力養成を目指して
・ラムダとミューロケット／日本初の人工衛星「おおすみ」の誕生
・Ｑ、Ｎ計画の推進
・小型ロケットの開発と打ち上げ
・Ｑ、Ｎ計画を米国技術導入により新Ｎ計画へ大転換

⑵追いつく努力：独自技術力育成の時代（１９７０～１９８０）

（ア）概要

１９７０（昭和45）年代に東大宇航研そして宇宙開発事業団は各種の衛星を打ち上げたが、その追いつく努力は眼を見張るものであった。宇航研は昭和45（１９７０）年2月11日、日本初の人工衛星「おおすみ」の誕生に続いて、昭和46年は「たんせい」「しんせい」を、さらに昭和47年から昭和55年までの毎年、「でんぱ」、「たんせい2号」、「たいよう」、「たんせい3号」、「じきけん」、「きょっこう」、「はくちょう」、「たんせい4号」と打ち上げ、その存在とこれらの観測成果が世界的に評価されていた。また、新型ロケットの初打ち上げは、試験衛星を搭載するとの方針が示された。

一方、昭和44年10月創立後の宇宙開発事業団は、新Ｎ計画に基いて米国からの技術導入により開発した新Ｎロ

ケット（N-I）が当初予定通りに各技術試験衛星（ETS）シリーズを次々と打ち上げた。すなわちNロケットの露払いとしての試験用ロケット（ETV-1）2機を、昭和49年9月2日と翌昭和50年2月5日にそれぞれ打ち上げて射場システムとの連接性の確認をとった後、昭和50年9月9日にはETS-1「きく」の初打ち上げに成功、以降毎年「うめ」、「きく2号」、「うめ2号」、「あやめ」、「あやめ2号」をNロケット6機で打ち上げた。打ち上げ後、分離や衛星側のトラブルによって一部ミッションを達成できなかったものもあったが、これらは追いつく努力の過程における価値ある教訓となって次期N-II、H-I計画に活用されていった。日本は、米、ソ連に続いて3番目の静止衛星の自国打ち上げ国となった。

一方、運輸省（気象庁）、郵政省の強い打ち上げ要望によって、我が国初の実用静止衛星「ひまわり」、「さくら」、「ゆり」が米国のケープカナベラル射場からNASAのデルタロケットにより、昭和52年7月14日、同12月14日、翌昭和53年4月8日にそれぞれ打ち上げられた。発射整備作業中、射点上のデルタロケットの胴体に画かれた「日の丸」が印象的であった。この3静止衛星の米国打ち上げ依頼は、宇宙開発事業団と米NASAとの実費支弁方式の契約で行われ、何かと批判もあったが、3回の事業団・衛星メーカ（日米）チームによる現地打ち上げ作業において多くの技術体験を修得でき、以降のN-II、特にH-Iロケット開発の参考となったのである。

（イ）主な出来事

①日本初の静止衛星を目指して
- 電離層観測衛星・技術試験衛星、研究から開発へ
- 新N計画の各衛星の開発
- N-Iロケットの開発と日本初の静止衛星「きく2号」の誕生
- N-IIロケットの開発
- H-Iロケットの開発

②宇宙を科学の目で
- Mロケットシリーズの性能向上

・科学衛星（太陽系観測）シリーズ
・科学衛星（天文観測）シリーズ
③実用衛星を目指して
・気象衛星「ひまわり」シリーズ
・通信衛星「さくら」シリーズ
・放送衛星「ゆり」シリーズ

(3) 追い超す努力：技術基盤確立の時代（1980～1999）

（ア）概要

1980年頃から1999年末までの約20年間は、我が国の宇宙開発にとっては宇宙先進国を追い超す努力の連続であった。科学・実利用分野の各打ち上げ・ミッションは成功を続けたが、中にはいくつかの失敗があった。しかし宇宙研・宇宙開発事業団そして関連メーカ等は、これらを貴重な教訓として真摯な原因究明と対策を行って技術基盤を着実に固めていった。

東大宇航研は昭和56（1981）年4月14日に文部省直轄の宇宙科学研究所（宇宙研）に改組され、Mロケットシリーズ4代目のM-3S、5代目のM-3S2そして直径を従来の1.4mから2.5mと大型化した次世代のM-Vを実用化し、約13機の科学衛星を次々と打ち上げて輝かしい成果を挙げた。

宇宙開発事業団では、NロケットシリーズZ代目のN-Ⅱ7機、そして液体水素エンジンを第2段としたHロケットシリーズのH-Ⅰを9機、さらに直径を2.44mから4mにしたH-Ⅱを5機の計21機の連続打ち上げ成功を達成したが、H-Ⅱ後半2回の失敗（5、8号機）によって次世代H-ⅡAロケットによる世界の衛星打ち上げ市場参加への望みは一時遠のいた。

一方、NASAのスペースシャトルによる宇宙環境利用実験ミッション等に日本人宇宙飛行士を搭乗させたミッション6回を行い、有人宇宙技術の習得を図るとともに、米主導による国際宇宙ステーション（ISS）へ参加し、ロシアと米国による度重なるISS打ち上げスケジュール遅延に伴う問題点を克服しながら、日本の実験棟（ＪＥＭ）「きぼう」の開発と利用・運用の準備を着実に進めていった。

さらに米国スーパー301条の適用により平成２（１９９０）年６月に日米決着した非研究開発衛星の調達手続き「日米衛星調達合意」（注）によって、国としての通信・放送衛星シリーズは3代目で中止されたが、民間企業２社による商業通信衛星シリーズのサービスが定常化されている。

（注）米国は１９８９年に、日米間の通商摩擦の際にスーパー３０１条の適用対象に政府関連の実用衛星（通信、放送、気象観測、測位等を目的とした衛星）を含めるように主張し、１９９０年に日米衛星調達合意が成立した。この合意の結果、これらの「実用」のための「技術試験衛星」は開発できるが「実用衛星」は国際競争入札を経ることが必要になったが、国際競争入札に勝つのは困難で、事実上、日本は実用衛星の製作から撤退することになった。

地球観測分野では、通商産業省が、資源探査を主目的とする地球資源衛星（ＪＥＲＳ-１）を１９９２年に打ち上げ、地質・資源探査分野において多くの成果が出された。その後、地質・資源を始めとするユーザからＪＥＲＳ-１搭載の光学センサをさらに高度化したセンサの開発要望が出され、ＡＳＴＥＲ（Advanced Spaceborne Thermal Emission and Reflection Radiometer）の開発が開始された。ASTERは、１９９９年12月に打ち上げられたＮＡＳＡのＥＯＳ計画の最初のプラットフォームであるＴｅｒｒａ衛星に搭載され、現在も順調に観測を続けており、日米双方の地質・資源、気象、農林、海洋、環境等の幅広い分野の研究者からなるＡＳＴＥＲサイエンスチーム（津宏治チームリーダ）の主導のもとに推進されている日米宇宙協力の象徴的なプロジェクトとなっている。

このような宇宙活動を経て日本の宇宙開発は、宇宙開発政策大綱に基づき次世代H-ⅡＡロケットの開発、地球環境観測、宇宙環境利用そして宇宙科学の４本を柱として、21世紀へ入ることとなった。

（イ）主な出来事

①国際舞台への登場

・気象観測小型ロケットで定期観測へ

・念願の大型ロケットへ
・科学衛星はMロケットで
・M-3SⅡ型ロケットの開発
・M-V型ロケットの開発
・実用衛星はH-Ⅱロケットで
・無重量宇宙実験から宇宙環境利用実験へ
・スカイラブによる日本初の宇宙材料実験
・TT-500A型小型ロケット／TR-IA型小型ロケットシリーズによる材料実験用小型ロケットによる宇宙実験
・地下落下実験施設の活用
・航空機のパラボリックフライトの活用
・スペースシャトルフライトによるゲット・アウエイ・スペシャル容器による日本初の宇宙実験
・宇宙科学研究所／宇宙開発事業団のスペースシャトル利用
・回収型無人実験衛星の開発
・再利用型宇宙往還機へ向けて
②実用衛星時代を迎えて
・宇宙の平和利用原則と武器輸出三原則等
・1990年日米衛星調達合意の成立
・年間ロケット打ち上げ期間の制約から拡大へ
・民間商業通信衛星の活躍
・信頼性・品質保証の向上とISOへの参加
③宇宙のさらなる利用を求めて

・資源探査衛星シリーズ
・地球資源衛星1号（JERS-1）の開発
・資源探査用将来型センサ（ASTER）による国際協力の推進
・地球観測衛星シリーズ
・電離層観測衛星（ISS）／測地実験衛星（EGS）／海洋観測衛星1号（MOS、MOS-1b）／地球観測プラットフォーム技術衛星（ADEOS）／熱帯降雨観測衛星（TRMM）／改良型高性能マイクロ波放射計（AMSR-E）／環境観測技術衛星（ADEOS-Ⅱ）／陸域観測技術衛星（ALOS）
・情報収集衛星（IGS）
・運輸多目的衛星シリーズ
④国際宇宙ステーション（ISS）計画への参加
・日本の実験棟（JEM）「きぼう」の開発・利用・運用
・NASDAの宇宙飛行士
⑤H-ⅡおよびM-Ⅴロケットの打ち上げ失敗、宇宙事業の停滞
・H-Ⅱロケットの2回連続打ち上げ失敗と計画の見直し
・M-Ⅴロケット4号機の打ち上げ失敗と計画の見直し
・中央省庁再編後の宇宙開発体制
・総合科学技術会議による宇宙開発利用の新基本方針
・文部科学省下の宇宙開発委員会と宇宙三機関統合問題

(4)宇宙商業化への対応：国際競争力向上への努力（1999〜）

（ア）概要

米国初の民間通信衛星会社（コムサット）が発足したのは1963年2月1日のことで、大戦終了の28年後であった。その後の通信・放送衛星による活躍は目ざましく、今後も発展が見込まれる分野である。我が国におい

ても、昭和60（1985）年2月に日本通信衛星（現JSAT）および同年3月に宇宙通信（SCC）の2民間通信会社が設立されて以来、通信・放送分野のビジネス活動は国内のみならず東南アジア・西太平洋域に拡っている。

スペースシャトル初飛行の翌1982年にレーガン大統領が発表した国家宇宙政策において、民間部門の投資および非軍事宇宙活動への関与の増大を目標として民間による宇宙技術開発の促進を実施原則の一つとしたことから米国の宇宙商業化政策が示された。その後、使い捨てロケット（ELV）の民営化（1983年）、民間企業による商業打ち上げへの移行、運輸省（DOT）内に商業宇宙輸送局（AST）をつくりロケットメーカーの子会社が商業打ち上げを行う（1984年）、チャレンジャ号事故後にスペースシャトルは国家安全保障・外交・科学技術上必要な場合に限定し、商業打ち上げは民間ELVへ（1986年）、新商業宇宙打ち上げに対する規制の撤廃（1991年）、国家打ち上げ戦略国家宇宙輸送政策で国防省は発展型ELV（EELV）、NASAはシャトル後継用再利用型ロケット（RLV）の開発（1994年）、と次々と宇宙産業化を促進した。

一方、地球観測分野では、分解能は10m以上（1998年ランドサット法）、から3m（1993年）、1m（1994年）へと緩和され、1991年の米国商業宇宙政策ガイドラインの再強調（1996年）、さらに1996年から難産していた商業宇宙法の成立（1998年）によって、国際宇宙ステーションの民営化、商業利用化の加速、RLV運用の民間開放、GPSの無料使用、政府が民間企業から地球科学・宇宙科学データ購入の奨励等が規定された。

我が国における宇宙商業化への対応は主として米国の動向を見てはいたが、平成14（2002）年6月19日の「今後の宇宙開発利用に関する取り組みの基本について」の中で初めて戦略として示された。

（イ）主な出来事

①商業化を目指して

・地球観測衛星によるリモートセンシング画像の配布・販売
・H-ⅡAロケットの開発
・H-ⅡAロケットの連続打ち上げ成功

・H-ⅡAロケットの今後の展開と打ち上げ予定
・H-ⅡAロケットの商業化への努力
・基幹ロケットとしてのH-ⅡAロケットの民間移管
②官による宇宙産業競争力向上への努力
・宇宙CALS
‥宇宙CALS-Ⅰ／宇宙CALS-Ⅱ／宇宙CALS-Ⅲ
・SERVIS（宇宙環境信頼性実証システム）
・ロケットCALS
‥システム設計・インテグレーション高度化知的基盤研究開発
‥次世代輸送系システム設計基盤技術開発
・技術試験衛星Ⅷ型（ETS-Ⅷ）／超高速インターネット衛星（WINDS）
③民による宇宙産業競争力向上の努力
・国際市場における受注活動
・海外ロケットによる衛星打ち上げ
‥JSAT社および宇宙通信社（SCC）の米タイタン、アトラスおよび欧アリアンロケットによる各商業通信衛星（JCSATおよびスーパーバード）シリーズ
‥独・ロシア合弁ユーロコット社のロコット・ロケットによるUSEFのSERVIS-1の打ち上げ
・H-ⅡAロケットによる衛星打ち上げ
・宇宙利用の各種サービス、ユーザ産業への拡大へ
・宇宙企業界の統合化へ
‥IHIエアロスペースの誕生／NEC東芝スペースシステムの誕生／ギャラクシーエクスプレスの誕生
④官・民協同による事業の推進

・GXロケットの開発・運用を
・準天頂衛星システムの構想の具体化へ
・「きぼう」利用ビジネスへ向けて

2-2 歴史的なターニング・ポイントと今後

平成28（2016）年4月1日から新たに内閣府「宇宙開発戦略推進事務局」として、宇宙開発利用に関する戦略の構築とその推進を責務とする体制が本格的に始動したことは、我が国の宇宙開発にとっての歴史的意義は極めて大きい。ここでは我が国の70年近くにわたる宇宙開発の歴史を通じ、歴史的なターニング・ポイントと考えられる主なイベント（事態）を記述し、今後の日本の宇宙開発の航路設定の糧として記録に残しておきたい。

⑴日本の宇宙開発の始動

第二次世界大戦時、日本の航空技術やロケットの研究等については世界的にも高く評価されるものがあるが、これは別途に譲るとして、ここでは戦後の70年の歴史について振り返り論じる。

昭和20（1945）年8月15日の敗戦後は、連合軍総司令部（GHQ）によって、航空関連のすべての研究や事業が禁止された。大学の航空学科もなくなり、その教授たちも航空関連企業の技術者たちも四散し、空襲で破壊された各地の工場は見るも無残な状態であった。ところが、昭和25（1950）年6月25日に突如として朝鮮戦争が勃発し、にわかにGHQの指導によって我が国に警察予備隊なるものが創設された。翌昭和26（1951）年9月8日にはサンフランシスコ平和条約が調印、翌年4月28日発効され、日本の主権が回復した。これに伴い、昭和27（1952）年約6年半ぶりに航空関連の禁止措置が解除された。このような状況のもとで、戦後のロケット研究がいくつかの組織によって開始されることになった。

昭和30（1955）年に行われた文字通り鉛筆大の「ペンシルロケット」の水平発射によってその歴史の幕が開いた。これは固体を燃料とするいわゆる「固体ロケット」で、文部省傘下の東京大学の糸川研究室に由来することはよく知られるところである。一方で、この文部省の手がけた固体ロケットに比べ、我が国の「液体ロケット」の開発はあまり語られていない。本章ではこの我が国の液体ロケットの開発を中心にその始動の経緯を述べておく。

昭和31（1956）年科学技術庁が創設された。昭和35（1960）年5月には総理府に宇宙開発審議会を設置、宇宙開発の重要性が認識され始め、我が国としての本格的な宇宙開発への取組みの議論が開始された。これに伴い科学技術庁によるロケット開発業務は昭和36（1961）年から始まった。昭和38（1963）年4月に科学技術庁研究調整局に宇宙開発室が附置され、早くも同年8月には防衛庁の新島実験場にてLS-Aロケット（Liquid・Solid-A型ロケット）が打ち上げに供された。その後科学技術庁に宇宙開発推進本部が設置され、昭和40（1965）年には実用ロケットを目指した「液体ロケット」開発に向けた研究が始まり、ロケット発射場も種子島の最南端の竹崎に新たに整備された。このロケットの研究開発の主眼は次の二点である。

①液体エンジンの開発

②ロケットの誘導・姿勢制御技術の開発

いずれも文部省の固体ロケット開発にない技術がポイントである。固体エンジンではロケットの飛行経路の制御が難しく、衛星を所定の軌道に高い精度で投入するために、誘導・制御技術はなくてはならない基本技術である。具体的には、LS-C型ロケットと、JCR型ロケットの開発が本格的に進められた。

LS-Cロケット（Liquid・Solid Rocket）は、1段固体エンジン、2段液体エンジンによる2段式ロケットで、全長11m、直径約60㎝、全重量2.5tである。2段液体エンジンには硝酸／ヒドラジン、後にNTO（四酸化二窒素／A-50（ヒドラジン系燃料）が使用され、推力は3.5tである。エンジンにはジンバリング制御機構による推力方向制御試験等が目的とされた。なおこの毒性の強いNTO／A-50推進剤は、後述の米国からの技術導入により製造したN-Ⅰ、N-Ⅱロケットの第2段にも使用している。LS-Cロケットは昭和43（1968）年から49（1974）年まで合計8機打ち上げられ、内3機の失敗を経験している。余談ながらこの酸化剤にNTOを用い、燃料にA-50を用いるロケットは、当時ミサイルとしてソ連を始め米国等で軍事目的として開発されていた技術である。当時から50有余年を経た今日でも、ソ連のこの技術は世界中に拡散し、今日に至るまで中国の長征シリーズのロケットや、北朝鮮のミサイルやロケットでも多用されている。後述する通り、日本は早々とよりクリーンなケロシン燃料、さらに現在は液体水素を燃料にするロケットのみに切り替えたが、いまもってこの有毒な推進剤を燃料とする北朝鮮のミサイルやロケットはもとより、同様に中国の保有するミサイルや、長征ロケットによって打ち上げられた数多くの軍事用衛星等に緊張感を強いられていることは歴史的な皮肉といえよう。

JCRロケット（Jet Control Rocket）は、昭和41（1966）年から開発に着手した2段式の固体ロケットである。このロケットの目的は、ロケットの誘導・制御システムの開発を目的としたもので、ロケットの姿勢制御のため、過酸化水素（H_2O_2）を燃料とする一液式のガスジェット装置と制御用電子機器の試験が行われた。JCRロケットは昭和44（1969）年から昭和49（1974）年まで全体で10機の打ち上げが行われた。

当初の目的は、これらLS-C、JCRロケットの技術開発の成果を集約し、大型国産のQロケットを開発し、我が国独自の人工衛星打ち上げを目指していた。しかし次に述べる政府の決断により、国産のQロケット（およびQ'ロケット）の開発は中止し、米国からの技術導入による早期の大型実用衛星打ち上げ用のNロケットの開発に科学技術庁傘下の宇宙開発事業団（NASDA）並びに関係企業が協力してこれに全力を挙げることとなった。

(2) 自主開発から技術導入への政策の大転換と、同時に国の安全保障とは隔絶した宇宙開発路線を選択

昭和39（1964）年に創設された東京大学宇宙航空研究所は、昭和45（1970）年2月11日試験衛星「おおすみ」打ち上げに成功し、昭和56（1981）年文部省宇宙科学研究所（ISAS）と改組され固体ロケットの研究開発に専念した結果、日本はソ連、米国、フランスについで世界で4番目の人工衛星打ち上げ国になった。

一方で、時の佐藤総理（昭和39（1964）年～通算7年8か月）が米国訪問の折、巨大なサターンロケットを視察し彼我の技術力の差に驚愕、国産ロケット開発から技術導入に政策転換を判断したと言われている。アポロ

11号は、昭和44（1969）年7月16日、サターンV型ロケットによりケネディ宇宙センターから発射された。7月20日司令船「コロンビア」から分離された月着陸船「イーグル」は下段ロケットの噴射で減速しながら月面「静かの海」に軟着陸、アームストロングとオルドリンが、人類として初めて月面に降り立った。当時日本の宇宙開発に携わっていた関係者も皆同じように痛烈な衝撃を受けると同時に、短期間ではとても技術的に追い付くことは不可能との思いを抱いたのも偽らざる心境であった。

日米政府交渉の結果、昭和44（1969）年7月31日「宇宙開発に関する日本国とアメリカ合衆国との間の協力に関する交換公文」が発効された。これと期を一にして、宇宙開発事業団が昭和44（1969）年10年1日に発足している。

しかし当然ながら米国側からは次のような条件が課せられていた。

＜日米交換公文に課せられた前提条件＞

①日本に導入された機器および技術は平和目的のみに利用されること

②それを無断で第三国に輸出しないこと

③アメリカの協力によって開発され、また打ち上げられた通信衛星は、現行のインテルサット取り決めの目的と競合しないこと

④米国の技術援助を得て開発したロケットを用いて、米国に無断で他国の衛星を打ち上げないこと

⑤いま一つは供与される技術は「ソー・デルタロケットシステムの技術水準（1969年技術）まで」との条件も付加された。

これに伴い我が国では、次のような重要な政策決定が国会でなされた。これが平成20（2008）年5月の宇宙基本法成立まで、実に40年厳守された「宇宙平和利用決議」（昭和44（1969）年）であり、その意味するところは世界でも例を見ない「非軍事」の解釈が貫徹された。「非軍事」の意味するところは、宇宙開発はもとより宇宙空間は我が国の防衛（安全保障）を含め、軍事には一切かかわらないとの認識で国是とされた。この背景には憲法9条と同様、当時依然として米国の対日警戒心は強くロケットの軍事利用（ミサイル）から遠ざけるとの

政治的意図があったと思われる。また事実武器輸出3原則に係わる、我が国の固体ロケットに関する次の出来事も直接に関与したことが、最近明らかにされた米国機密文書からも読み取れる。

①1963年：K-6型観測ロケットのユーゴスラビアへの輸出

②1965年：K-8型ロケットのインドネシアへの輸出

その後1980年代、世界中に広く気象衛星や、通信・放送衛星が実用化の時代に入り、「非軍事」の解釈を巡り国会で論戦が繰り返されたが、結局根本的な見直しもなく、宇宙利用に関する「一般化理論」なる我が国特有の論理解釈でことは処理された。昭和60（1985）年「非軍事」の解釈を巡る国会の審議・答弁で示された「一般的に利用されている機能と同等の衛星であれば、自衛隊が利用することは可能」との一般化理論の解釈である。なお今日常用されている情報収集衛星もこの見解に基づきスタートしている。

このように国の安全保障から宇宙が切り離され、これが前述の通り宇宙基本法制定（平成20（2008）年）まで、我が国の宇宙開発の基本理念として長く放置されたことによる影響は多大で図り知れないものがある。特に安全保障と厳重に一線を画されたロケット、衛星、射場等のたどった研究開発の過程は世界からみても異例で、今日までその与えた歪は大きい。したがって我が国の宇宙開発の目的は、科学技術庁による高度なロケット技術の開発と、郵政省の静止衛星打ち上げ（静止衛星軌道の確保）が主たる政策目的となった

（参考）主な技術の提携先（米国企業名はすべて当時）

・ロケットシステム：マグダネル・ダグラス＝三菱重工（MHI）

・液体エンジン（MB-3エンジン：液体酸素／ケロシン）：ロケットダイン＝三菱重工（MHI）、石川島播磨重工（IHI）

・ガスジェント姿勢制御装置：TRW＝石川島播磨重工（IHI）

・固体ロケット（SRB固体ロケットブースタ、3段固体モータ）：サイオコール＝日産自動車

・衛星システム：TRW、後にフィルコフォード＝三菱電機（MELCO）（＊通信衛星）、ヒューズ＝日本電気（NEC）（＊気象衛星）、GE＝東芝（＊放送衛星）

（注）（＊）は当時担当していた衛星

⑶科学技術庁主導の宇宙開発と、導入技術から脱却した自前のロケット開発へ

米国からの技術導入により、その後我が国のロケット開発はN-Ⅰロケット、N-Ⅱロケットと衛星の打ち上げ能力も高まり、順調な打ち上げ実績を積み重ねた。N-Ⅰロケット1号機は昭和50（1975）年技術試験衛星Ⅰ型の打ち上げに成功し、以後昭和57（1982）年まで9機の打ち上げにすべて成功を収めている。振り返れば昭和44（1969）年の日米交換公文の発効以来わずか5、6年の年月で全長約33m、直径約2.4m、全重量90tの1、2段液体エンジンによる3段式ロケットを開発し、約85kgの衛星を高度1,000kmの軌道に投入に成功し、その後も打ち上げ成功を続けた技術力は立派なものではなかろうか。さらに打ち上げ能力の向上を図ったN-Ⅱロケットは、1981（昭和56）年のN-Ⅱロケット1号機から、1987（昭和62）年の7号機まで、Nシリーズロケットとして16機すべて衛星打ち上げに成功を収めている。

この間、科学技術庁主導ながら総理大臣への諮問機関としての宇宙開発委員会が設置されて、国全体の宇宙開発方針が策定されてきた（議長は科技庁長官）。ただ時機を経るごとに、次のような事項が顕在化した。

①技術開発中心の宇宙開発の性向が顕著に

科学技術庁は「原子力」と「宇宙」を庁のメインプログラムとして、技術革新の中核に位置付けた。世によく言われる省庁の縦割りの壁は、当時はいまにも増して強く、通産省等を中心とした実用化・産業化を含む利用省庁関与の排除姿勢には強いものがあった。当時の宇宙開発委員会で通産省系あるいは中立系委員と事務局（科技庁）との政策方針を巡る激論が頻発した。委員会提言には合意できないので、委員会名簿からの削除要求が出る等紛糾する場面もしばしば見られたが、結果が変わることはなく、政策的な判断も見ることはなかった。

②また通信衛星等の大型化の趨勢に呼応し衛星、ロケット共にひたすら大型化路線を邁進した。さらに技術導入によるN-Ⅰ、N-Ⅱロケットと順調な打ち上げ成功実績に自信を深め、米国依存技術からの脱却を目指し、衛星の一層の大型化に呼応し、独自の技術によるロケット開発への道を歩むことになった。この背景には技術導入に

伴う高額のロイヤリティ（技術使用料）の支払いを免れたいとの関係者の思いが働いたのも事実であるが、基本的には日米の戦略的協力や安全保障に伴う外交戦略等国家戦略の議論もないままに、先の委員会議論の通り科学技術庁を中心とした技術開発論理が主導された。

米国から技術導入したロケットは、当時もいまも世界的に実用面で安定的で低廉なケロシン（灯油）を燃料とし、酸化剤には液体酸素を用いるものである。したがって、ロケットの場合自主路線を取るには、先進的な燃料として液体水素を使用し、液体酸素を酸化剤とするエンジン技術の独自開発が唯一の選択肢であった。これが今日まで続くHを冠するロケットの由来で、Hは水素のHydrogenを示したものである。

H-Iロケットは昭和61（1986）年の試験機から、平成4（1992）年まで9機全数打ち上げ成功との快挙を成し遂げた。

このH-Iロケットの1段は、Nシリーズのロケットと同様米国からの技術導入で製作した燃料にケロシン、液体酸素を酸化剤に使用するMB-3エンジンを使用しているが、2段は液体水素、酸化剤に液体酸素を使用する独自開発のエンジン（LE-5）を使用している。引き続き打ち上げ能力の向上を目指して、推力110トンの液体水素／液体酸素エンジン（LE-7）の開発にチャレンジし、1、2段共、全段液体水素／液体酸素のH-IIロケットの開発に着手し、平成6（1994）年初号機の打ち上げに成功している。しかしその後2号機での静止軌道への衛星の投入失敗を始め、5号機、8号機と相次ぎロケットエンジンそのものの不具合により打ち上げ失敗を繰り返し、各方面からの強い批判を浴びることになった。

ただ、ここで特記しておくべきは、米国からの導入技術を寸分たがわずなぞってきたNロケットシリーズと異なり、当時は世界でも最先端の液体水素エンジンに自主技術として開発にチャレンジした結果の相次ぐエンジン不具合であったが、このような世界最先端の高度な技術開発に起因する不具合との理解もないままに、〝失敗〟と決めつける我が国のマスコミを始めとする一般の見る目と批判は大変厳しいものであった。さらに政策的にも抜本的な対応の議論もなく、世論に歩調を合わせた批判的な見方が主体であったと当時が述懐される。結果として、H-IIロケットそのものの継続は中止したものの、全体の設計見直しによるH-IIAロケットへと転換し、同時に"国際競争力"という世間の風圧により、大幅な実機コストダウンが主要な課題とされた。

③日米衛星調達合意により、技術開発への指向がますます顕著に

1980年代の高度成長期における日米貿易摩擦に起因し、当時優勢な半導体産業を死守すべく、実用的な通信衛星や、放送衛星等の国際調達に政策合意したことで、我が国の宇宙開発における実用化、商業化路線に与えたインパクトは致命的なものとなった。これによって国産のHロケットシリーズによる打ち上げ需要も大幅に制約されることになった。平成2（1990）年に日米間で結ばれた「日米衛星調達合意」は、スパコン、林産物等と並んで、衛星は「非研究開発衛星の公開、透明、かつ無差別の方法での調達」を政府政策として約束したもので、これにより当時世界的に競争力が未熟であった衛星の商用化の遅れは致命的となった。

主に上述の3点のような状況のなかで、技術開発主体の衛星開発と、先端的な国産技術を追求するロケット開発指向が相まって、世界最高の技術開発と高い信頼性の追求が大蔵省予算獲得の論理として定着し、一方では世界競争力のない高価格体質のロケットとの批判が顕著となるジレンマに陥った。根本には科学技術庁が宇宙開発の全体を主幹する限り実用化、産業化等のための予算要求論理は立たないという制度上の問題が内在していた。

前述の通り、H-Ⅱロケットの相次ぐ失敗に事態はますます苦境に陥ることになる。平成10、11（1998、1999）年H-Ⅱロケット#5、#8号機の相次ぐ"失敗"で、商用の戦略は決定的な打撃を受けた。H-Ⅱロケットの国際市場への進出を標榜し、1990（平成2）年業界挙げて設立されたロケットシステムが一時は米国から30機の衛星打ち上げの仮契約を果たしていたが、十分な政策的な議論もないままに後日会社は解散に追い込まれている。詳細については後述する。

一方で、打ち上げ失敗の対応策として実用型ロケットへの抜本的見直しを行うことなく、技術的にも高度な液体水素／液体酸素を推進剤とするH-Ⅱロケットを基本コンフィギュレーションとし、かつ"大幅なコストダウン"の要求の下に、設計の見直しの方策が選択され、H-ⅡAロケットの開発が決定された。これは後述する通り、運用は一民間企業に移管され民営化ロケットとして今日に至っている。当時NASDA内には「先端技術ロケット」の化粧直しでは「実用ロケット」は難しいとの意見も一部にあったが、結局は実用より技術開発の論理が先

行したと言われている。

なお宇宙開発は文部省と科学技術庁の二元体制で長く並進して進められた。文部省の宇宙開発は固体ロケットを主体とした宇宙科学研究所（ＩＳＡＳ）、科学技術庁は液体ロケットを主体にした宇宙開発事業団（ＮＡＳＤＡ）の棲み分けが固定化した。

(4) 省庁再編により文部科学省に改組へ（平成13（2001）年）

平成13（２００１）年政府の方針として行政の効率化を目指し、関係省庁の再編が行われた。これに伴い、科学技術庁は文部省と一体化され文部科学省に改組された。これに伴い日本の宇宙開発の〝技術開発路線の継承〟を決定づけ、ますます、利用面、産業面から縁遠い政策に偏していった。また当然ながら「平和利用決議」の見直しの議論もないままに、宇宙利用も含め国の安全保障との関わりは一切隔絶される状態が続くことになった。さらにこの改組に伴い「宇宙開発委員会」も文部科学省傘下の組織に格落ちし、国全体の宇宙開発と宇宙利用の政策議論を行う国の機関は完全に喪失したことになった。当時産業界からは宇宙産業の進展のためにも経産省の主管ないし共管の要望もあったが、これも省庁の強い壁に阻まれ実現することはなかった。

(5) ISAS、NAL、NASDAの3機関統合によりJAXAへ（平成15（2003）年）

政府外郭団体の統廃合論の高まりにより、宇宙科学研究所（ＩＳＡＳ）、航空技術研究所（ＮＡＬ）、宇宙開発事業団（ＮＡＳＤＡ）の３機関の統廃合も遡上にあがり、結局当時の文部科学省大臣の強いリーダシップも発揮され、産業界の大きな抵抗もなく決着し、平成15（２００３）年10月１日、宇宙航空研究開発機構（ＪＡＸＡ）が発足し今日に至っている。新機関の名称に見る通り、〝宇宙開発事業〟の文字は完全に消え、文部科学省の傘下でますます日本の宇宙開発は〝研究開発〟に偏重したことが読み取れる。〝宇宙予算の８割を握っている文科省が産業化も責任をもって実施する〟との大臣の強いメッセージは説得力があったが、研究開発を主管する文部科学省が、宇宙の〝産業化〟までを所掌できないことは法律的に自明のことであった。

(6) 官民連携による宇宙事業展開の動きと挫折

技術開発中心の宇宙開発のみに依存する宇宙政策に懸念する民間企業やＮＡＳＤＡ幹部の尽力もあり、宇宙産業を推進する次の二つの活動が起こされたが、結局は両者共に日の目を見ることなく頓挫して今日に至っている。

その一つは前述の通り、平成2（1990）年業界挙げて設立されたロケットシステムである。この会社は当時のNASDA幹部の指導もあり宇宙開発に係わるMHI、IHI、日産ほか6社が幹事会社となり、大手商社、銀行、保険、製造企業等全73社の出資により設立された。会社設立の目的は、日本のHロケットの商業化を目指し、海外からの衛星打ち上げを受注するものである。当初はNロケットに始まり、H-Ⅰ、H-Ⅱロケットの順調な打ち上げ実績は世界からも注目されており、一時米国企業から衛星30機打ち上げの仮契約を果たすまでに至った。しかし、その後H-Ⅱロケット#5、#8号機の相次ぐ打ち上げ失敗もあり、これらの契約も解除され、また有力国会議員の強い指導を受け平成18（2006）年解散を余儀なくされた。その結果業界を上げて取り組んだロケットの海外展開活動は消失し、一民間企業に運用のすべてを移管し、今日に至っている。

もう一方は、実用型を目指した日米協力による中型ロケット開発プログラムである。このロケットは当初、「先端技術実証ロケット」として国主導の中型ロケット構想として、NASDAによって検討が平成7（1995）年に開始された。構想の主要な狙いは、液体水素／液体酸素を推進剤とする高度先進的な大型ロケットと並行し、より小回りの利く実用的で低廉な中型ロケットによる国の輸送システムのラインアップ（打ち上げ手段の多様性と補完性）を目指したものであった。開発にあたっては極力開発費を抑え短期に効率よく開発し、また海外からの衛星打ち上げ受注の確保もスタートの時点から考慮に入れたものである。

主要な開発のポイントは下記のとおり。

①海外既存技術の活用

・1段に実績あるロシアエンジンを活用、日米共同のシステム設計により開発リスクを軽減

②先進的実用ロケット技術開発

・将来有望視されるLNG燃料を使用した実用エンジンの世界に先駆けた開発と飛行実証

③民間活力の活用と、将来の商用化も視野

NASDA幹部による米国最大手ロケットメーカーのロッキード・マーティンとの協力関係交渉も順調に進み、

プログラムの設計検討が開始された。しかし折しも時期が悪く、H-Ⅱロケットの相次ぐ事故に遭遇した。科技庁は平成11（1999）年11月のH-Ⅱ#8号機の事故に伴い、宇宙予算をこれに重点投資するため、先端技術実証ロケットの開発移行の一時中断を判断した。

一方で、このプログラムに係わっていた商社を始め民間企業は国際関係の問題もあり、早期のプログラムの継続を強く関係機関に働きかけた。翌年平成12（2000）年科学技術庁は中型ロケット開発再開に向け通産省にも協力を要請し、官民共同プログラムとして再編成し、科学技術庁、NASDA、通産省、民間による4者協議会を発足させ、4者が責任を持って一致協力してプログラムを推進することになった。

これに呼応し民間は、平成13（2001）年民間8社によるギャラクシー・エクスプレス（GX社）を設立した（民間宇宙関連企業：三菱商事、石川島播磨重工（IHI）、日産自動車、富士重工（FHI）、川崎重工（KHI）、日本航空電子ほか全8社、資金150億円事業を開始、後に米国ロケットの大手企業ロッキード・マーティン社も参画）。しかし時を経るごとに、科学技術庁は〟民間主導〞の名称を冠し徐々に自らの主体性を薄くし、ロケットの名称を「GXロケット」と改変するに至った。このGXロケットは、1段に米国既存の液体エンジン、2段にはLNG液体エンジンを搭載する日米共同の中型実用ロケットとして国際的にも認知され、システム開発を推進した。

しかしその後の開発途上で、文科省としての省庁再編や、文科省と経産省との意思疎通の齟齬、新規プログラムに反対する勢力等、全体の司令塔機能不在を露呈し、開発予算の調達を含めプログラムの遂行は苦難を極めた。結局日米協力により全体設計の80％を完了し、2段LNG推進系エンジン試験も初期の成果を収め、GXロケット完成後は日米双方の中型衛星打ち上げに供する日米合意もあるままに、平成22（2010）年、プログラムの外交・安全保障上の意義もよく理解されないまま、突然の民主党政権の事業仕分けにて開発中止となり、結局会社は解散を余儀なくされた。上記2件の出来事は、宇宙開発に対する国の体制や、明確な国家戦略もないままに場あたり的な判断で政策が動き、また産業界の宇宙事業参入意欲は大きく後退し、今日もこれが尾を引いていることは否めない。

(7)宇宙基本法創設に向け、ようやく政治が始動を開始

１９９０年代後半より、日本の宇宙開発に係わる国家の体制の不備を指摘する声が関係者の間で持ち上がってきた。具体的には、

①日本の宇宙開発が長く先端技術の研究、開発に偏重し、宇宙利用面、宇宙産業面での遅れが世界的にますます顕著になってきた。

②日本を取り巻く国際環境が大きく変化する中で、安全保障面での宇宙利用が多年にわたり封印されてき、その誤謬が方々で顕在化してきた。

③国家戦略としての総合的な宇宙政策を企画立案するとともに、これを推進する国家体制の整備が喫緊の課題となってきた。

期せずして以上のような状況に対する政策面での対応を要請する声が上がり、平成13（２００１）年には、民間有志、政界の有志、学者等が集まった協議の場が徐々に立ち上がっていった。

なかでも宇宙基本法成立に中心的な役割を果たした河村建夫衆議院議員の固い決意を決定付けたのは、氏の講話や発表資料にあるように、文部科学大臣就任直後の平成15（２００３）年11月情報収集衛星2基を搭載したH-ⅡAロケット6号機の打ち上げ失敗であった。搭載する衛星は文部科学省所掌外の国家の重要機密を担う衛星であり、ロケットそのものと打ち上げの責任は文部科学省にあった。衛星の直接の責任者は福田官房長官（当時）であり、宇宙政策における全体責任（司令塔機能）の不在が改めて認識された。

大臣退任後直ちに河村議員は自らを座長とし、今津議員ほか政務次官経験者を中心に「国家宇宙戦略立案懇話会」を設立した。約1年有余の協議を経て、２００５（平成17）年10月懇話会報告書の形でまとめられ、広く世に問うこととなった。

同報告書の概要を下記に転記しておく。

①宇宙基本法の意義

(a)我々の生活において宇宙の開発利用が非常に重要になってきているので、これを国家戦略として位置づける必

要があった。従来の日本の宇宙開発では、世界最先端の科学技術の追求に重点が置かれ、その結果十分に宇宙を活用できなかったので、これからは宇宙を有効活用する政策に軌道修正させなくてはならない。

(b)官僚による省益重視の縦割り行政ではなく、民意を負託している我々政治家が主導して、国民生活や経済発展のための宇宙政策に転換するということ。

②宇宙基本法をつくる必要性

(a)日本の宇宙開発が、後発国として研究開発中心の「キャッチアップ戦略」を採ったことにより、衛星もロケットも大型で最先端の技術開発レベルのものを追求してきたこと、「平和利用原則」であったがためにミサイル技術転用への懸念に過敏であったこと、宇宙開発に関連するアクターが固定化してしまい「宇宙村」と揶揄されるコミュニティに留まってしまった。このような体制と考え方では様々な環境変化に対応できなくなり、時代変化に適うものに転換する必要が生じてきた。

(b)これまで日本の宇宙開発が置かれていた問題点

・一つには、宇宙の平和利用の解釈がある。欧米が軍事利用を先行させていた中で、日本は平和憲法の下、国会議決によって平和の解釈を非軍事に限定するとしてきた。

・二つ目は、自衛隊の衛星利用における一般化理論というものである。非軍事なので自衛隊は宇宙を利用できなかったが、米軍と衛星通信を行う必要性が出てきて、当時すでに普及していた衛星通信については、偵察や攻撃等の軍事目的ではない一般的利用を可能にすることにした。

・三つ目は、日米衛星調達合意である。日米摩擦で米国が日本政府の調達について市場開放を求め、通信・放送や気象のような実利用の衛星の調達は国際入札となり、ほとんどが米国製になってしまい、政府が行う宇宙開発は実質、科学技術分野の研究開発のものに限定され、日本の宇宙産業の成長と実利用分野の発展を阻害してきた。

以上のような問題意識から、自民党内の審議において、平和利用の解釈の再定義と宇宙政策のあるべき姿を実現するためには、宇宙基本法の制定が必要であろうという結論を得た。

平成18（2006）年1〜4月自民党宇宙開発特別委員会で国家戦略を立案する観点から計15回の審議が実施された。ここで提起された宇宙開発の主要な課題には次のようなものが挙げられており、今日にも残る問題でもある。

・JAXA交付金の使途の仕方、プログラム実行の政策的な優先順位付け
・宇宙科学関連業務（旧ISAS）と宇宙開発業務の在り方
・研究開発中心による宇宙産業の衰退傾向、縦割り行政の弊害
・官民共同プログラムの立て直し（GXロケット等）、H-ⅡAロケット民営化の先行き、打ち上げ射場のあり方

以上のような課題を解決するには、国会議員による議員立法が不可欠と判断され、宇宙基本法の草案作成は国会議員を主体とする関係者の手で着手された。

平成19（2007）年6月、与党公明党の合意を得て宇宙基本法を国会に上程、翌平成20（2008）年1〜5月与党（自公）と民主党との法案協議を経て、法案は5月に衆議院内閣委員会に上程された。最終的に平成20（2008）年5月21日参議院で可決され、宇宙基本法は成立した。着手からすべて政治主導で進められ議員立法として法案成立まで、三年半の歳月を要したといわれる。

⑻宇宙基本法の成立へ（平成20（2008）年5月）

以上のような国の行政制度の誤謬がようやく時を経て政治の認識するところ多となり、数年に及ぶ関係国会議員（河村建夫衆議院議員、今津寛衆議院議員ほか）の多大な尽力を経て、次に示す内容の議員立法が挙党一致で法案制定された。

・内閣に宇宙戦略本部を設置、本部長は内閣総理大臣
・本部に関する事務は内閣官房において処理
・附則：事務処理を内閣府にて実施するための法整備

その後、次の一部関係法案改正を経て今日に至っている。

①2012（平成24）年6月内閣府設置法案等の一部改正

・内閣府所掌業務の追加
・内閣府における宇宙政策委員会の設置
・宇宙航空研究開発機構の見直し
・国全体の宇宙執行機関としてのＪＡＸＡの位置付け
・文部科学省の宇宙開発委員会の廃止
②平成27年1月27日行政改革に伴う閣議決定
「内閣官房及び内閣府に機能及び業務のまたがるものの見直し」によって内閣府に「宇宙開発戦略本部事務局」を設置（平成28年4月発足）し、宇宙政策に関する総合調整権が内閣府に置かれることになったことは大変重要である。
・宇宙基本計画の閣議決定等（宇宙基本法の一部改正）
・独立の事務局の設置（内閣府設置法の一部改正）
・宇宙政策に関する内閣官房・内閣府の協議の場の設置

(9) 今後に向けた主な課題

本章では戦後60年余りの我が国の宇宙開発の辿ってきた足跡と、またその時々の後世に大きく影響する重要な政策決定の場面について特筆した。我が国は「技術開発」に特化した宇宙開発を長く続けてきた結果、世界での宇宙後発国を含め、宇宙利用産業の促進や、安全保障面での宇宙利用における遅れが顕著になってきた。このため平成20年5月に議員立法による「宇宙基本法」を作り、我が国の宇宙開発は新たな道を歩むことになった。ただ周知の通り法律ですべての課題が解決するものではなく、今後各方面からの「真に魂を入れる地道な努力」の積み重ねが必要なことはいうまでもない。また、宇宙戦略の司令塔として発足した内閣府「宇宙開発推進事務局」（平成28年4月1日）機能の充実を図り、その推進のため確固とした体制の構築が必須である。重要なことは、我が国にありがちな国内思考から、世界的視野にたった宇宙戦略の構築と外交、安全保障戦略の展開である。具体的には、次のようなものである。

・全地球観測とそのデータ利用システムの構築
・国家戦略としての安全保障、外交面での宇宙利用の加速
・宇宙システムを支える衛星・飛翔系システムインフラの充実とその抗たん性の確保
・偏重した予算制度（予算の特質）の抜本的改革
・国立研究開発機関としてのＪＡＸＡの機能と、宇宙利用を執行する機能のあり方の再検討、企画戦略立案（シンクタンク）機能の充実

一方で、数多くの国際的な成果を収めてきた宇宙科学（惑星探査等）の継続や、月・火星探査活動等国際協力プログラムへの積極的な参加はおろそかにすべきではない。

我が国の宇宙開発の歴史を通じ、「世界最高技術必ずしも実用技術ならず」の基本的認識と、一方で多大な地球の重力に逆らっての宇宙への飛行と一旦地上を離れるとたとえ軽微な不具合といえども容易に修理ができないという難解な技術へのチャレンジには必ず大きなリスクを伴うとの基本認識と謙虚な説明と、これを許容する国民文化の醸成が大切である。

今後10年、20年先の我が国の宇宙開発を俯瞰して、次の3点を強調しておきたい。

その一つは「将来宇宙ビジョン創成のための全体像を描くこと」、二つめは「人類活躍の場としての、従来の［陸・海・空］に新たに［宇宙・情報／サイバー］空間を加えた5次元の空間の中の一つとして宇宙を認識すること」、そして三つめは「全地球的俯瞰に立ち、少なくとのアジア・環太平洋圏の恒久的な平和維持活動は我が国の責務と認識すること」であろう。これらを示す具体的な絵図を、それぞれ図2-1、図2-2、図2-3に示しておく。

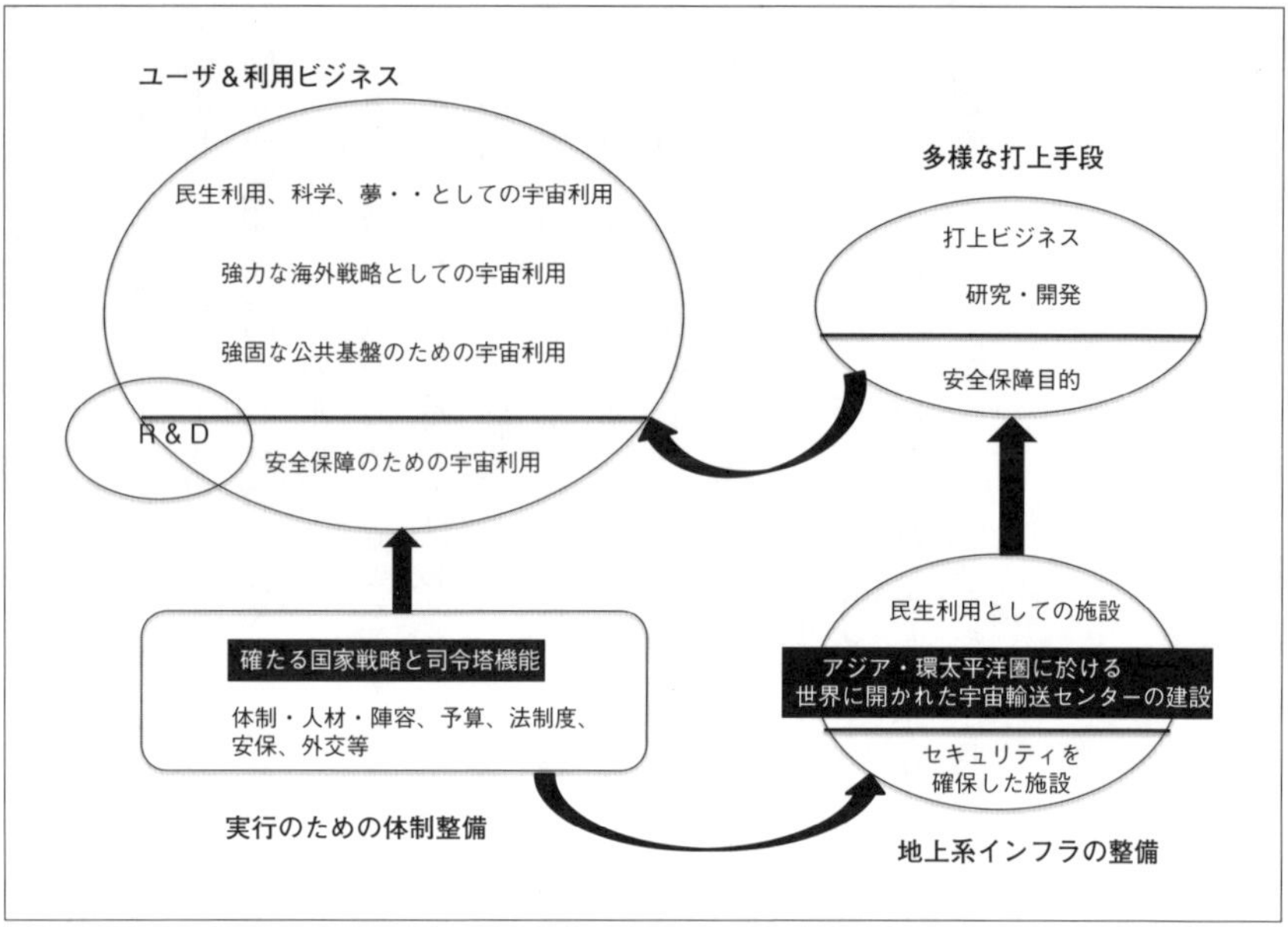

〔図 2-1〕将来宇宙ビジョンの全体像（出所：スペースアソシエイツ資料）

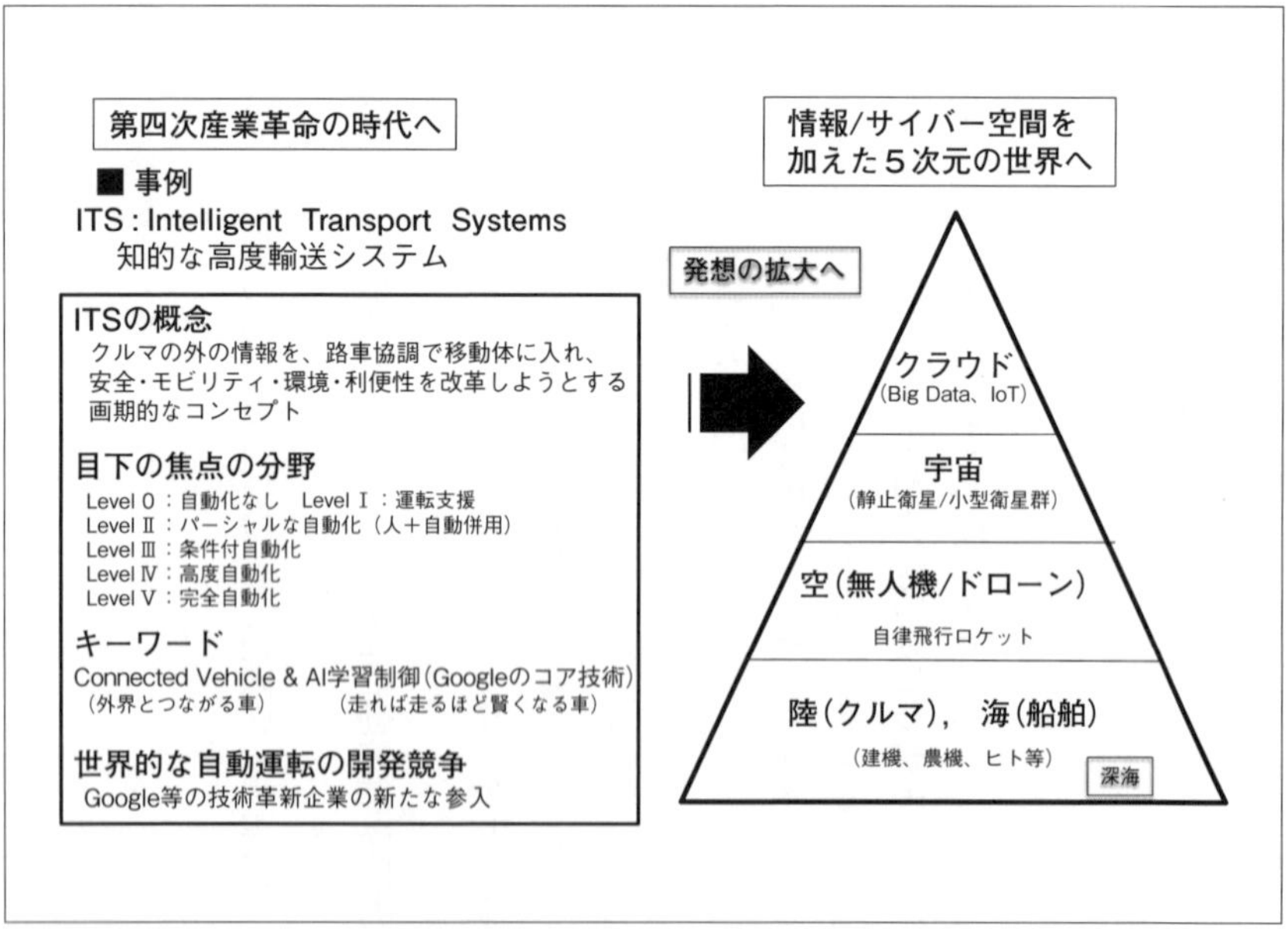

〔図 2-2〕5 次元空間の世界（出所：スペースアソシエイツ資料）

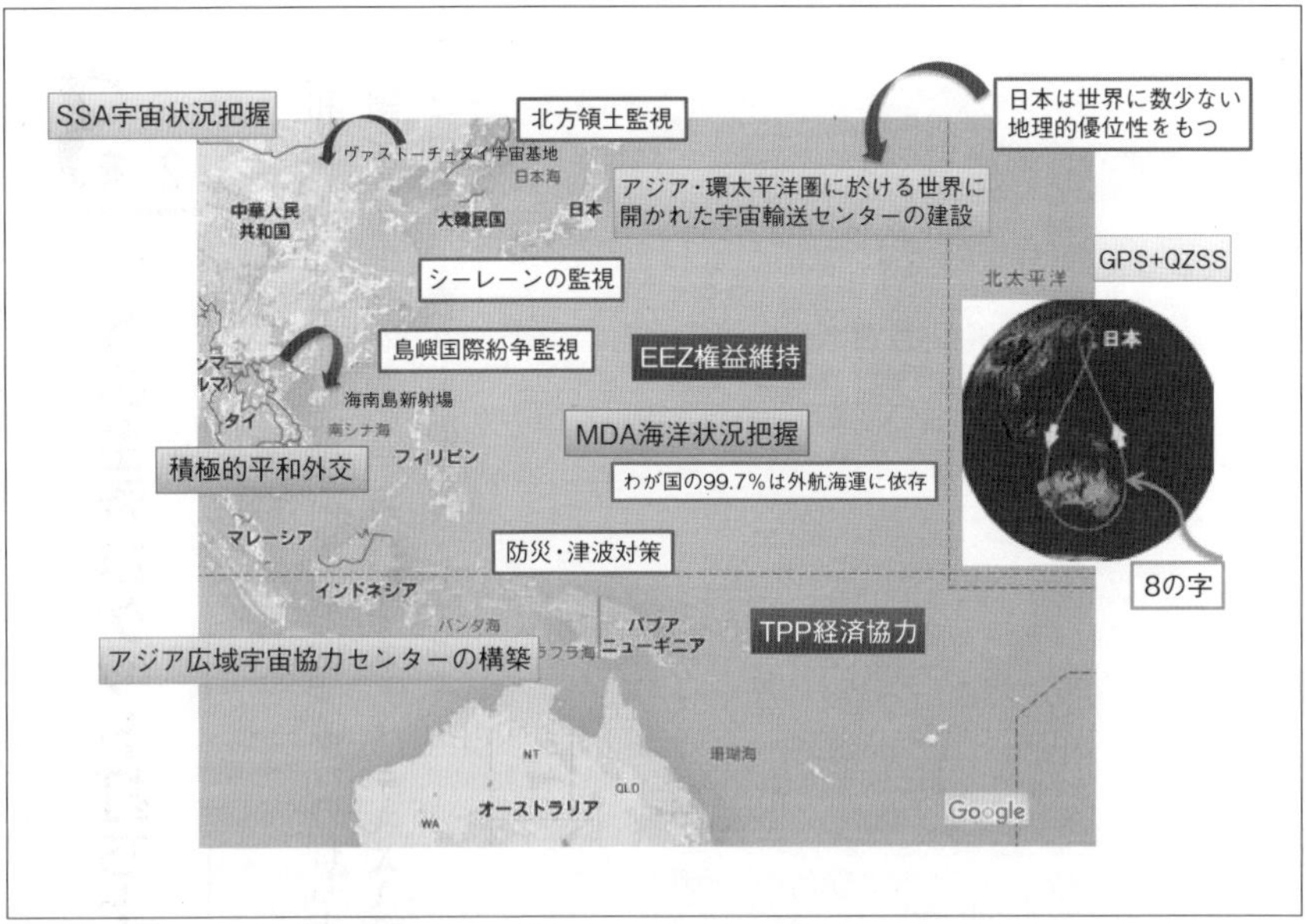

〔図 2-3〕日米連携によるアジア・環太平洋圏の積極的平和維持活動
（出所：スペースアソシエイツ資料）

2-3 日本の主要ロケット打ち上げ実績

昭和45年の日本初の人工衛星「おおすみ」の打ち上げ以降、我が国は米国、ロシア、欧州に次ぐ衛星の打ち上げ実績を誇る世界有数の宇宙大国である。ＪＡＸＡ資料をはじめ公開情報より日本の主要ロケット打ち上げ実績をまとめると、表2-1のようになる。

〔表 2-1〕日本の主要ロケット打ち上げ実績

打ち上げ年	ロケット	人工衛星	備考
1970 (S45)	L-4S-5 号機 M-4S-1 号機	おおすみ (2.11) MS-F1 (9.25) ★	日本初の人工衛星 ★打ち上げ失敗
1971	M-4S-2 号機 M-4S-3 号機	たんせい (2.16) しんせい (9.28)	 第 1 号科学衛星
1972	M-4S-4 号機	でんぱ (2.11)	第 2 号科学衛星
1973			
1974	M-3C-1 号機	たんせい 2 号 (2.16)	
1975 (S50)	M-3C-2 号機 N-1-1 号機	たいよう (2.24) きく (9.1)	第 3 号科学衛星
1976	M-3C-3 号機 N-1-2 号機	CORSA (2.4) ★ うめ (2.29)	★打ち上げ失敗 (第 2 段制御系不具合)
1977	M-3H-1 号機 N-1-3 号機	たんせい 3 号 (2.19) きく 2 号 (2.29)	 日本初の静止衛星
1978	M-3H-2 号機 M-3H-3 号機 N-1-4 号機	きょっこう (2.4) じきけん (9.16) うめ 2 号 (2.16)	第 5 号科学衛星 第 6 号科学衛星
1979	M-3C-4 号機 N-1-5 号機	はくちょう (2.21) あやめ (2.6) ★	 ★打ち上げ失敗 (第 3 段が衛星に追突し静止軌道投入失敗)
1980 (S55)	M-3S-1 号機 N-1-6 号機	たんせい 4 号 (2.17) あやめ 2 号 (2.22) ★	 ★打ち上げ失敗 (衛星のアポジモータ異常で静止軌道投入失敗)
1981	M-3S-2 号機 N-2-1 号機 N-2-2 号機	ひのとり (2.21) きく 3 号 (2.11) ひまわり 2 号 (8.11)	第 7 号科学衛星
1982	N-1-7 号機	きく 4 号 (9.3)	
1983	M-3S-3 号機 N-2-3 号機 N-2-4 号機	てんま (2.20) さくら 2 号 a (2.4) さくら 2 号 b (8.6)	第 8 号科学衛星
1984	M-3S-4 号機 N-2-5 号機 N-2-6 号機	おおぞら (2.14) ゆり 2 号 a (1.23) ひまわり 3 号 (8.3)	第 9 号科学衛星
1985 (S60)	M-3S Ⅱ -1 号機 M-3S Ⅱ -2 号機	さきがけ (1.8) すいせい (8.19)	 第 10 号科学衛星
1986	N-2-8 号機 H-1-1 号機	ゆり 2 号 b (2.12) あじさい、ふじ、 じんだいじ (8.13)	
1987	M-3S Ⅱ -3 号機 N-2-7 号機 H-1-2 号機	ぎんが (2.5) もも 1 号 (2.19) きく 5 号 (8.27)	第 11 号科学衛星
1988	H-1-3 号機 H-1-4 号機	さくら 3 号 a (2.19) さくら 3 号 b (9.6)	

打ち上げ年	ロケット	人工衛星	備考
1989（H1）	M-3S Ⅱ -4 号機 H-1-5 号機	あけぼの（2.22） ひまわり 4 号（9.6）	第 12 号科学衛星
1990	M-3S Ⅱ -5 号機 H-1-6 号機 H-1-7 号機	ひてん・はごろも（1.24） もも 1 号 b、おりづる、 ふじ 2 号（2.7） ゆり 3 号 a （8.28）	第 13 号科学衛星
1991	M-3S Ⅱ -6 号機 H-1-8 号機	ようこう（8.30） ゆり 3 号 b（8.25）	第 14 号科学衛星
1992	H-1-9 号機	ふよう 1 号（2.11）	
1993（H5）	M-3S Ⅱ -7 号機	あすか（2.20）	
1994	H-2-1 号機 H-2-2 号機	りゅうせい、みょうじょう、VEP-1（2.4） きく 6 号（8.28）	
1995	M-3S Ⅱ -8 号機 H-2-3 号機	EXPRESS（1.15）★ SFU、ひまわり 5 号（3.18）	★打ち上げ失敗 （第 2 段不具合）
1996	J-1-1 号機 H-2-4 号機	HYFLEX（2.12） みどり、ふじ 3 号（8.17）	
1997	M-V-1 号機 H-2-6 号機	はるか（2.12） きく 7 号、おりひめ・ひこぼし、TRMM（11.28）	第 16 号科学衛星 M-V-2 号機は搭載ペイロード開発遅延で中止
1998（H10）	M-V-3 号機 H-2-5 号機	のぞみ（7.4） かけはし（2.21）★	第 18 号科学衛星 ★打ち上げ失敗 （2 段目エンジン燃焼不良により GTO 軌道に投入失敗）
1999	H-2-8 号機	MTSAT（11.15）★	★打ち上げ失敗 （1 段目エンジン破損のため指令破壊） H-2-8 号機失敗のため 7 号機は中止
2000	M-V-4 号機	ASTRO-E（2.10）	第 19 号科学衛星 第 1 段ノズル破損により打ち上げ失敗
2001	H-2A-1 号機	VEP2（8.29）	
2002	H-2A-2 号機 H-2A-3 号機 H-2A-4 号機	つばさ、DASH,VEP3（2.4） こだま、USERS（9.10） FedSat、観太くん等（12.14）	
2003（H15）	M-V-5 号機 H-2A-5 号機 H-2A-6 号機	はやぶさ（5.9） IGS-1A/1B（3.28） IGS-2A/2B（11.29）★	★打ち上げ失敗 （SRB1 本分離せず指令破壊）
2004			
2005	M-V-6 号機 H-2A-7 号機	すざく（7.10） MTSAT-1R（2.26）	

打ち上げ年	ロケット	人工衛星	備考
2006	M-V-8 号機 M-V-7 号機 H-2A-8 号機 H-2A-9 号機 H-2A-10 号機 H-2A-11 号機	あかり (2.22) ひので (9.23) だいち (1.24) MTSAT-2 (2.18) IGS-3A (9.11) きく 8 号 (12.18)	M-V-9 号機は 2010 年予定のまま廃止
2007	H-2A-12 号機 H-2A-13 号機	IGS-4A (2.24) かぐや (9.14)	
2008 (H20)	H-2A-14 号機	きずな (2.23)	
2009	H-2B-1 号機 H-2A-15 号機 H-2A-16 号機	HTV-1 (9.11) いぶき、まいど 1 号 (1.23) IGS-5A (11.28)	
2010	H-2A-17 号機 H-2A-18 号機	あかつき★ IKAROS (5.21) みちびき (9.11)	★打ち上げ失敗 (金星周回軌道投入失敗)
2011	H-2B-2 号機 H-2A-19 号機 H-2A-20 号機	HTV-2 (1.22) IGS-6A (9.23) IGS-7A (12.12)	
2012	H-2B-3 号機 H-2A-21 号機	HTV-3 (7.21) しずく、アリラン 3 号、SDS-4 (5.18)	
2013 (H25)	H-2A-22 号機 H-2B-4 号機 イプシロン -1 号機	IGS-8A/8B (1.27) HTV-4 (8.4) ひさき (9.14)	
2014	H-2A-23 号機 H-2A-24 号機 H-2A-25 号機 H-2A-26 号機	大学衛星 (ぎんれい他) (2.28) だいち 2 号 (5.24) ひまわり 8 号 (10.7) はやぶさ 2 (12.3)	
2015	H-2B-5 号機 H-2A-27 号機 H-2A-28 号機 H-2A-29 号機	HTV-5 (8.19) IGS レーダ予備機 (2.1) IGS 光学 5 号機 (3.26) Telstar12 (カナダ) (11.24)	
2016.6 まで	H-2A-30 号機	ひとみ他 (2.17)	

(出所：筆者作成)

3章

日本の宇宙産業

世界の宇宙産業は、米国、欧州、日本がリードしているが、２０１４年（日本は２０１３年度）の売上高／従業員数は、それぞれ48・8 b$／72,100人、９・６ b$／38,233人、２・82 b$／7,978人となっている。本章では、我が国の宇宙利用の現状、宇宙産業と宇宙産業技術の特徴、宇宙産業に必要な宇宙技術、そして最新の世界の宇宙開発の現状について紹介する。

3-1 我が国の宇宙利用

(1) 宇宙利用の現状

一般に宇宙利用は、表3-1～表3-5に示すように、宇宙を観測地点として捉えた「観測地点としての宇宙」、宇宙を中継地点として捉えた「中継地点としての宇宙」、宇宙を宇宙そのものとして捉えた「宇宙としての宇宙」、宇宙技術から波及した場として捉えた「産業波及としての宇宙」、宇宙を安全保障の確保の場として捉えた「安全保障としての宇宙」の5分野がある。

この中で、宇宙利用が進んでいるのは、衛星測位、衛星通信放送、民生用宇宙機器で、今後大きく伸びるのは、宇宙太陽光発電、宇宙旅行、海洋利用で、現在は宇宙利用がほとんど進んでいない分野が、安全保障（防衛と防災）である。

(2) 日本の宇宙利用ビジネス最前線

地球観測衛星を用いればビジネスを革新することができる。資源探査では光の吸収パターンから鉱脈を掘り当て、航空機よりも低価格で地図ができ、近赤外線画像で小麦の生育状況を解析できる。その他、林業、漁業、排出量取引、産業廃棄物、被災地の状況把握等に使用できる。以下に、日本の宇宙利用ビジネスの代表例を紹介する。

①放送

衛星放送は電波を一度に広域・多数に送るには極めて経済性が高い手段であり、スカパーＪＳＡＴは３機の衛星を使って延べ400チャンネルの番組を提供し３Ｄ放送も開始。

②通信

スカパーＪＳＡＴと商船三井客船は、２０１０年4月から豪華客船「にっぽん丸」に海洋ブロードバンドサービス「OceanBB」を導入し、衛星を使い洋上でも下りで１MBpsという高速通信環境を実現。

③気象

気象衛星「ひまわり」を使った50社以上の民間事業者が多様な気象情報を提供、市場規模は約300億円。自社の超小型衛星も保有するウェザーニューズは世界最大の民間気象情報会社に成長。

④ＧＰＳ

宅配ピザ大手のドミノ・ピザ・ジャパンは、「iPhone」で注文を受けると注文者の位置情報を取得し、アウトドアでもその場所に届けるサービスを２０１０年にスタート。

⑤地球観測

バンダイナムコゲームズは、フライトシューティングゲームに衛星画像を採用し、リアルな画像で迫力を増すことで好評。

⑥宇宙実験

浜松ホトニクスは宇宙ステーション「きぼう」で、従来にない機能を持つ光学素子として家庭用の光通信機器やレーザー素子等で幅広い応用が期待される人工オパールを開発中。

⑦スピンオフ

キリンビールが販売しているチューハイ「氷結」のダイヤカット缶は、三浦公亮氏がＮＡＳＡでの構造体の研究中に発見したもの。

〔表 3-1〕観測地点としての宇宙

	宇宙利用例
1	衛星画像利用：画像衛星（光学・SAR/IR センサ）を活用 ・洪水、津波、山火事、地震、海水温、農作物管理、海洋監視、安全保障、水産資源、海底資源
2	気象予報：宇宙天気予報含む
3	リモセン GIS 利用：地球観測衛星を活用 ・電子地図
4	衛星測位利用：測位衛星を活用 ・測量、配車管理（宅配・バス・タクシー）、車両盗難探知、徘徊老人探索、GPS 携帯地図情報
5	天文利用：天文観測衛星を活用 ・天文観測、物体観測
6	低空～成層圏利用：無人機、ドローン、無人飛行船を活用 ・災害・海洋監視、捜索・救難、放射線

（出所：筆者作成）

〔表 3-2〕中継地点としての宇宙

	宇宙利用例
1	衛星通信放送（1 次）：通信放送衛星を保有 ・スカパー JSAT
2	衛星通信放送（2 次）：通信放送衛星データを活用 ・企業内利用、中古車販売、映画デジタル配信、学校インターネット、衛星授業、航空・船舶通信、遠隔医療
3	軌道上利用：ロボティクス技術を活用 ・衛星への燃料補給、衛星修理、宇宙構造物の組み立て
4	低空～成層圏利用：無人機、ドローン、無人飛行船を活用 ・通信中継、交通監視

（出所：筆者作成）

〔表 3-3〕宇宙としての宇宙

	宇宙利用例
1	エネルギー利用：宇宙太陽光発電衛星を活用 ・宇宙太陽光発電、月・惑星資源開発
2	宇宙旅行：有人宇宙技術を活用 ・弾道・軌道上宇宙旅行 ・宇宙エレベータ、宇宙遊園地、宇宙港 ・微小重力実験
3	宇宙輸送：ロケット、宇宙エレベータを活用 ・衛星打ち上げ、大規模構造物輸送
4	宇宙ゴミ回収：ロボティクス技術を活用 ・宇宙ロボット
5	サイエンス：宇宙探査技術を活用 ・月・火星・惑星探査
6	種の保存：人類の生存のために避けられない究極の未来宇宙技術 ・地球外物体監視、衝突防止、他惑星移住

（出所：筆者作成）

〔表 3-4〕産業波及としての宇宙

	宇宙利用例
1	宇宙機器産業 ・衛星、ロケット、地上設備
2	民生用宇宙機器産業 ・BS テレビ、カーナビ、GPS 携帯
3	産業波及（スピンオフ）：他産業への波及 ・医療精密ガンマ線センサ、超小型ネットワークコンピュータ、野球スパイク、腕時計の外装材、全方位地上監視カメラ、ダイヤカット缶等
4	海洋利用：宇宙と海洋の連携 ・海洋環境・水産分野 ・海上交通分野 ・海洋エネルギー分野 ・海洋セキュリティ分野
5	その他：アミューズメント ・宇宙アトラクション（月・火星旅行体験） ・恒星間飛行体験（ワープ航法／景観）

（出所：筆者作成）

〔表 3-5〕安全保障としての宇宙

	宇宙利用例
1	防衛利用 ・高精度偵察、ミサイル監視、情報通信、衛星測位、早期警戒 ・宇宙状況把握（SSA） ・海洋状況把握（MDA） ・即応打ち上げ、空中発射、飛行船・無人機
2	防災利用 ・災害監視：地震断層、橋梁崩落、津波、火山噴火監視 ・環境監視：アマゾン違法伐採、養殖業赤潮、干ばつ監視、農作物収量予測、CO_2量監視、パイプラインの漏れ監視、北極海の海氷監視 ・リアルタイム津波警報システム、防災衛星通信

（出所：筆者作成）

⑧宇宙ブランド
土佐の蔵元たちは２００５年10月、高知県産の日本酒酵母が宇宙を旅して戻ってきた酵母を使い「土佐宇宙酒」を製造。

3-2 宇宙産業の動向

(1) 宇宙産業の四つの階層

宇宙産業は、宇宙機器産業、宇宙利用サービス産業、宇宙関連民生機器産業、ユーザ産業群から構成され、その定義は次のようになる。

①「宇宙機器産業」ロケット等の飛翔体や地上施設等の製造
②「宇宙利用サービス産業」衛星通信・放送等の宇宙インフラを利用してサービスを提供
③「宇宙関連民生機器産業」GPSを利用したカーナビや衛星携帯電話端末等の民生機器製造
④「ユーザ産業群」宇宙利用サービス産業からのサービスと宇宙関連の民生機器を購入・利用して、自らの事業を行う産業群

また、図3-1に宇宙産業の四つの階層を、表3-6に我が国の宇宙産業規模を示す。因みにこの階層図は、筆者がSJAC勤務時代に考案したものである。

(2) 宇宙産業の特徴

宇宙産業は、米・旧ソ連邦の宇宙開発競争にみられたように、今日まで世界的に政府の関与が極めて大きな産

業であり、宇宙空間という地上とは異なる場での活動が求められるため、他産業にはない表3-7に示す特徴が見られる。

(3) 宇宙産業の現状

宇宙産業には、情報通信／リモートセンシング／衛星測位／宇宙環境利用／宇宙インフラ分野があるが、それらの宇宙産業の現状を整理すると、表3-8のようになる。

(4) 宇宙産業の活性化

現在の宇宙基本計画、工程表は世界に誇れるものであり米国も高く評価しているが、政府の努力に反比例して民間の動きが遅いため競争原理を導入する必要がある。衛星やロケットのコストを半減することにより、垣根を低くし中小企業・ベンチャー・異業種の新規参入を促進する。ロケットは企業の提案によりH-3ロケットのコストが半減する予定であり、衛星もコストを半減す

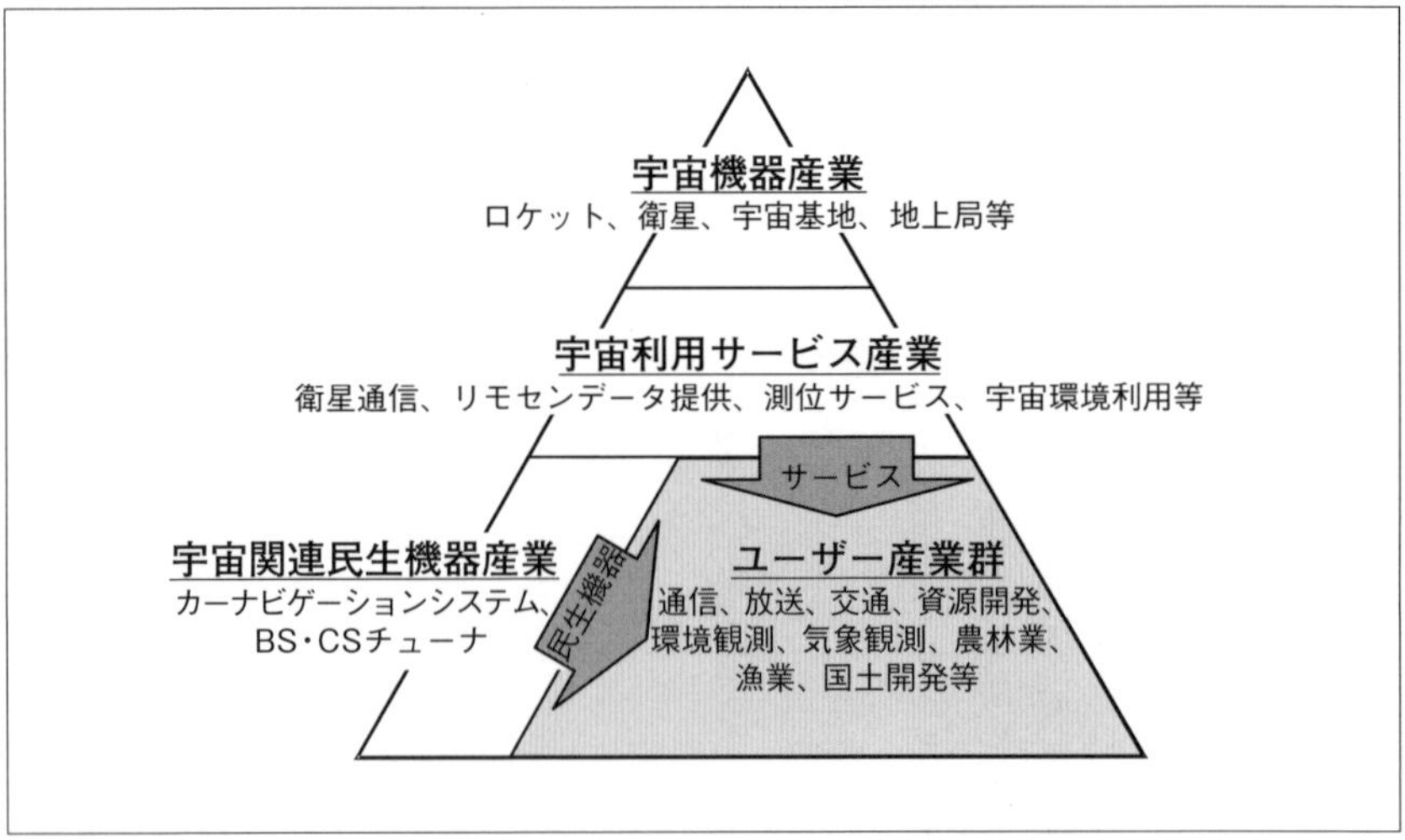

〔図 3-1〕宇宙産業の四つの階層（出所：SJAC）

〔表 3-6〕日本の宇宙産業規模（平成 26 年度）

No	分類	産業規模（億円）
1	宇宙機器産業	3,554
2	宇宙利用サービス産業	7,956
3	宇宙関連民生機器産業	15,826
4	ユーザ産業群	54,616
	合計	81,952

（出所：SJAC 宇宙産業データブック）

〔表 3-7〕宇宙産業の特徴

No	特徴	備考
1	インフラ性を有する産業	通信･放送、気象観測等は人々の生活に不可欠なインフラで、グローバル性を有し地上でのサービスを加速、活況化。
2	地球的規模での観測を可能とする産業	地球規模での定期的なデータの収集等により地球温暖化やオゾン層破壊防止への対応、エネルギーの安定供給のための資源探査等の社会的課題に対する一つの解。
3	宇宙特有の厳しい環境に立脚する産業	高真空性、微小重力、強い太陽放射線といった地上にはない特殊な環境条件で産業活動を展開。
4	国際協調性を指向する産業	地球規模での環境問題や、予算、リスクの面から複数国が連携した大規模な国家を越えたプロジェクトへの参画、軌道位置や周波数の国際的な取決め等。
5	官需への依存度が高い産業	軍事用を含む官需が中心で、米国では宇宙産業を基幹産業とすべく政府がアンカーテナントとなり発注する制度がとられ産業を育成しており、宇宙の商業化に大きく貢献。
6	技術指向の創造的知識集約型の産業	宇宙空間は、真空環境、微小重力環境、放射線環境、熱環境等地球上と異なり、研究開発的・技術指向型の産業。
7	多品種少量生産型の産業	宇宙産業の取り扱う製品は、部品やコンポーネントの種類が多いが、個別の部品、コンポーネント等の生産は極めて少量。

（出所：筆者作成）

〔表 3-8〕宇宙産業の現状

No	分野	現状と課題
1	情報通信分野	高画質、高音質なデジタル放送やハイビジョンによる実用化試験放送、高速デジタルデータ通信、企業内映像通信やサテライト・ニュース・ギャザリング等、通信と放送分野の利用が進展し、高速度、大容量、高品質の地球的規模での情報通信インフラ。
2	リモートセンシング分野	資源探査、環境保全、国土保全、国土調査や危機管理、安全保障等の分野で広く利用され、地質解析等による探鉱地域を絞り込み、オゾンホールの測定、気象観測や地殻変動や荒天時の海氷や洪水の状態が観測・測定等され災害情報が提供。
3	測位分野	地球を周回する複数の測位衛星からの基準信号を受信することによって、自分の位置、速度及び時間を正確に知ることができ、自動車・船舶・航空宇宙等のナビゲーションや交通管制システム、地殻変動を伴う地震・火山噴火等の災害の監視、測量等に広く利用。
4	宇宙環境利用分野	宇宙環境利用の一つには、微小重力、高真空など地上にない環境で新素材の開発や加工があげられ、薬品製造、結晶成長、触媒 / 分離等の分野に利用されており、太陽光発電等宇宙空間での太陽エネルギーの高度利用も期待。
5	宇宙インフラ分野	太陽活動の変動による地球周辺の宇宙環境擾乱の状況を予報する宇宙天気予報、宇宙塵の低減を図るための軌道上検査・修理技術等の宇宙環境計測技術の進展は、将来の有人宇宙活動の活発化、人類の宇宙への進出に対する安全性確保の観点からも重要な課題。

（出所：筆者作成）

るための方策を企業自身が考えることで自動的に国際競争力を獲得できる。宇宙はある意味社会イノベーションのツールであり、宇宙以外からのインテリジェンスに基づく意思決定やIoTに基づく社会の実現に貢献するように他分野の動向を取り込む必要がある。

また、中小企業・ベンチャーの活用策として、無償の設備・試験用データの提供やJAXA・企業・OBの技術支援、安価な打ち上げ手段の提供等を実施する。航空機でボーイング787の下請けで機体の35％のシェアを獲得したように、海外の企画・プロジェクトへの参加、システムメーカの下請けにより受注拡大を図り成長戦略に貢献することが重要である。

①小型衛星利用分野

衛星100機体制（大型・中型・小型衛星のコンステレーション）が10年程度で実現させ、衛星価格を大幅低下することより衛星輸出を加速する。衛星を16機保有（国産衛星は1機）するスカパーJSATが国産衛星やロケットを使用するように企業は国際競争力を強化する。また、超小型衛星は民生技術や3Dプリンタ等の新技術を活用して作ることで価格を大幅に下げて、普通の企業が容易に宇宙市場に参入できる環境を創生する。

②リモートセンシング利用分野

衛星データ利用システムの経験者や衛星のソフトウエア・ハードウエアをパッケージ化して海外展開する。米国では「民間サービスを政府が使用する」方針が導入され、防衛安全保障に商用小型衛星データを政府が購入する「Commertial GEOINT Strategy」が制定され、NOAAの民間衛星利用法が現在上院で審議中である。我が国でも同様に民間の衛星画像データを政府が購入する仕組みを検討する。

③衛星測位利用分野

準天頂衛星7機体制（準天頂軌道4機＋静止軌道3機）を構築して自律性を確保するとともに、アジア・オセアニア地域の情勢安定の観点から測位政策を進展し日本の国際プレゼンスを向上する。また、準天頂衛星システムそのものを商品として輸出（全世界に3セット）することで、地域衛星測位システムからグローバル衛星測位システムとする。これにより、トヨタ、コマツ等が㎝級の高精度測位機能を製品に組み込めるようになる。

④民生技術の活用と要素技術の開発
携帯電話の高集積技術・ナノテク・３Ｄプリンタ・最先端のソフトウエア技術等の民生技術を宇宙開発において有効に活用する。また、日本版ＤＡＲＰＡ的な失敗を恐れない組織を設置し、安全保障／産業振興のための要素技術開発を行う。

3-3 世界を制する宇宙技術の獲得

今後、我が国が宇宙開発において世界を制する宇宙技術を獲得するためには、日本の保有する宇宙技術は何か、また今後獲得すべき重要技術は何かを整理し、重点的に投資する必要がある。諸外国では今後の市場の獲得を目指し、官、民を挙げて既存の汎用技術等を駆使することによりコストパフォーマンスを追求した戦略的な技術開発に取り組んでおり、世界的に低コスト化、高機能化等を目標とした技術開発が繰り広げられ世界的な大競争時代が到来している。たとえば、持続可能な発展という社会経済の制約要因への対応が強く求められる中、宇宙産業技術が貢献できる分野として、「地球環境保全への対応」、「エネルギーの安定供給の確保」、「高度通信情報社会の実現」、「安心・安全で質の高い生活の実現」の４分野が考えられる。

ここでは、宇宙産業技術戦略の総合的目標を、「地球温暖化、エネルギー問題等の社会的制約に対応しつつ、国際的な大競争時代の中で、我が国の宇宙産業の競争力を強化することにより、宇宙産業が持続的な発展を実現すること」とし、宇宙技術を整理した。なお、戦略的な取り組みを行う領域として、上述の「社会的要請への対応」に加え、新規需要の創出や既市場の要求に応える「技術革新の推進および市場ニーズへの対応」、ミッション遂行の確実性を向上する「確実なミッション達成、遂行への対応」、知的基盤や標準の整備を行う「環境整備」が必要となる。

これらを、宇宙産業技術連関図としてまとめると、図3-2のようになる。

⑴ 衛星関連技術

上述した4分野を例にとり、我が国が保有・獲得すべき衛星関連技術を整理すると次のようになる。

①地球環境の保全

＜目標＞：地球環境の持続的観測・監視

・地球観測衛星を用いて地球環境を定常的に監視するとともに、取得されたデータの解析・判読手法を確立することにより、地球変動メカニズムの解明や温暖化のメカニズムを解明し地球環境の保全を行う。

＜技術の整理＞：表3-9に示す。

②エネルギーの安定供給確保

＜目標1＞：宇宙太陽光発電技術の推進

・大気による減衰のない宇宙空間で発電し、地上へ伝送する技術の蓄積を行い、宇宙太陽発電実現に向けた技術実証を段階的に実施する。

＜目標2＞：資源探査によるエネルギーの安定供給

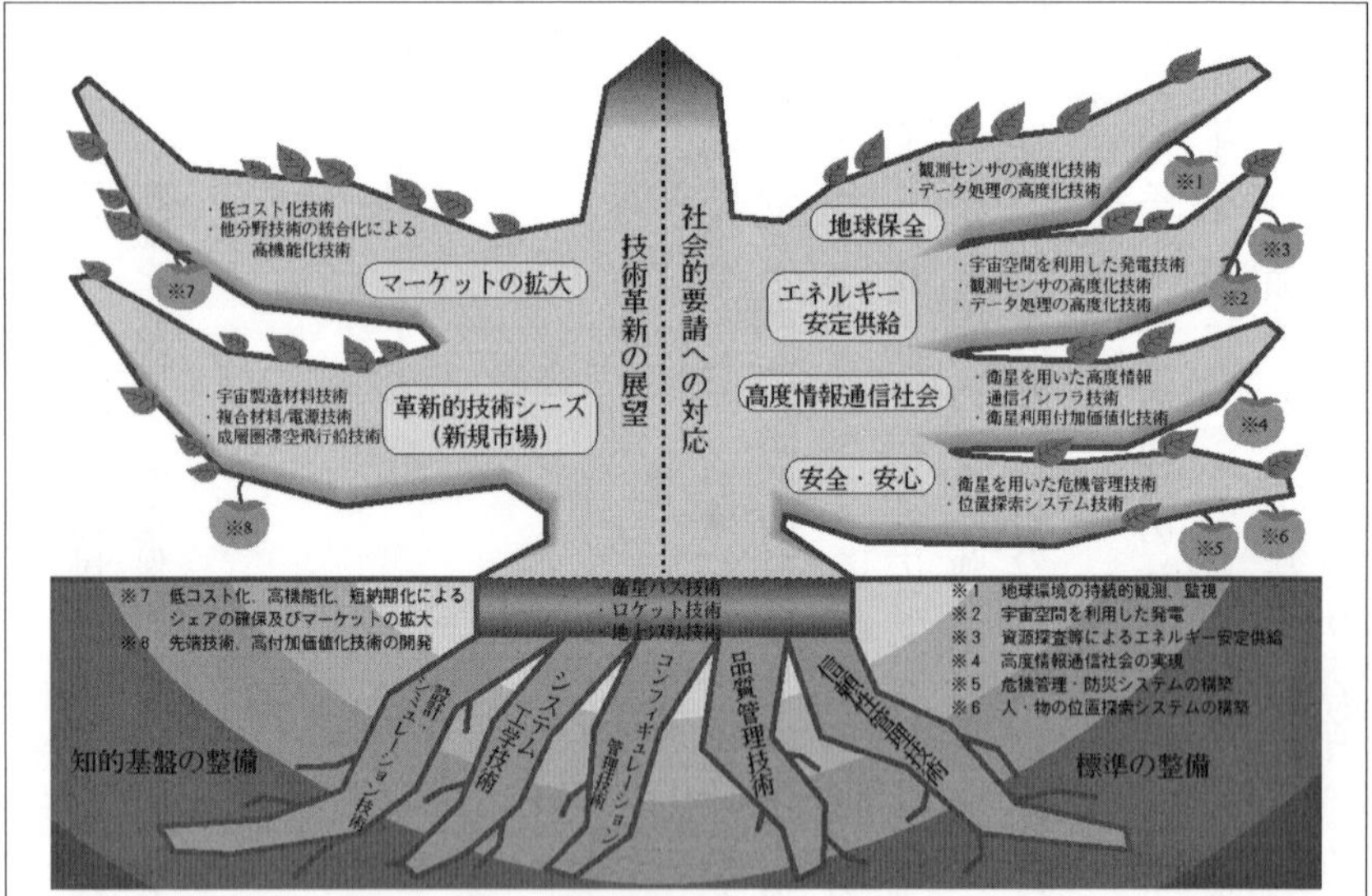

〔図3-2〕宇宙産業技術の連関図
（出所：日本の宇宙産業振興戦略／SJAC報告書より）

〔表 3-9〕地球環境の持続的観測・監視に必要な技術

No	技術課題	技術の整理
1	観測センサ技術の高度化	①地球観測に有効なマルチスペクトルセンサ技術 ・マルチバンド化技術⇒将来はハイパースペクトル化技術を獲得 ②地球観測に有効な合成開口レーダ技術 ・高分解能化技術 ・単一周波数／単一偏波 SAR 技術 ⇒将来は多周波／多偏波 SAR 技術を獲得 ・観測角度可変技術 ③大気、降雨観測センサ技術 ・物理量抽出技術 ⇒将来は物理量抽出技術の高精度化技術を獲得 ・単一パラメータ技術 ⇒将来はパラメータ多様化技術を獲得 ④センサフュージョン技術 ・センサ組合せ技術 ⇒将来は多数センサ組合せ／高精度化技術を獲得 ・複数衛星観測技術 ⇒将来はフォーメーションフライング技術を獲得
2	観測頻度の向上	①衛星群管理技術 ・衛星群管理技術
3	データ処理技術の高度化	①データ処理技術 ・オンボード処理／データ圧縮技術 ・イメージャ：JPEG 技術 ⇒将来は特定データオンボード抽出技術と SAR：オンボード画像化技術を獲得 ・地上処理技術（大容量、ユーザ指向、ネットワーク化） ⇒将来はリアルタイム化、処理高速化、完全自動化、小型化技術を獲得 ②データ解析・判読技術 ・対象物抽出／変化抽出技術 ③アーカイブ、検索、配布技術 ・データアーカイブ・検索技術 ⇒将来はデータアーカイブ・検索・配布技術の高度化技術を獲得
4	インフラ技術の向上	①輸送技術 ・低コストロケット技術 ⇒将来は高信頼性、低コストロケット技術、完全再使用型宇宙輸送（RLV）技術、射場整備技術を獲得 ②衛星技術 ・低コスト衛星バスシステム技術

（出所：筆者編集）

・衛星からのリモートセンシングにより化石燃料および鉱物資源の探査を行い資源の安定確保、エネルギーの安定供給を図る。
＜技術の整理＞：表3-10に示す
③高度情報通信社会の実現
＜目標＞：高度情報通信社会の実現
・インターネットの普及、国土空間データ基盤整備、交通管制システムの構築、遠隔医療の実現、測位の効率化等、高度情報通信社会を実現する。
＜技術の整理＞：表3-11に示す
④安心・安全で質の高い生活の実現
＜目標1＞：危機管理・防災システムの構築
・衛星が取得するデータの判読・解析技術を高度化することで危機管理、災害予知、災害後のより迅速な復旧活動を実現する。
＜目標2＞：人・物の位置探索システムの構築
・人や物に発信機を取り付けその信号を衛星等で受信することにより位置を特定する。
＜技術の整理＞：表3-12に示す

〔表 3-10〕エネルギーの安定供給確保に必要な技術

No	技術課題	技術の整理
A	宇宙太陽光発電技術の推進	
1	電源・電力技術の向上	①マイクロ波固体増巾器技術 ②高効率発電技術 ③高効率蓄電技術 ・高効率バッテリ技術（NiH_2 電池） ⇒将来は Li イオン電池、燃料電池実用化技術を獲得
2	姿勢制御技術の向上	①高精度姿勢制御技術 ⇒将来は大型柔構造太陽電池パドルを有する衛星の姿勢／送電用アンテナ指向技術を獲得
3	熱・構造技術の向上	①高性能熱制御技術 ⇒将来はマイクロ送信機の発熱制御技術を獲得 ②複合材料技術 ⇒将来は超軽量薄膜構造体技術を獲得
4	アンテナ技術の向上	①アンテナ素子技術 ②フェーズドアレイアンテナ（レトロディレクティブアンテナ）技術 ⇒将来は低コストアクティブ送信素子技術、低サイドローブ化技術を獲得 ③レクテナ技術 ⇒将来はアンテナ構造物の低コスト建設技術、高効率検波技術を獲得 ④マイクロ波伝播特性評価技術 ⑤大型アンテナ展開技術 ⇒将来は極軽量化アンテナ展開・保持機構技術、ロボットアーム軌道上展開及び組立技術を獲得
5	大型宇宙構造物の製造・設置技術の向上	①ランデブードッキング技術 ②ロボティクス技術 ⇒将来は静止軌道ロボット利用技術を獲得 ③インフレータブル構造技術 ④テザー技術
6	システム構築	①太陽電池発電衛星システム構築技術 ・衛星システム構築技術 ⇒将来は衛星コンフィギュレーション技術、超大型宇宙構造物技術、地上電力供給システム技術を獲得
7	輸送システム技術の向上	①低コスト輸送技術 ・低コストロケット技術 ⇒将来は高信頼性、低コストロケット技術、完全再使用宇宙輸送（RLV）技術を獲得 ・射場整備技術 ・軌道間輸送技術
B	資源探査等によるエネルギーの安定供給的推進	
1	観測センサ技術の高度化	①資源探査に有効なマルチスペクトルセンサ技術 ・マルチバンド化技術 ⇒将来はハイパースペクトル化技術を獲得 ・高分解能化技術 ②資源探査に有効な合成開口レーダ ・単一周波数／単一偏波 SAR 技術 ⇒将来は多周波／多偏波 SAR 技術を獲得 ③センサフュージョン技術 ・センサ組合せ技術 ⇒将来は多数センサ組合技術、高精度化技術を獲得

No	技術課題	技術の整理
2	データ処理技術の高度化	①データ処理技術 ・オンボード処理／データ圧縮技術 イメージャ：JPEG 技術 ⇒将来は特定データオンボード抽出技術、オンボード画像化技術を獲得 ・地上処理技術（大容量、ユーザ指向ネットワーク化） ⇒将来はリアルタイム化、処理高速化、完全自動化、小型化技術を獲得 ②データ解析・判読技術 ・対象物抽出／変化抽出技術 ③地理情報システムとの統合技術 ・空間情報・スペクトル情報解析技術 ⇒将来は地理情報システムとの統合によるデータ処理手法を確立
3	インフラ技術の向上	①輸送技術 ・低コストロケット技術 ②衛星技術 ・低コスト衛星バスシステム技術

（出所：筆者編集）

〔表 3-11〕高度情報通信社会の実現に必要な技術

No	技術課題	技術の整理
1	衛星ネットワーク技術の確立	①光通信技術 ⇒将来は LEO 衛星間光通信技術、GEO 衛星間光通信技術を獲得 ②通信サービス技術 ⇒将来は衛星内交換方式／新規プロトコル対応／速データ通信対応／回線保持技術／通信シームレスサービス技術を獲得
2	システム技術の確立	①衛星群管理技術 ⇒将来は衛星インターネット NW 管理技術／衛星自律インテリジェント管制技術／衛星群コンステレーション軌道自律管制技術を獲得
3	推進系技術の向上	①高精度アポジエンジンおよび NS スラスター技術 ・高精度アポジエンジン技術 ⇒将来は GEO 軌道ロケーション技術を獲得 ・高性能 NS 制御用スラスター ⇒将来は高比推力かつ低消費電力の高性能 NS 制御用スラスター技術を獲得 ②高精度衛星軌道決定技術 ⇒将来は地上局の運用負荷を最小化するための軌道上自律高精度 NS 制御用スラスター技術を獲得 ③高効率高出力増幅器技術・高効率出力増幅器技術 ⇒将来は Ka 帯、Q/V 帯、衛星間：ミリ波帯の高効率化出力増幅器技術を獲得 ・柔軟化中継器技術 ⇒将来は対プロトコル、対変調方式に柔軟あるいは軌道上再構成可能な中継器技術を獲得
4	衛星軌道決定技術の向上	①高精度衛星軌道決定技術 ⇒将来は地上局の運用負荷を最小化するための軌道上自律高精度衛星軌道決定技術を獲得
5	中継器技術の向上	①高効率出力増幅器技術 ⇒将来は Ka 帯、Q/V 帯、衛星間：ミリ波帯の高効率化出力増幅器技術を獲得 ②柔軟化中継器技術 ⇒将来は対プロトコル、対変調方式に柔軟あるいは軌道上再構成可能な中継器技術を獲得
6	アンテナ技術の向上	①フェーズドアレイ技術 ②大型アンテナ展開技術 ⇒将来は S/L 帯軽量インフレータブルアンテナ技術を獲得

No	技術課題	技術の整理
7	衛星搭載コンピュータ技術の向上	①搭載コンピュータ技術 ⇒将来は高速処理コンピュータ技術を獲得
8	地上端末の向上	①小型アンテナ技術 ⇒将来は送受信効率の向上、人体方向への電波輻射低減、自動トラッキング技術（携帯端末）、簡易指向性アンテナ、低コスト無瞬断トラッキング技術（固定端末）を獲得 ②携帯受信技術 ⇒将来は高速携帯受信技術を獲得
9	観測センサの技術の高度化	①地球観測に有効なマルチスペクトルセンサ技術 ・マルチバンド化技術 ⇒将来はハイパースペクトル化技術を獲得 ・高分解能化技術 ⇒将来は超高空間分解能センサ技術を獲得 ②地球観測に有効な合成開口レーダ技術 ・高分解能化技術 ③観測精度向上技術 ・高精度ポインティング技術 ⇒将来は高空間分解能センサを高精度／高頻度で自由にポインティングする技術を獲得
10	データ処理技術の高度化	①オンボード処理／データ圧縮 ②空間情報 ・スペクトル情報解析技術 ⇒将来は地理情報システムとの統合によるデータ処理手法を確立
11	データ・情報利用技術の高度化	①データ解析・判読技術 ・データアーカイブ／検索技術 ⇒将来はバーチャルアーカイブ・超高速検索技術を獲得
12	インフラ技術の向上	①輸送技術 ・低コストロケット技術 ②衛星技術 ・低コスト衛星バスシステム技術
13	測位衛星システム技術の向上	①測位衛星システム技術の確立 ・低コスト測位衛星システム ・高性能受信機能技術 ・測位情報表示技術 ⇒将来は地図情報、交通情報等との有機的な組合せを実施 ・搭載用原子時計技術 ⇒将来は搭載用水素メーザ原子時計を獲得 ・測位放送技術 ⇒将来は通信測位複合サービス技術を獲得

（出所：筆者編集）

〔表 3-12〕安心・安全で質の高い生活の実現に必要な技術

No	技術課題	技術の整理
A	危機管理・防災システムの構築	
1	観測センサの高度化	①パンクロマチックセンサ技術 ・高空間分解能化技術 ②マルチスペクトルセンサ技術 ・マルチバンド化技術 ⇒将来はハイパースペクトル化技術を獲得 ・高空間分解能化技術 ⇒将来は超高空間分解能化技術を獲得 ③赤外線センサ技術 ・マルチバンド化技術 ⇒将来はハイパースペクトル化技術を獲得 ・高空間分解能化技術 ⇒将来は高空間分解能化技術／差分検出技術／観測時間間隔短縮技術を獲得 ④合成開口レーダセンサ技術 ・移動体識別技術 ⑤観測精度向上技術 ・高精度ポインティング技術 ⇒将来は移動体識別技術、超高空間分解能センサを高精度・高頻度ポインティングする技術を獲得
2	データ処理能力の向上	①データ処理技術 ・オンボード処理／データ圧縮技術 ⇒将来は災害データのオンボード処理技術を獲得 ②データ解析・判読技術 ・対象物抽出／変化抽出技術 ⇒将来はアルゴリズムの標準化 ③データ・情報利用技術 ・データアーカイブ・検索技術 ⇒将来はバーチャルアーカイブ・超高速検索技術の獲得 ・データ提供システム ⇒将来は危機情報伝達システム技術を獲得 ④地理情報システムとの統合技術 ・空間情報・スペクトル情報解析技術 ⇒将来は地理情報システムとの統合によるデータ処理手法を確立
3	観測頻度の向上	①衛星群管理技術 ⇒将来は自律運用化技術を獲得
4	インフラ技術の向上	①輸送技術 ・低コストロケット技術 ②衛星技術 ・低コスト衛星バスシステム技術
B	人・物の位置探索システムの構築	
1	位置探索システムの技術向上	①位置探索システム技術の確立 ・低コスト探索システム ・位置情報表示技術 ⇒将来は地図情報・交通情報との有機的な組合せ
2	インフラ技術の向上	①輸送技術 ・低コストロケット技術 ②衛星技術 ・低コスト衛星バスシステム技術

（出所：筆者編集）

(2) ロケット関連技術

①固体ロケット技術

世界の戦術／戦略ミサイルの主流は、固体ロケットの即時発射性、射点での整備性、メンテナンスフリーの特性を活かすため、ヒドラジンを中心とした液体ロケットから固体ロケットに移行している。固体ロケットと液体ロケットの特徴を比較すると表3-13のようになる。

②液体ロケット技術

我が国の液体ロケットは、N-1ロケットに始まり、N-2ロケット、H-1ロケット、H-2ロケット、そして現在のH-2A／H-2Bロケットにつながる。さらに、世界に伍すべく、2020年の初飛行に向けてコスト半減を目指したH-3ロケットの開発が行われている。なお、ロケット燃料の特質と主な使用例を比較すると、表3-14のようになる。

また、我が国のこれらのロケット保有技術の変遷をまとめると、表3-15のようになる。

〔表3-13〕固体ロケットと液体ロケットの比較

No	種類	特徴
1	固体ロケット	○小型ロケット向き ・構造がシンプル ・コンパクトで瞬発力が大 ・燃料充填状態で長期間保存できる ・即応性に優れる ・地上設備が簡易 ・取扱いが容易である
2	液体ロケット	○大型ロケット向き ・燃費は高いが、部品点数が多く構造が複雑 ・推力の調整、再着火が可能 ・液体・低温燃料のため打ち上げ直前に燃料を充填する ・即応性に劣る ・地上設備が大掛かり ・取扱いが困難

（出所：スペースアソシエイツ資料より）

〔表 3-14〕ロケット燃料の特質と主な使用例

No	燃料（酸化剤）	優位性	短所	用途と使用ロケット
1	固体燃料	・抜群の瞬発力 ・取扱いが容易 ・長期の保存性	・性能的に液体燃料に劣る	①ミサイル ②固体ロケット、液体ロケットの補助ブースター ③日本：イプシロン ④インド：GSLV ⑤欧州：ベガ
2	ヒドラジン系燃料 （濃硝酸系酸化剤、N_2O_2）	・優れた瞬発力 ・容易な着火性 ・常温での貯蔵、取扱い	・極めて強い毒性	①弾道ミサイル ②北朝鮮：テポドン ③ロシア：プロトン ④インド：GSLV 上段 ⑤中国：長征シリーズ
3	石油系燃料 （ケロシン） （液体酸素）	・比較的優れた性能 ・常温での貯蔵、取扱い ・安価で実用的	燃焼効率 ケロシン＜LNG＜液体水素	①米国 ICBM ②米国：アトラス 5、ファルコンシリーズ ③ロシア：ソユーズ、アンガラ
4	液体水素 （液体酸素）	・優れた燃焼効率	・極低温（20° K） ・低密度 ・爆発性 ・高価	①欧州：アリアン 5 ②日本：H-2A ／ B ③米国：デルタ 4、スペースシャトル（退役）
5	メタン系燃料 （LNG） （液体酸素）	・日常的に使用 ・安価、取扱い容易、実用的 ・ケロシンより燃料効率が高い		①再使用型ロケット／有人惑星探査の推進剤として各国で開発中だが実用化はされていない ②日本では、LE-8 エンジンとして一歩先行

（出所：スペースアソシエイツ資料より）

〔表 3-15〕我が国のロケット保有技術の変遷

項目	N-1	N-2	H-1	H-2	H-2A
打上能力 ・高度 1,000km ・静止軌道	 800kg 130kg	 1,600kg 350kg	 2,200kg 550kg	 4ton 遷移軌道 3.8ton	 4ton 遷移軌道 4-6ton
第 1 段 補助ロケット 第 2 段 第 3 段	76ton 22ton/ 本 5.3ton 3.9ton	76ton 22ton/ 本 4.5ton 6.7ton	76ton 22ton/ 本 10.3ton 7.7ton	84ton 312ton/2 本 11.8ton —	110ton 460ton/2 本 150ton/2 本 13.7ton —
第 1 段 補助ロケット 第 2 段 第 3 段	ケロシン／ 液体酸素 （注 1） 固体 ヒドラジン系 (A-50)/N_2O_2 固体	ケロシン／ 液体酸素 （注 1） 固体 ヒドラジン系 (A-50)/N_2O_2 固体	ケロシン／ 液体酸素 （注 1） 固体 液体水素／ 液体酸素 （注 2） 固体	液体水素／ 液体酸素 （注 2） 固体 液体水素／ 液体酸素 （注 2） —	液体水素／ 液体酸素 （注 2） 固体 液体水素／ 液体酸素 （注 2） —

（注 1）導入技術、（注 2）自主技術

（出所：スペースアソシエイツ資料より）

3-4 世界の宇宙開発最前線

世界の宇宙開発は欧米、ロシア、中国、そして日本が先頭を走っている。ここでは、ロケット開発を中心に、中国、北朝鮮、ロシア、欧州、そして米国の宇宙開発の最新情報を紹介する。

⑴着々と進む中国の宇宙開発

(ア) ロケット新時代への幕開け

①2015年9月、新型ロケット「長征6号」の打ち上げに成功

長征6号ロケットは、小型衛星、超小型衛星20基（100kg級～数百g級）を搭載し、第1段エンジン「YF-100」にはLOX／ケロシン1基を、第2段エンジン「YF-115」にはLOX／ケロシン1基が、第3段上段小型エンジンには過酸化水素／ケロシンが4基装備されている。

②2016年6月、中型ロケット「長征7号」打ち上げに成功

中国海南省文昌市の文昌宇宙センターから、長征7号ロケットが打ち上げられた。長征7号は中国が新開発した次世代ロケットで、今回はその初フライトとなる。ロケットに搭載されたのは、多目的宇宙機の縮小版大気圏再突入モジュールで、中国が現在開発中の次期有人宇宙船の実験機とみられる。長征7号は、全高53メートル、直径3.35メートル、重量約600トン、低軌道に13.5トンの搭載物を打ち上げる能力を有しており、宇宙輸送機「天舟」の打ち上げ等今後の有人宇宙計画にとって必要な輸送手段で、今回の打ち上げ成功により国の有人宇宙計画が次の段階に進んだといえる。

③2016年11月、大型ロケット「長征5号」の打ち上げに成功

中国の次世代大型ロケット「長征5号」の低軌道打ち上げ能力は25トン、静止トランスファー軌道打ち上げ能

力は14トンで、中国の現役ロケットの2・5倍に達し、世界トップ集団入りを果たす。また長征5号は無毒・無汚染の推進剤を採用している。第1段はYF-100エンジンを複数基組合せ、第2段はYF-75Dエンジン2基（LOX／液体水素）を搭載している。

（イ）海洋状況把握（MDA）システム構築に必要な衛星を配備中

「米軍と人民解放軍・米国防省の対中戦略」（布施哲著）によると、中国の衛星の配備状況は次のようになる。

①「遥感」、「環境」、「海洋」の3種類の新型衛星シリーズを保有

(a)「遥感」は、光学衛星、合成開口レーダ、電波偵察衛星にて構成される。2014年初頭の時点で全23基保有し、光学衛星50cm、レーダ衛星5mの解像度で宇宙から海上を航行する艦船を補足する。電子情報収集型衛星を6基以上保有し、艦船が発する電子情報を探知して、艦艇の位置を特定する。

(b)「環境」は、赤外線画像の解像度100m、光学カメラ解像度30m、レーダ解像度20mの衛星で、全30基以上で空母の位置等を特定する。

(c)「海洋」は、海洋衛星として、海面の温度変化、汚染の監視が目的であるが、軍事衛星転用が可能である。

②衛星の性能

(a)観測頻度解析は、軍民合わせ22基の衛星で、東アジア海域の任意の地点を、1日14回、45分間隔で撮影可能である。

(b)複数のマイクロ衛星を軌道上に並列に配備、情報のリレーや敵衛星に突撃する「キラー衛星」としても利用できる。2000年初頭よりすでに打ち上げており、衛星重量150kg、CCDカメラを搭載し、振り幅120kmで解像度10mである。

(c)情報を転送するリレー衛星「天鏈」は、現在3基運用されており、全地球の70%をカバーしている。

図3-3に、中国のロケットのラインアップを示す。

(2)ミサイル開発に突き進む北朝鮮

北朝鮮は、1993年、1998年、2006年、2009年、2012年、2013年、2014年、2016

年と立て続けに大規模な弾道ミサイル発射実験を実施している。2009年の発射実験以降、北朝鮮は国際海事機関（IMO）や国際民間航空機関（ICAO）に発射を事前に通告して、人工衛星を搭載した打ち上げロケットを発射するという体裁をとることで、発射は純粋な平和目的の宇宙開発であると主張しているが、日本やアメリカ、韓国等は、仮に人工衛星が搭載されている場合でも、発射は事実上の弾道ミサイル発射実験とみなしており、国際連合安全保障理事会決議では、北朝鮮が弾道ミサイル技術を利用した発射を実施しないよう要求している。

図3-4に北朝鮮の弾道ミサイルの射程を示す。

(3) ロシアの新たな宇宙への翼「アンガラロケット」

①アンガラロケット

アンガラロケットは、構成を変えることで3,800から24,500kgの貨物を低軌道に投入でき、これによりコスモス-3M、ツィクロン、ロコット、ゼニット、プロトン等の打ち上げロケットを置き換える計画である。将来は補助ブースターとして回収可能性が特徴であるバイカル・ブースターを用い、大幅なコスト削減が可能となる。最初の打

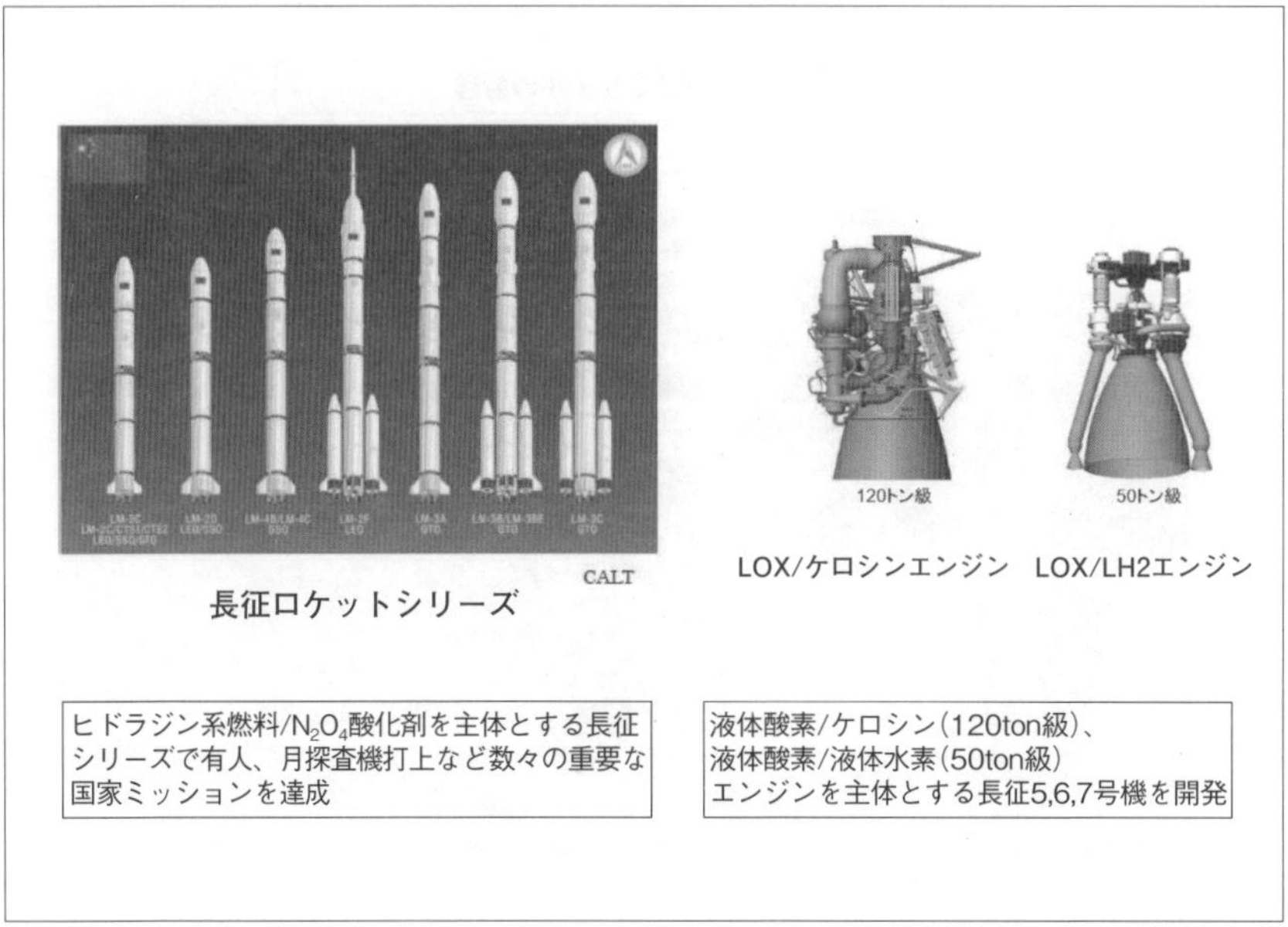
CALT
長征ロケットシリーズ
120トン級
50トン級
LOX/ケロシンエンジン
LOX/LH2エンジン
ヒドラジン系燃料/N2O4酸化剤を主体とする長征シリーズで有人、月探査機打上など数々の重要な国家ミッションを達成
液体酸素/ケロシン(120ton級)、液体酸素/液体水素(50ton級)エンジンを主体とする長征5,6,7号機を開発

〔図3-3〕中国のロケットのラインアップ（出所：スペースアソシエイツ資料より）

ち上げは、プレセツク宇宙基地から行われた。

アンガラロケットはユニバーサル・ロケット・モジュールという共通モジュールを各バージョンで使用し、固体燃料ロケットブースター（SRB）は使用しない。一段目はURM-1と呼ばれ、液化酸素とRP-1を燃料とするエンジンであるRD-191を備える。必要に応じてURM-1を1、3、5または7本を束ねて使用される。二段目は1.2バージョンでのみソユーズ2.1bでも使用されるブロックIを使用し、それ以外のバージョンではURM-2と呼ばれるブロックIを拡張したモジュールを使用する。大半のバージョンは無人の打ち上げを対象とするが、アンガラA5PとアンガラA7Pは有人打ち上げ能力を有するように設計され、すべてのアンガラロケットは同一の射場設備を使用する。

②ボストーチヌイ宇宙基地

２０１６年4月28日、現地入りしたプーチン大統領が見守る中、第1号となるソユーズ2.1aロケットを打ち上げ衛星投入に成功した。同基地にはソユーズ2ロケットとアンガラロケットの二つの射点を持つ。

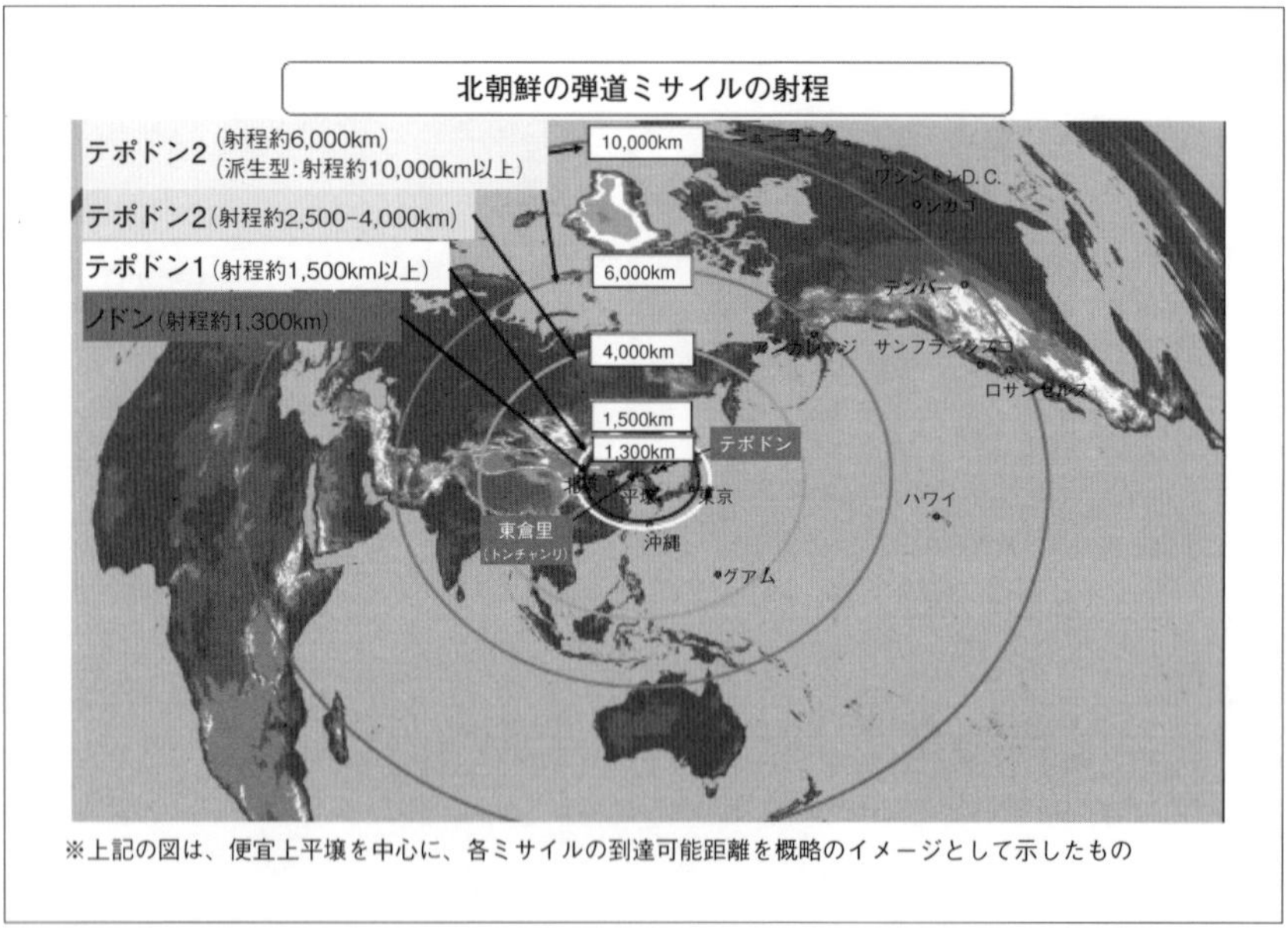

〔図 3-4〕北朝鮮の弾道ミサイルの開発（出所：防衛省資料より）

ソビエト連邦崩壊後、バイコヌール宇宙基地がカザフスタンの領域となったためロシアは毎年1億1,500万ドルの使用料をカザフスタンに支払い使用してきたが、近年プロトンロケットの打ち上げ失敗等から風あたりが強くなり、また、ロシアの自立性をより高めるため、スヴォボードヌイ宇宙基地の跡地にボストーチヌイ宇宙基地の建設が決定された。ボストーチヌイはロシアのロケットの打ち上げの45%を担当し、2020年からは有人打ち上げはすべてこちらに移行することで、バイコヌールからの打ち上げ比率は、65%から11%にまで低下する。

図3-5に、ロシアのアンガラロケットとボストーチヌイ宇宙基地を示す。

(4) 欧州の次世代ロケット「アリアン6」の開発

アリアン6ロケットは欧州宇宙機関（ESA）が開発中のアリアン5の後継機となる衛星打ち上げ用使い捨て型ロケットであり、2020年の初打ち上げを目指している。開発は2014年12月のESA閣僚級理事会で承認された。機体構成は、2014年夏に大きく変更され、打ち上げ能力を調節するためにA62とA64という二つのタイプで構成する

宇宙開発に力を入れるロシア
（写真：Alexei Nikolsky/RIA Novosti/AP/アフロ）

極東アムール州　新射場基地
ヴォストーチヌイ宇宙基地

〔図 3-5〕ロシアのアンガラロケットとボストーチヌイ宇宙基地
（出所：スペースアソシエイツ資料より）

ことになった。違いは、1段として使われる固体ロケットモータP120の使用本数であり、A62は2本、A64は4本を装備する。このP120は、新たに改良されるベガCロケットの1段を共用することにして開発コストの低減を目指す。中央のコアブースターは2段の位置づけになり、アリアン5ECAで使われている液体酸素／液体水素を推進剤とするヴァルカンⅡエンジンを使用する。3段には中止されたアリアン5ME用に新たに開発を行っていた液体酸素／液体水素を推進剤とするヴィンチ(Vinch)エンジンを採用することになった。A62は静止トランスファー軌道（GTO）へ5トン、A64はGTOへ10.5トンの打ち上げ能力となる。

図3-6に、欧州の次世代ロケット（アリアン6）を示す。

(5)米国、民間が開く宇宙新時代

①米国の宇宙開発

アメリカは月到達以降常に宇宙開発の先端を歩み続けている。開発費用の減額があったものの、現在でも欧州宇宙機関の3倍に上る資金が投入されており、様々な衛星や探査機が順次打ち上げられている。ロケット開発では現在でもデルタ、アトラスの

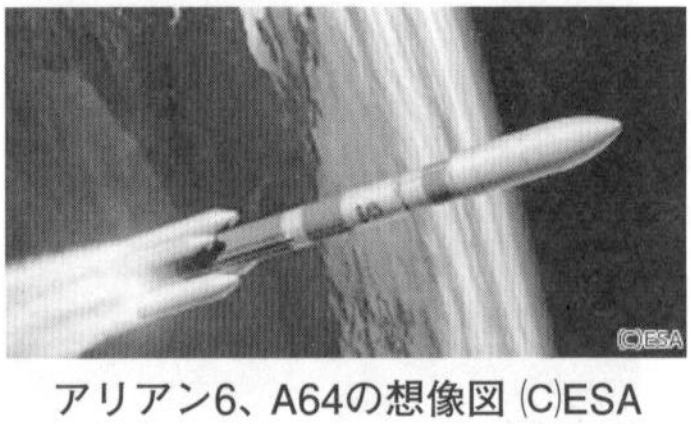

アリアン6、A64の想像図 (C)ESA

2016.1.28設計完了、2020年打上予定
エアバス・サフラン・ローンチャーズ社　発表

第1段　ヴァルカンエンジン液体水素／酸素
第2段　ヴィンチエンジン　液体水素／酸素

第1段　固体ロケットブースタ
A62　2基／A64　4基

南米 仏領ギアナ／クールー宇宙センター

〔図3-6〕欧州の次世代ロケット（アリアン6）
（出所：スペースアソシエイツ資料より）

2系列が使われているほか、オービタル・サイエンシズ社のミノタウロス4とトーラスロケット、スペースX社のファルコン9等が存在する。民間企業のロケットは商業的な打ち上げに使われている。

ブッシュ大統領時代に、米国ではコンステレーション計画と呼ばれる計画が立てられた。これは人類を再び月へ運び、さらにその技術から火星へ向かうという計画であった。この計画によって一時的にNASAの予算が増加し、有人惑星探査のためにNASA内部の資金も大きく割り振られたが、世界同時不況以降はNASAの予算が再び減少に戻りこの計画は廃止された。その後政権に就いたオバマ大統領も2030年代までの火星の有人探査計画を公表している。

②スペースX社のファルコン9ロケット

大型の貨物や有人宇宙船の打ち上げを想定して設計されており、NASAの商業軌道輸送サービス（COTS）計画の下で開発したドラゴン補給機を使って国際宇宙ステーション（ISS）への補給を行う商業補給サービス（CRS）の契約をNASAから受注しその打ち上げロケットとしても使われる。

ファルコン9は同社が開発したファルコン1を基に機体を大型化し、液体酸素／RP-1を推進剤としたエンジンを使用する2段式のロケットである。第1段は海面高度での推力556kNで総離陸推力5・0MNのスペースX社のマーリンロケットエンジンを9基クラスターして使用した。第1段の点火剤として自然発火性物質であるトリエチルアルミニウム－トリエチルボラン（TEA-TEB）を使用している。スペースX社では洋上、陸上にてロケットの回収実験を実施しており、将来的には再利用することを計画している。

③ファルコンヘビーロケット

ファルコン9の第1段エンジンをマーリン1Cからマーリン1Dエンジンに換装した上でデルタ4やアトラス5HLVやロシアのアンガラロケットのように1段目を3本束ねたファルコンヘビーの打ち上げが計画されている。打ち上げ費用は約1億ドル、打ち上げ能力は低軌道で53,500kg、静止トランスファー軌道で21,500kgでありサターンVロケットに次いで、史上2番目の大型ロケットとなる。最初のデモフライトは2017年第2四半期に予定されており、将来的には、火星へ探査機や人を送り込むことを計画しているといれている。

図3-7に、スペースX社のファルコンロケットを示す。

■ スペースX「ファルコン9」ロケット
再使用実験に成功（2015.12.21）

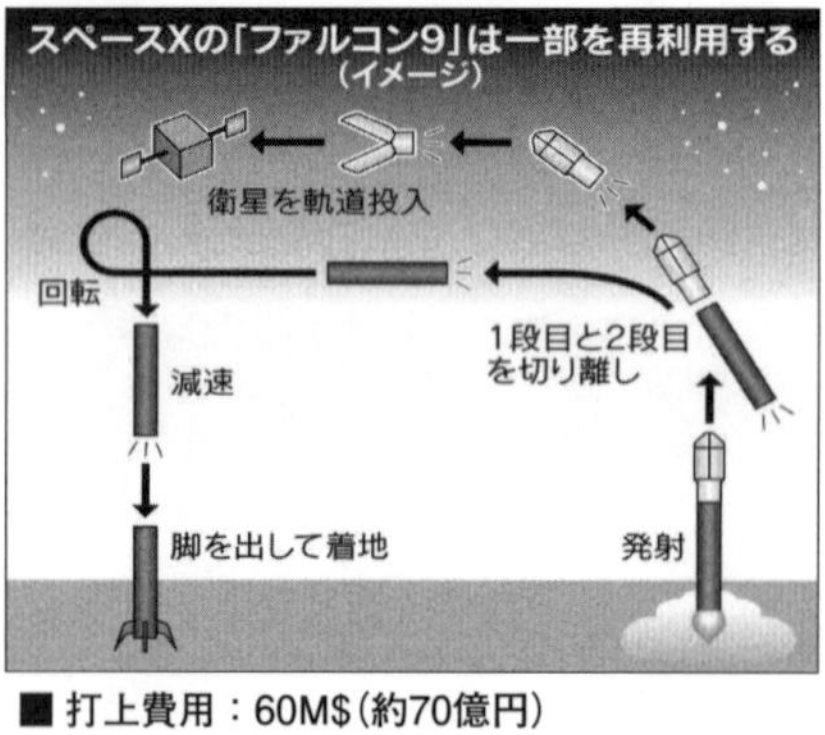

■ 打上費用：60M$（約70億円）

■ IT関連企業の参入
：Google, Amazon, Facebook

（米ケープ・カナベラル空軍基地に着陸する「ファルコン9」）

■ ファルコン・ヘビー (C) SpaceX

〔図3-7〕スペースX社のファルコンロケット（出所：スペースアソシエイツ資料より）

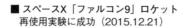

4章

安全保障と宇宙海洋総合戦略

宇宙技術は、世界的に防衛利用をベースとした軍民両用（デュアルユース）技術として認識されており、防衛・民生分野で大いに活用されている。我が国においても、世界で勝つための、今後の日本が成長するための宇宙技術とは何かを議論すべきときが来ている。1章で述べた国家安全保障戦略、防衛計画の大綱、宇宙空間からの脅威をもとに、宇宙・海洋総合戦略への課題を整理すると、表4-1のようになる。

4-1 衛星とG空間情報の融合

(1) 現状と課題

①現状

衛星情報については、現在は各省庁が個別に情報収集をしており、費用対効果を考えると効率が悪くかつ成果が共有されていない。今後は、これら各種衛星情報を有機的に結合するとともに、地理空間（G空間）情報と連携して一元化する等、ユーザ省庁、民間で共用する必要がある。

②課題

衛星情報一元化の課題には次のようなものがある。

(a)米国NGA（国家地球空間情報局）を参考にして、内閣官房に「日本版NGA機能」を付与する。

(b)G空間情報基本法、基本計画とリンクさせる。

(c)データポリシー、データセキュリティ、配布する画像分解能を定義した「衛星リモートセンシング法」をもとに民間の衛星画像の販売拡大を図る。

〔表 4-1〕宇宙・海洋総合戦略への課題

対処すべき課題	課題解決の方策
(1)国家安全保障戦略 ①グローバルコモンズに関するリスクへの対処 ＜海洋＞ ・海賊、不審船、不法投棄、密輸／密入国、海上災害、航行の安全と自由、シーレーンの確保、北極海航路の開通／大量破壊兵器の拡散防止／資源開発における国際的なルールの構築 ＜宇宙＞ ・情報収集や警戒監視機能の強化、軍事のための通信手段の確保、衛星破壊実験や衛星の衝突による宇宙ゴミ増加と対衛星兵器の開発への対処 ②国家安全保障に関する情報機能の強化 ・特定秘密保護法とデュアルユース機能	(4-1) 衛星とG空間情報の融合 (4-2) 軍事通信手段の確保 (4-3) 宇宙状況把握 (SSA) への対処 (4-4) 海洋状況把握 (MDA) へ対処 (4-8) 安全保障に係る国の仕組みの構築 ②宇宙技術は防衛技術をベースとしたデュアルユースであり、特定秘密保護法については衛星データの二層化（秘密／公開データ）で対処する。
(2)防衛計画の大綱 ①自衛隊の効率的な活動を妨げる行為を防止するための広域の常続的監視態勢の構築 ②周辺海空域の安全確保 ③弾道ミサイル攻撃への対応 ④大規模災害等への対応 ⑤人工衛星を活用した情報収集能力の強化 ⑥効果的かつ安定した宇宙空間の利用の確保	(4-1) 常続監視体制の構築 (4-3) 弾道ミサイル攻撃への対処 (4-5) 大規模災害への対処 (4-6) 自律的打ち上げ手段の確保 (4-7) 自律性を持つ射場の構築
(3)宇宙空間からの脅威 ①地上システムへの攻撃 ② RF ジャミング ③レーザ攻撃 ④電磁波攻撃 ⑤衛星攻撃 ⑥コンピュータシステムへの介入	・現段階では対処策が不明で今後国家安全保障局を中心とした関係組織において議論が必要 ・米国では宇宙とサイバーは空軍主体で実施しているが、我が国では防衛省に宇宙利用の体制がなく宇宙システムの活用方針および運用体制を早急に定める必要がある

（出所：筆者作成）

(d)ユーザ要求に従い画像データを加工して配布する。
(e)アジア・オセアニア地域の情勢安定の観点から測位政策を進展し日本の国際プレゼンスの向上を図るため、早期に自律性が確保できる準天頂衛星7機体制の構築を図る。
(f)宇宙インフラは政府共用とし運用は一元化することで、政府が必要とする情報は優先度・緊急性に応じリアルタイムに取得するスキームを構築する。

(2) 推進方策

これらの課題を解決するための推進方策のイメージ図は、図4-1のようになる。
(a)日本版NSCの下に図4-2に示す「米国の情報収集体制」を参考にして日本版NGA（注）機能を付与し、そこで画像衛星、電波衛星、測位衛星、気象衛星、早期警戒衛星等の衛星情報と地図情報等のG空間情報を一括収集し一元化するとともに、関係機関で情報を共有する。

(注) NGAとはアメリカ国家地球空間情報局のことで、政府／軍の衛星、民間の衛星、航空機、同盟国から画像や地図、航路図、GPS精密位置表等の地理空間インテリジェンス情報を一括して収集し、連付政府の各部局にサービスを提供する機関である。

＜画像情報の例＞
(a)収集源
・情報収集衛星：IGS
・国産衛星：ALOS-2、ASNARO
・外国衛星：イコノス、World View シリーズ
・その他：しょう戒機、巡視船、無人航空機、無人飛行船データ
(b)配布・公開
・取得したデータは、秘密データと公開データの2層に分け、前者は、安全保障・防災データとして、首相官邸

■例：画像情報

★G空間情報
★取得センサ
　○情報収集衛星（IGS）
　○国産衛星：情報収集衛星（IGS）、ALOS-2、ASNARO、他
　○外国衛星：イコノス、World Viewシリーズ、他
　○その他：しょう戒機／巡視船／無人航空機／無人飛行船データ

⇩ 収集

日本版NSC ⇨ 日本版NGA機能 ⇔ 米国との連携

（←）早期警戒データ
　　画像データ（グローバル）
（→）画像データ（東アジア）

⇩ 配布・展開

★①秘密データ／②公開データ
　①首相官邸（内閣官房）：安全保障・防災データ
　①インテリジェンスコミュニティ
　②利用省庁：内閣府／防衛省／国交省（海保）／文科省
　　　　　　／農水省／環境省／経産省
　②民間

〔図 4-1〕衛星情報の一元化のイメージ図（出所：筆者作成）

○ 位置付け
■ NGAは、アメリカ合衆国の国家情報機関の一つであり国防総省の傘下
■ 連邦政府の一元集約的なGEOINT（地理空間情報インテリジェンス）機関として、連邦政府の各部局に対し、安全保障上の要請からGEOINTを提供
■ 必要とされる地理情報や地図・空中写真・衛星写真などを提供するため、それらの収集整理・分析の他、国家安全保障上に必要とされる地理情報システムの標準化に対する支援を実施

○ データの収集源
■ 政府/軍の衛星、民間の衛星、航空機（有人、UAV）、同盟国

○ GEOINTに関するワンストップ機関として連邦政府の各部局にサービスを提供
■ DOD（国防総省）：Pentagon、陸/海/空/海兵隊
■ DHS（国土安全保障省）：テロリスト攻撃と自然災害
■ FBI（連邦捜査局）：テロ・スパイなど国家の安全保障
■ CIA（中央情報局）：主にHUMINTを担当
■ NSA（国家安全保障局）：主にSIGINTを担当
■ DIA（国防情報局）

○所掌のプロダクト及びサービス
■ 画像イメージ（衛星写真、航空機写真（光学、SAR））
■ 地図（地形、構造物、植生、政治境界、敵部隊の位置）
■ 航空路図、航路図（海底図、水路図）
■ 測地のためのGPS精密位置表、地球重力場モデル
■ 地名表、GEOINT分析（画像分析レポート）

〔図 4-2〕米国の情報収集体制（出所：筆者作成）

（内閣官房）やインテリジェンスコミュニティに、後者は、利用省庁（内閣府、防衛省、国交省（海保）、文科省、農水省、環境省、経産省他）や民間に公開する。

(c)米国との連携

・米国からはミサイルの早期警戒データやグローバルな画像データを入手し、日本からは東アジアの画像データを提供する。

4-2 軍事通信手段の確保

(1) 現状と課題

①現状

防衛省・自衛隊は、2020年までにXバンド通信衛星を3機配備する予定で、今後は、大量に画像データを伝送するための光通信／量子通信技術を活用したデータ中継衛星の導入が必要になる。

②課題

軍事通信手段の確保の課題には次のようなものがある

(a)将来の軍事通信衛星は、大量の画像伝送や耐サイバー性を考慮し光通信／量子通信衛星技術を採用し日本版NGA機能との連携を考慮する。

(b)PKO等でグローバルに活動するにはデータ中継衛星が必要であり、内閣衛星情報センター等で計画中のデータ中継衛星をPFI（Private Finance Initiative）で運用する場合には、PFI法に軍事の記載がないためPFI法を見直す必要がある。

(2) 推進方策

これらの課題を解決するための推進方策を、図4-3に示す。

日本版NSCの下に軍事通信機能を設置し、そこで軍事通信衛星情報を一括して収集し、ユーザ省庁とも情報を共用する。

＜利用の具体例＞

(a)収集源

・Xバンド通信衛星：防衛省・自衛隊

・国産衛星：スカパーJSAT他

(b)配布・公開

・取得したデータは、秘密データと公開データの2層に分け、前者は、安全保障・防災データとして、首相官邸（内閣官房）やインテリジェンスコミュニティに、後者は、利用省庁（内閣府、防衛省、国交省（海保）、文科省、農水省、環境省、経産省他）や民間に公開する。

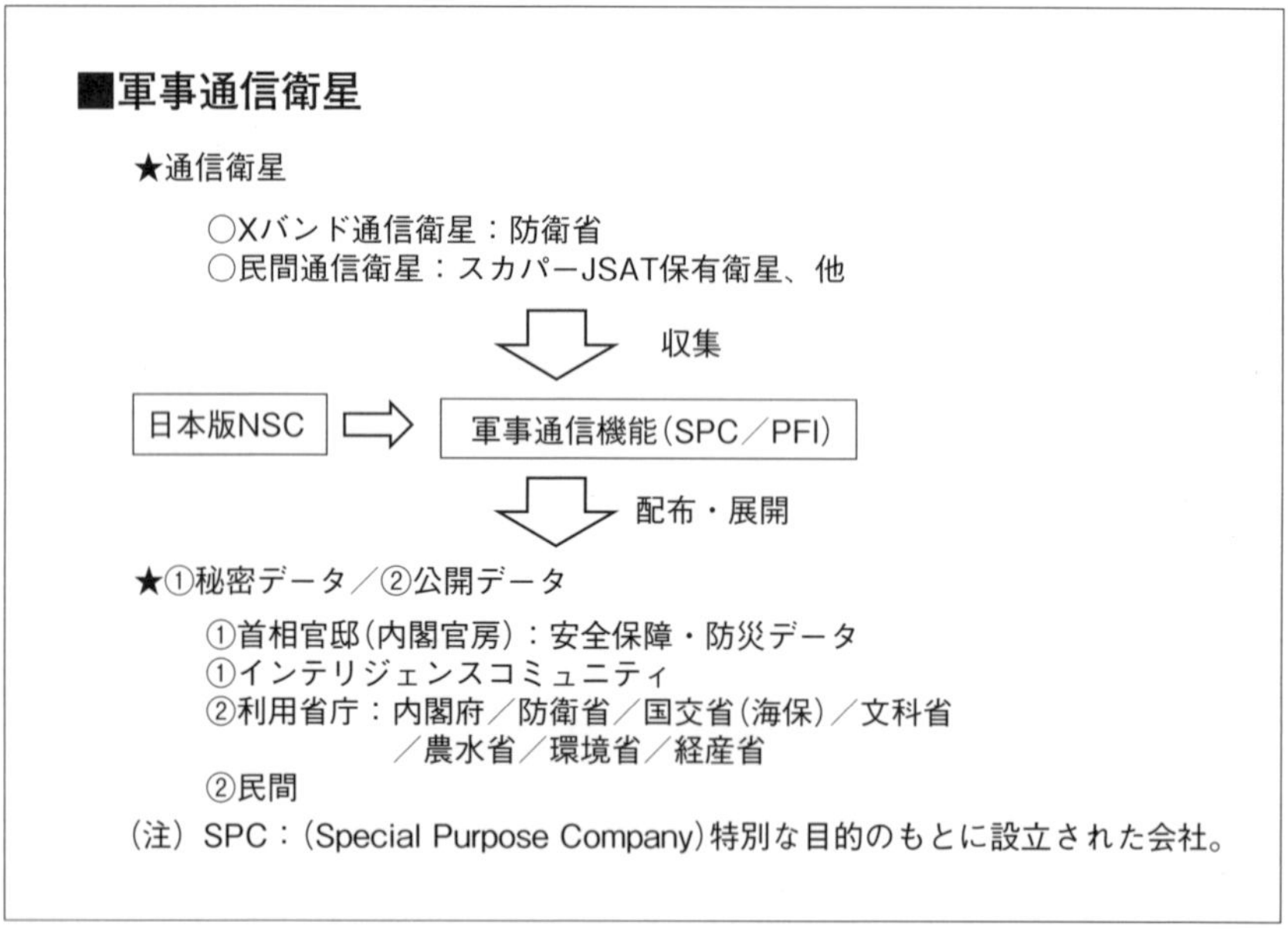

〔図 4-3〕軍事通信手段の確保のイメージ図（出所：筆者作成）

4-3 宇宙状況把握（SSA）への対処

(1)現状と課題

①現状

宇宙空間の常続的監視用センサとして、民生用では、日本宇宙フォーラムが岡山県に光学設備（美星）、レーダ設備（上斎原）を保有している。防衛用センサとしては、自衛隊が国内5か所にミサイル監視用FPS-5レーダを保有し探知・追尾能力を技術的検証中である。しかし、現在の観測設備の監視能力ではSSA用としては不十分なため、既存民間観測設備を改修して能力向上を図る。併せて、自衛隊は防衛専用レーダと防衛省専用衛星（Xバンド通信衛星等）を監視する光学設備を配備する必要がある。

②課題

宇宙状況把握（SSA）の課題には次のようなものがある。

(a)日本版NGA機能とSSAセンター機能を連携する。

(b)米国と連携（米SSNネットワーク）し東アジア上空を監視する。

(c)SSAの構成要素は、①情報：Intelligence、②監視（ミサイル監視含む）：Surveillance、③偵察：Reconnaissance、④宇宙環境モニタリング、⑤宇宙オペレーションの五つであることの共通認識を持つ。

(d)データポリシーに基づくデュアルユースを考慮した運用（データ取得～解析～情報配布に亘る秘区分管理∧秘密／公開データ∨）を行う。

(e)その他

ロケットの上段や衛星のデオービット化等デブリ増加を防止すること、宇宙ロボットによるデブリ除去、欧州行動規範への対応、欧米を中心とした国際的なデータ補完体制の構築等が法制度面の課題である。体制・設備・人材面の課題には、観測データ取得とデータ解析サービスの一元化、官民一体となったオールジャパンのＳＳＡ監視体制の構築、民間の衛星プロバイダのための安全利用サービスの提供等である。国際連携面の課題としては、ＳＳＮへの東アジア上空の監視データの提供、防衛省やＪＳＦの観測能力の強化や、日本としてのＳＳＡ概念の構築と国としての一元化体制の構築、国際連携による全世界のＳＳＮネットワークの構築等がある。

(2) 推進方策

これらの課題を解決するための推進方策を、図４-４に示す。

日本版ＮＳＣの下にＳＳＡセンター機能を設置し、そこでＳＳＡ関連情報を一括収集し一元化するとともに、関係機関で情報を共有する。

＜利用の具体例＞

(a) 収集源

・国内民間設備：光学設備（美星）、レーダ設備（上斎原）
・防衛専用設備：ＦＰＳ-５レーダ
・外国ＳＳＡ設備：米ＳＳＮネットワーク、独ＦＧＡＮレーダ他

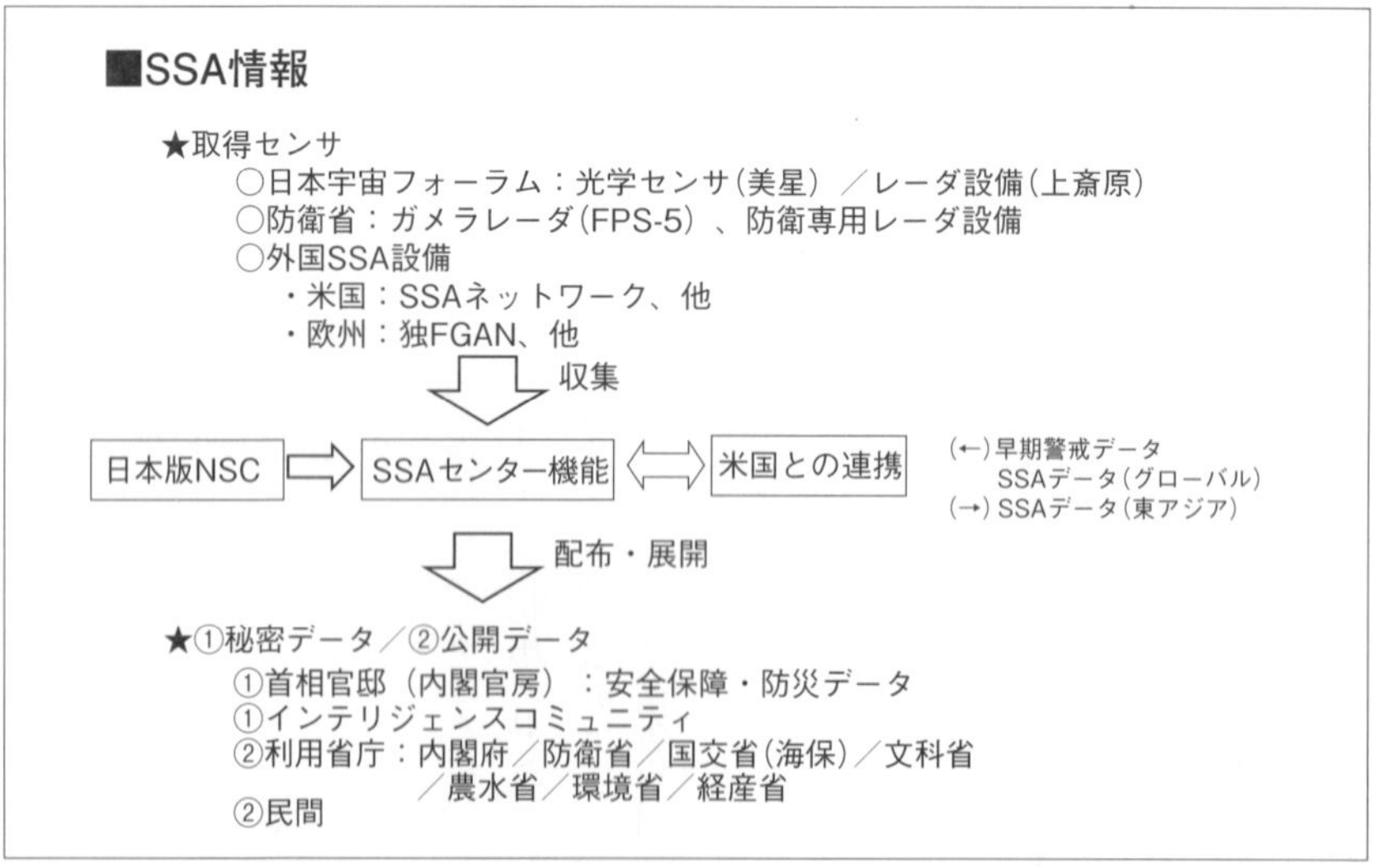

〔図 4-4〕宇宙状況把握（SSA）への対処のイメージ図（出所：筆者作成）

(b)配布・公開
・取得したデータは、①秘密データと②公開データの2層に分ける。
・①は、安全保障・防災データとして、首相官邸（内閣官房）やインテリジェンスコミュニティに配布する。
・②は、利用省庁（内閣府、防衛省、国交省（海保）、文科省、農水省、環境省、経産省他）や民間に公開する。
(c)米国との連携
・米国からは、ミサイルの早期警戒データやグローバルなSSAデータを入手し、日本からは米国に東アジアのSSAデータを提供する。
(d)具体的な推進方策
＜方策1＞防衛省、JSFが連携してレーダ観測設備によるSSA監視体制を構築する。

当面は、SSNでカタログ化され、現状技術の延長線上で対処可能な技術範囲である10㎝級（軌道高度1,000㎞）の性能を獲得し、将来的には世界レベルの1～2㎝級の追跡・監視能力を構築する。具体的には、防衛省・自衛隊は、まず「飯岡の実験設備を活用しSSAデータを取得」し、併せて「FPS-5のノウハウを反映した新機高性能レーダを開発、運用」する。JAXAは、「接近解析／落下解析計算、国際調整」を実施する。JAXA／JSFは、少なくとも日本が打ち上げる衛星や10センチ角クラスの大学衛星の追跡・監視ができるように上斎原の既存レーダ設備の高性能化を図る。

＜方策2＞JAXA／JSFと天文台が連携して光学観測設備によるSSA監視体制を構築する。

当面は、口径1m級の既存設備の改修により対応し、将来的には、日本最大の西はりま天文台と同等の口径2m級の光学望遠鏡を設置する。具体的には、JAXAは「接近解析／落下解析計算、国際調整」を実施し、JAXA／JSFは、能力向上や移動物体を追跡できるように美星の既存光学設備の改修を行う。なお、光学系システムの構築やデータの取得、解析にあたっては豊富な観測経験を有する日本各地の天文台から「光学系システムの設計、運用ノウハウ」の提供を受ける。

＜方策3＞国として一元化したSSAセンターを構築する。

米国や欧州を参考としつつ「SSAセンター」を設ける。情報の開示と秘匿のあり方や緊急時の対応については関係省庁で役割を分担するとともに、国際協力のあり方、データポリシー、データセキュリティ、データの発表方法等を検討し、取得したデータは米国をはじめ海外のデータとの共有化を図る。当面は、「官民の我が国保有衛星の監視サービス提供（50〜100機）」、「すべての日本起源スペースデブリの把握（1000個以上）」、「他機関衛星の定常監視サービス（100機程度）」、「1日あたりの観測データパス数約5,000（現行の10倍）」、「SSNカタログデブリ個数3万個以上（現行の2倍）」、「独自カタログ更新デブリ数5千〜1万個」程度の性能を目標とし、運用状況を見て必要に応じ順次改善する。

(3) 参考

①SSAとは何か?

SSAは、米軍が提唱した宇宙空間における安全保障に関する概念である。米国統合参謀本部の2009年1月6日付文書「Space Operations」によると、SSAの目的は「宇宙オペレーションと宇宙飛行安全の確保」、「国際条約と協定の履行」、「宇宙能力の防護」、「軍事オペレーションと国益の防護」であり、SSAの目的の達成に必要な「構成要素」は、表4-2に示すように「情報」、「監視」、「偵察」、「環境モニタリング」、「宇宙オペレーション」であるが、日本で行われているのは、「監視」と「環境モニタリング」である。

②SSAはなぜ必要か?

日米間の主要課題の解決、自立した宇宙物体識別能力の醸成、宇宙空間への自由なアクセス、宇宙環境データの取得、観測設備の整備・運用に関する国と

〔表4-2〕SSAの構成要素

機能	米国	日本
(1)情報：Intelligence	○	(×) 欠落
(2)監視：Surveillance	○	日本宇宙フォーラム（JSF）のレーダ、光学情報をもとにJAXAが接近、衝突の軌道解析を実施
(3)偵察：Reconnaissance	○	(×) 欠落
(4)環境モニタリング：Environmental Monitoring	○	情報通信研究機構（NICT）が宇宙天気予報を発信
(5)宇宙オペレーション	○	(×) 欠落

（出所：筆者作成）

しての一元的な取り組みといったことに留意することが重要で、民生と防衛の両面からＳＳＡの必要性を示すと、次のようになる。

(a)持続的な宇宙活動

近年宇宙物体が著しく増加し人類の持続的な宇宙活動の阻害要因となりつつある。デブリを含む宇宙物体は高速で飛翔しているため衝突すると非常に危険で、人工衛星や宇宙ステーションに衝突した場合の被害レベルは、『NASA Orbital Debris Quarterly News 2005』によると、０・01㎝以下では「表面の劣化」、０・01～１㎝では「故障（宇宙服を貫通するのは０・02㎝以上）」、１㎝以上では「壊滅的な破壊」をもたらすという。宇宙ステーション本体や船外活動中の宇宙飛行士は絶えずデブリ衝突の危険に晒され、衛星は他の宇宙物体との衝突を回避することが求められている。因みに現在の技術では、衝突の予測ができるのはカタログ化されている10㎝以上の宇宙物体のみである。

(b)我が国発の衛星や宇宙ゴミの識別

我が国には、いわゆる「ピギーバック」と呼ばれているＨ-２Ａロケットの空きスペースを利用して打ち上げる大学衛星や宇宙ステーションのロボットアームで放出する超小型衛星を追尾できる観測設備がない。また、宇宙空間にデブリとなって滞留する大型ロケットの２段目についても監視能力は不十分である。デブリの発生国は９割程度が米国、ロシアで、残りは欧州、日本、中国、インド等の衛星打ち上げ国である。衛星を打ち上げ保有する国が増えている現在、世界レベルでデブリ回収方法について議論すべき時期に来ている。

(c)その他

ＳＳＡは、日米安全保障協議委員会（「２＋２」閣僚会合）や、日米首脳会談の主要テーマであり、米国が日本に期待していることは、ＪＳＦの計測したデータを米国の宇宙監視ネットワーク（ＳＳＮ：Space Surveillance Network）へ提供であり、防衛省のＦＰＳ-５レーダによる北朝鮮等のミサイル監視データである。

(d)東アジアにおける監視体制の構築

東アジア諸国においてはミサイルや敵国の衛星等宇宙からの脅威に対する監視能力が不十分で、米国でさえグローバルなＳＳＡ監視網を構築することは地政学的な制約や、コスト面、マンパワー面においてもオーバーフローの状況にある。今後、日本はアジアの大国としての応分の役割を果たすことが期待されており、米国、欧州、日本で連携し地球を３分割した世界規模のＳＳＡ監視ネットワークの構築に積極的に関与する時期に来ている。

③ＳＳＡにおける海外の動向

(a)米国

＜ＳＳＡの現状＞

ＳＳＡというコンセプトは、米国における軍事要求により誕生した。ミッションは、地上システムと宇宙システムからデータ情報を収集し、「Monitor（モニタリングする）」、「Correlate（相関をとる）」、「Exploit（利用、促進する）」、「Fuse（融合し一体化する）」というサイクルを回して知識情報化し、ユーザである部隊等に予報、脅威分析、警告・警報等の情報を与えることである。米国では、米軍統合宇宙作戦センター（ＪＳＰＯＣ）が中心となり地球軌道にある物体の検知、識別、追跡を実施し、個別に各国のユーザと協定を結びＴＬＥ（Two Line Element）等の宇宙物体の情報提供を行っている

世界規模でデブリを監視するシステムであるＳＳＮは、主に北半球に点在し、米国宇宙司令部のミッションの一つとして、宇宙機の大気圏再突入時刻、落下場所の予測、再突入物体とミサイル攻撃との識別、誤った警戒発令の防止、衛星の現在位置の把握、新しい人工物体の検出、宇宙機のカタログの維持、再突入物体の所有国の識別、スペースシャトルや国際宇宙ステーションとの接近情報のＮＡＳＡへの提供等の業務を行っている。ＳＳＡセンターの役割は、地上システムおよび宇宙システムから得られる宇宙物体の各種情報を一旦集約し、ユーザ要求と国家安全保障要求とのバランスを踏まえ、どのユーザにどの程度の情報をどういう形で提供するかを判断することである。

＜観測設備＞

米国では、ＳＳＡシステムとして地上観測設備と衛星による宇宙観測設備を開発・運用している。地上観測設備である米ヘイスタックレーダは、マウイ島に３・６ｍ級の光学望遠鏡を有し自動追尾ができ、高度１，０００㎞

おいて1㎝程度の物体の識別が可能である。宇宙設備においては、軌道上物体を監視するＳＢＳＳ（Space-Based Space Surveillance System）衛星を保有している。地上設備には、レーダ方式と光学方式がある。

＜レーダ方式＞

電磁波（レーダ波）を対象物に向けて照射し、その反射波を測定することにより、対象物までの距離や方向を明らかにするもので、レーダ方式の比較表を、表4-3に示す。

＜光学方式＞

天文望遠鏡と同じ主鏡の光軸上前方に双曲面の凸面鏡（副鏡）を対向させ、主鏡の中央の開口部から鏡面裏側に光束を取り出して接眼レンズに導く「カセグレン方式」が主流である。対象物体の距離や大きさは、同一時刻の2か所以上のデータ（地上施設間の距離と地上から物体までの距離と大きさ）をもとに三角測量方式で求めることが可能である。米国の光学式地上設備を、表4-4に示す。

(b)欧州

＜ＳＳＡの現状＞

欧州のＳＳＡの目的は、軌道上の物体、宇宙環境、宇宙からの脅威に関する正確な情報を把握することにより、欧州宇宙システムの保護、宇宙における経済活動の進展、国際協力の進展、国際宇宙条約の履行、宇宙交通管理システムを形成することである。デブリ観測や気象観測に使用している既存の観測システムは軌道上の状況を監視できる能力を有しているため、それらを利用したＳＳＡシステムを検討している。

＜ＳＳＡ観測設備＞

欧州では、フランス、ドイツ、ノルウェー等多くの国にＳＳＡ観測設備があるが、ここでは代表例として欧州における最も高性能なレーダである「ＦＧＡＮ」と光学観測装置「ESA Space Debris Telescope」について、表4-5、表4-6に示す。

④我が国のＳＳＡの現状

我が国では、ＪＡＸＡ、ＪＳＦ、防衛省・自衛隊がデブリやミサイルの監視を行い、ＮＩＣＴが宇宙天気予報を発信している。

＜民生利用＞

ＪＡＸＡは、ＪＳＦにデータ取得を依頼し、美星（光学）と上斎原（レーダ）で取得したＪＳＦのデータを筑波宇宙センターで毎日受信し、デブリに関する接近、衝突解析計算を実施し、国連や欧米に対し解析に必要な観測データの交換等の国際調整を行っている。ＪＳＦは、衛星や地球近傍物体（ＮＥＯ）、デブリの追跡・諸元解析のデータを取得するため、岡山県の上斎原スペースガードセンターにレーダ設備（表4‐7）を、美星スペースガードセンターに、光学設備（表4‐8）を保有している。

＜防衛利用＞

防衛省・自衛隊は、自国衛星防護のためのデブリ監視、敵国衛星の監視、衛星の機能障害の原因となる太陽風、電離層の状態といった宇宙環境を観測・監視する体制・能力を保有していない。表4‐9に示すように、防空（航空機監視）、ＢＭＤ対処用として、飯岡、下甑島、佐渡島、大湊分屯基地、与座岳に警戒管制レーダ（ＦＰＳ‐５：通称ガメラレーダ）を配備しているが、通常はミサイル等の監視に使用している。

〔表 4-3〕レーダ方式の比較表

方式	Bi-static 方式	Parabola 方式	Radar-Fence 方式
長所	多くのビームを用いることにより同時刻に多くの物体を追跡可能	狭ビームかつ大電力、静止軌道にてバスケットボール大の物体追跡可能	30,000km までの物体は追尾可能。また、大きさも精度よく取得可能
短所	レンジに制約（一般的に数千 km まで）がある。	1 回に 1 物体しか追尾できず物体に合わせてパラボラを移動させる必要がある。	同時刻に複数の物体が横切るとエコーを生じ位置精度の低下を招く可能性がある。
外観			

（出所：関連情報より筆者作成）

〔表 4-4〕米国の光学式観測設備

	MODEST	Diego Garcia	Maui
所属	NASA（ミシガン大学）	SSN	SSN
口径	0.91m	1.2m × 3 個 0.6m × 1 個	3.6m × 1 個／ 1.6m × 1 個／ 1.2m × 3 個
望遠鏡	Curtis Schmidt	Cassegrain	Cassegrain
CCD	2,048 × 2,048	−	−
FOV	1.3deg × 1.3deg	1.2m：2deg 0.6m：6deg	3.6m：0.2deg 1.6m：1.2deg 1.2m：2deg
限界等級	18 等級	−	−
設置場所	チリ Cerro Tololo	Diego Garcia 英国領（インド沖）	Maui 島ハワイ州
外観	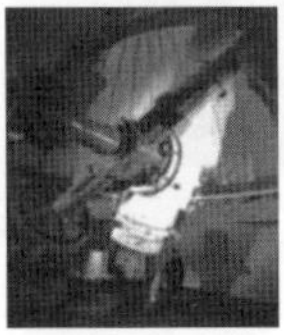		

（出所：関連情報より筆者作成）

〔表 4-5〕欧州のレーダ式観測設備

	FGAN（TIRA）
所属	独：応用自然科学研究協会
探知能力	1,000km　ϕ =2cm
周波数帯	L 帯（Tracking）／ Ku 帯（SAR imaging）
空中線開口	パラボラアンテナ ϕ =34m
送信出力	L 帯：1MW ／ Ku 帯：13kW
設置場所	ドイツ・ボン郊外
外観	

（出所：関連情報より筆者作成）

〔表 4-6〕欧州の光学式観測設備

	ESA Space Debris Telescope
所属	ESA
口径	1m
望遠鏡種類	Ritchey-Chretien
CCD	4×4array、2,048×2,048
FOV	0.7deg×0.7deg
限界等級	20 等級（露出：2 秒）
設置場所	Tenerife
外観	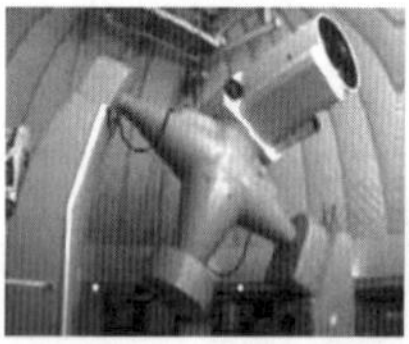

（出所：関連情報より筆者作成）

〔表 4-7〕JSF のレーダ式観測設備

名称	上斎原スペースガードセンター
機関	JSF（日本宇宙フォーラム）
使用目的	人工衛星および NEO、スペースデブリの追跡および諸元解析
システム概要	・アクティブ・フェーズドアレイ・レーダ：3m × 3m ・1,400 個の送受信モジュール（仰角 54 度、基台部回転） ・宇宙デブリの衝突警報、宇宙デブリの地上への落下予測 ・流星群の観測等の宇宙イベント解析等に対応した観測
能力	・周波数：S 帯（3GHz） ・出力：70kW、ビーム幅：2 度 ・最大探知距離：1,350km ・対象はスラントレンジ 600km で直径 1m の物体で測距精度 13m だが、速度推定精度が悪く未知物体の検出はできない。デブリの初期値は JSPOC からの TLE で、10 個のデブリの同時追尾が可能である。
設置場所	岡山県苫田郡鏡野町上斎原：2004 年 3 月完成
運用	JAXA 筑波から遠隔制御し現地は無人運用
外観	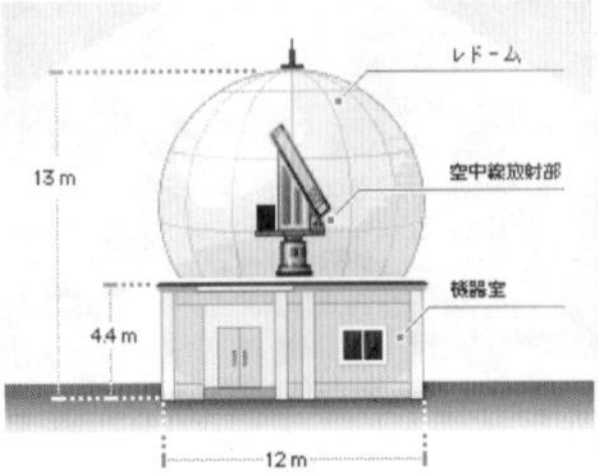 

（出所：関連情報より筆者作成）

〔表 4-8〕JSF の光学式観測設備

名称	美星スペースガードセンター
機関	JSF（日本宇宙フォーラム）
使用目的	人工衛星および NEO、スペースデブリの追跡および諸元解析
システム概要	・人工衛星の観測、宇宙デブリの衝突警報、宇宙デブリの地上への落下予測、流星群の観測等の宇宙イベント解析等に対応した観測
能力	・口径 1m、カセグレン方式、F3 反射望遠鏡（主に静止軌道観測） ・CCD は「すばる」と同じ超高感度の 2,048 × 4,096 ＊ 4 個で（−100 度 C に冷却）、50cm ～ 1m の物体を識別。 ・静止軌道で 80cm ～ 1m の大きさ、東経 68 度～ 200 度を観測。 ・観測高度は 4,000km ～ 36,000km（静止軌道）。 ・口径 50cm（2,000 × 2,000 ピクセル CCD1 個、−30 度に冷却）、および 25cm 反射望遠鏡で、5 度／秒で主に高速移動低軌道物体を追尾。
設置場所	岡山県井原市美星町：2002 年 3 月完成
運用	観測員 6 人で昼夜 2 交代で運用している。
外観	 外観  1m 望遠鏡  50cm 望遠鏡

（出所：関連情報より筆者作成）

〔表 4-9〕航空自衛隊のレーダ式観測設備

名称	警戒管制レーダ（FPS-5）
機関	航空自衛隊
使用目的	防空（航空機監視）、BMD 対処
システム概要	・アクティブ・フェーズドアレイ・レーダ（L・S バンド） ・高さ約34mの6角柱の建物全体が回転して、BMD レーダ面を脅威方向に向ける。
能力	・直径 18m の BMD レーダ（L・S バンド）：1 面 ・直径 12m の航空機探知レーダ（L バンド）：2 面 ・通常は 3 面で 360 度の航空機監視を行っている。
設置場所	千葉県・飯岡試験場（2005 年）／鹿児島県・下甑島（2008 年）／新潟県・佐渡島（2009 年）／青森県・大湊分屯基地（2010 年）／沖縄県・与座岳（2011 年）
外観	 飯岡  下甑島

（出所：防衛省 HP 等より筆者作成）

4-4 海洋状況把握（MDA）への対処

(1) 現状と課題

①定義

MDAには、次に示すように「広義」と「狭義」のMDAの二つに分かれる。現在政府で使われているMDAは、「狭義」のMDAで、デュアルユースのMDAという場合は、「広義」のMDAのことを言う。図4-5に海洋分野における宇宙利用のイメージ図を示す。

(a) 広義のMDA（4分野）
・海洋セキュリティ分野
・海上交通分野
・海洋環境・防災分野
・海洋資源・エネルギー分野
(b) 狭義のMDA（1分野）
・海洋セキュリティ分野

②現状

海洋の広域の常続的監視のため海上保安庁の巡視船や自衛隊の哨戒機による監視が行われているが、監視能力は不十分であり常続的監視となっていない。今後は、海洋監視衛星群に加え無人航空機、無人飛行船等を含めた編隊飛行により、常続的監視を達成する必要がある。

③課題

海洋状況把握（MDA）の課題には次のようなものがある

(a)日本版NGA機能とMDAセンター機能を連携する。

(b)官邸で広大なEEZエリアをモニタで常続的にリアルタイム監視を行うため、係留型飛行船を尖閣、沖ノ鳥島、南鳥島、竹島等のEEZエリア内の重要拠点に配備し監視機能を充実する。

(c)大量破壊兵器（WMD）の拡散防止のための監視。

(d)デュアルユースを考慮した運用（秘密データ／公開データ）。

(e)各省庁の撮像要求が異なるため1か所で取りまとめて撮像する。なお、「ID化」→「抽出」→「特定」→「トレース（追跡）」→「取得データの一元化」といった一連の管理体制を構築する。

④検討例：不審船の場合

海洋監視の代表例として不審船監視を例に取り海洋監視の課題を検討する。日本近海の不審船をリアルタイムで監視するには、EEZを通るすべての船を画像で認識（ID化）し、AIS情報を出している船と出していない船を識別（抽出）し、不審船が通信を行っているかいないか内容を含め把握（特定）し、不審船の航行ルートをトレース（出港から帰港まで）する必要がある。また、

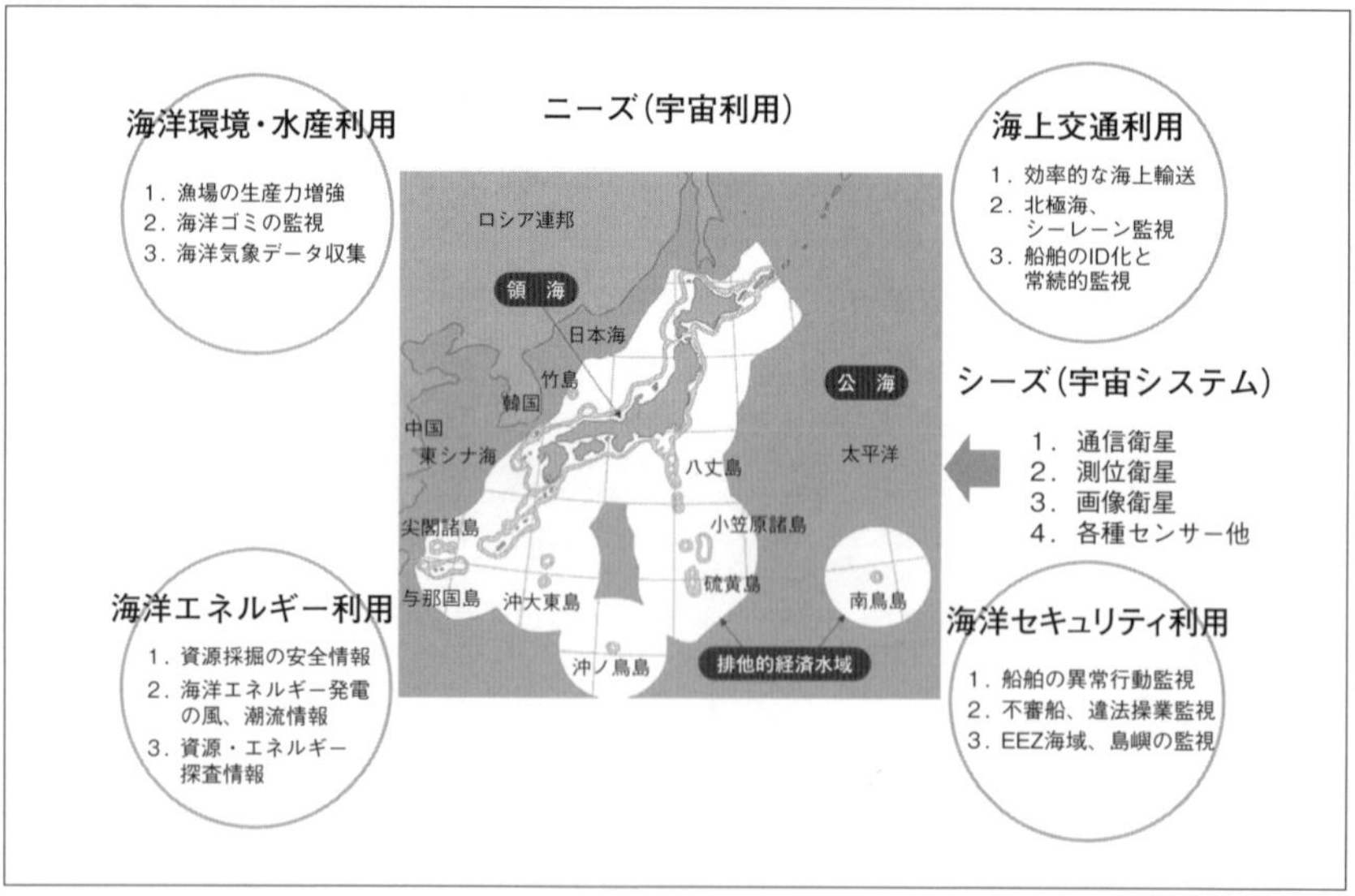

〔図 4-5〕海洋分野における宇宙利用（出所：筆者作成）

これらの取得データの一元化管理体制も構築する必要がある。

(a)〈ＩＤ化〉

ＥＥＺを通るすべての船の画像を認識するためには、最小限１～２時間程度に観測頻度を向上する必要がある。そのためには、現在我が国で運用されている４機のＩＧＳでは不十分で、ＪＡＸＡのＡＬＯＳ-２や経済産業省のＡＳＮＡＲＯ、超小型衛星を組み合わせてＩＧＳを補完し効果的に活用する。また、我が国が世界トップクラスの実績を有する無人飛行船は尖閣諸島等の島嶼監視に有効で、この飛行船と無人航空機を連携して運用することにより不審船の検知が容易になれば、哨戒機、巡視船の出動回数が減り人件費や燃料が節約できるメリットもある。

(b)〈抽出〉

不審船を抽出するためには画像衛星のデータを基に我が国独自のＡＩＳ衛星群を構築しＡＩＳ信号を出していない船を識別する必要がある。ＡＩＳ衛星はＪＡＸＡや大学で実績のある50kg程度の超小型衛星に向いており、信頼性を上げて必要数打ち上げることが今後の課題である。また多くの衛星情報（画像・ＡＩＳ等）を短時間で処理できる「迅速な情報処理技術」も求められる。

(c)〈特定〉

不審船による通信の有無・内容を把握するためには、我が国独自の電波収集衛星システムを配備して不審船の出す電波情報を読み取ることが必要である。暗号解読作業は非常に難しい技術であるが当面は通信頻度がわかる程度でも十分に役立つ。また、衛星には携帯電話レベルの微弱電波が拾える30ｍ級超大型展開アンテナが必要であるが、これにはＪＡＸＡの「技術試験衛星（ＥＴＳ-８）」の20ｍ級アンテナ技術が応用できる。

(d)〈トレース〉

不審船の航行ルートを出港から帰港までトレースするためには、夜間でも監視できる画像衛星やＡＩＳを利用した船舶追跡処理技術を確立することが必要である。光学センサは悪天候、夜間、赤道近辺では見にくいため、昼夜を問わず画像が取得できる合成開口レーダ（ＳＡＲ）センサを活用する。

(2) 推進方策

これらの課題を解決するための推進方策を、図4-6に示す。

日本版NSCの下にMDAセンター機能を設置し、そこで海賊、不審船、不法投棄、密輸・密入国、海上災害、大量破壊兵器、船舶航行状況、シーレーン、北極海航路、海洋資源開発状況等のMDA関連情報を一括収集し一元化するとともに、関係機関で情報を共有する。

＜利用の具体例＞

(a)収集源

・巡視船：海上保安庁

・哨戒機：自衛隊

・海洋監視衛星群：IGS、ALOS、ASNARO、超低高度衛星技術試験機（SLATS）、超小型衛星群

・無人機：無人航空機、係留型飛行船

(b)配布・公開

・取得したデータは、①秘密データと②公開データの2層に分ける。

・①は、安全保障・防災データとして、首相官邸（内閣官房）やインテリジェンスコミュニティに配布する。

・②は、利用省庁（内閣府、防衛省、国交省（海保）、文科省、農水省、環境省、経産省他）や民間に公開する。

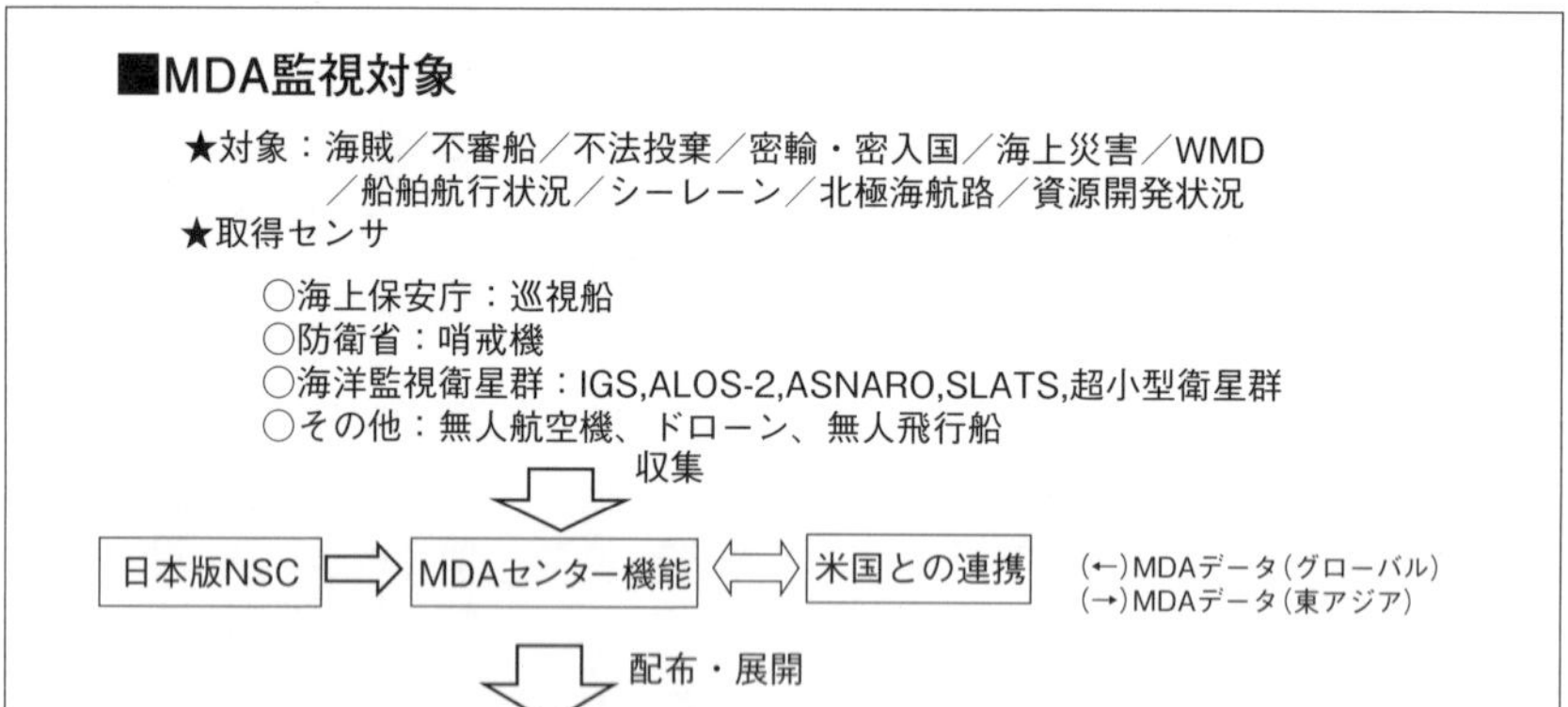

〔図4-6〕MDAへの対処のイメージ図（出所：筆者作成）

(c)米国との連携
・米国からは、グローバルなMDAデータを入手し、日本からは、東アジアを中心とした世界のMDAデータを提供する。
(d)具体的な推進方策
＜全体シナリオ＞
まず、我が国のIGS、JAXAのALOS-2、ASNARO等の画像衛星により日本近海の不審船を含む一定の大きさの洋上物体をすべて把握する。続いて、一定の大きさの船舶に搭載が義務付けられているAIS信号を超小型衛星により検知し、信号を発しない小型船を含む船舶を不審船候補として抽出する。併せて、電波収集衛星で電波情報を確認することにより不審船を特定し、哨戒機や巡視船が出動するための初動情報を作る。島嶼監視においては、無人小型飛行船を尖閣諸島周辺海域等の島嶼に常時滞空（当面高度4㎞、将来的には高度20㎞）させ、無人航空機と連携することによりリアルタイムで情報を収集する。次に、初動情報により哨戒機や巡視船を派遣してターゲット（不審船）を拘束する。万一、不審船が逃走する場合は巡視船等で追跡し、併せて衛星と地上処理により逃走経路を追跡監視し、不審船の逃走ルートや船の帰港地もトレースできるようにしておく。
＜個別シナリオ＞
(a)方策1：情報収集衛星とそれを補完する小型衛星群（例：20機体制）による観測頻度の向上
現在、IGSの能力強化は画像分解能が40㎝クラスとなりほぼ達成されつつあるが、IGSの衛星機数は4機（1日1回同一地点の監視）とあまりにも少ない。不審船の追跡を考慮すれば、同一地点を1～2時間の頻度で観測することが必要である。

近年、宇宙技術の進歩により衛星バスの軽量化とセンサの高性能化が図られ、大型衛星しか出せなかった性能が小型衛星でも可能になってきた。厳しい予算制約と現行予算内での運用を考慮し「IGSのシリーズ化」（大小の衛星群より構成）により機数増を図るべきである。たとえば1機約50億円のASNAROをIGSの補完衛星としてラインアップに組み込めば、大型衛星1機分の予算で小型衛星数機の配備が可能となる。

(b)方策２：世界トップクラスの超小型衛星群（例：100機体制）の構築

ＥＥＺ内の船舶をリアルタイムで観測すべく、ＡＩＳ／光学／赤外線（ＩＲ）センサを搭載した超小型衛星群（たとえば100機体制）を構築する。我が国には、ＪＡＸＡや大学を中心に世界トップクラスの超小型衛星の開発ポテンシャルを有しており、世界最先端の超小型衛星システムを構築することは容易である。因みに米国では、国防総省傘下の国防高等研究計画局（ＤＡＲＰＡ）が「１機１m$／打ち上げ１m$」を目標とした超小型衛星システムを計画している。

近年、宇宙技術の進歩により衛星搭載センサ（ＡＩＳ・画像・赤外線）の高性能化が図られ、50kg～120kgの大学衛星クラスの超小型衛星でも衛星の機数が増えればミッションが達成できるようになり、欧米をはじめ海外では競って超小型衛星のビジネスに参入してきている。厳しい予算制約の下では、現行予算の範囲内で開発・運用することが現実的な選択肢となる。たとえば、防衛省が現在計画中の通信衛星と同じスキームで、防衛省の画像購入費の一部にＰＦＩ（プライベート・ファイナンス・イニシャティブ）を導入する方法等が考えられる。

(c)方策３：電波収集衛星と哨戒機・巡視船の活用

不審船を特定するためには、電波収集衛星と哨戒機・巡視船の連携運用が必要である。具体的には、画像衛星でＩＤ化した船の中から、ＡＩＳ衛星の受信データを解析し信号を出していない船を識別する。次に、この衛星により船の電波を観測し不審船かどうか判断する。その後、防衛省の哨戒機や海上保安庁の巡視船により不審船を追跡する。不審船の検知が容易になれば、哨戒機、巡視船の出動回数が減り、人件費や燃料が節約できることもメリットである。

なお、この衛星は東アジア諸国の携帯電話による災害利用としても役立ち、地震、津波災害時だけでなく漁船転覆等の海難事故に際しても防水の携帯電話さえあれば遭難者は緊急通信ができ、遭難地点がわかることで迅速な人命救助が可能となる。

(d)方策４：世界トップクラスの無人飛行船と無人航空機による島嶼の定点監視

尖閣諸島のような重要な島嶼の監視が問題となっている。哨戒機により24時間の監視が行われている島嶼は一部で、すべてをリアルタイムにカバーできていない。我が国は、すでに総務省／NICT、JAXAで、世界トップクラスの高度4kmの小型無人飛行船（全長68m）の製造・運用技術を保有しており、この技術を活用すれば島嶼の定点監視を行うことができる。当面は、小型無人飛行船と無人航空機が連携してリアルタイムの定点監視を行い、将来的には日本全土を7～8機でカバーできる高度20kmの成層圏飛行船による監視（見通し距離は、低高度飛行船で100km、成層圏飛行船で500km程度）を行う。図4-7に尖閣諸島における小型無人飛行船監視のイメージ図を示す。

(3) 世界の海洋分野における宇宙利用の動向

世界的に見て、海洋分野における宇宙利用には、海洋セキュリティ／海上交通／海洋環境・防災／海洋資源・エネルギーの4分野があるが、国家戦略上の要請と費用対効果の両面から見ると、「海洋セキュリティ」と「海上交通」が最も有効な利用分野である。

(ア) 海洋セキュリティ分野

国家・国民の安全・安心を守るという国家戦略の観点から最も重要な分野である。主なニーズとしては、「EEZの不審船監視」（北方領土、竹島、尖閣、沖ノ鳥島、東シナ海等）、「シーレーン監視」、「海賊監視」（マラッ

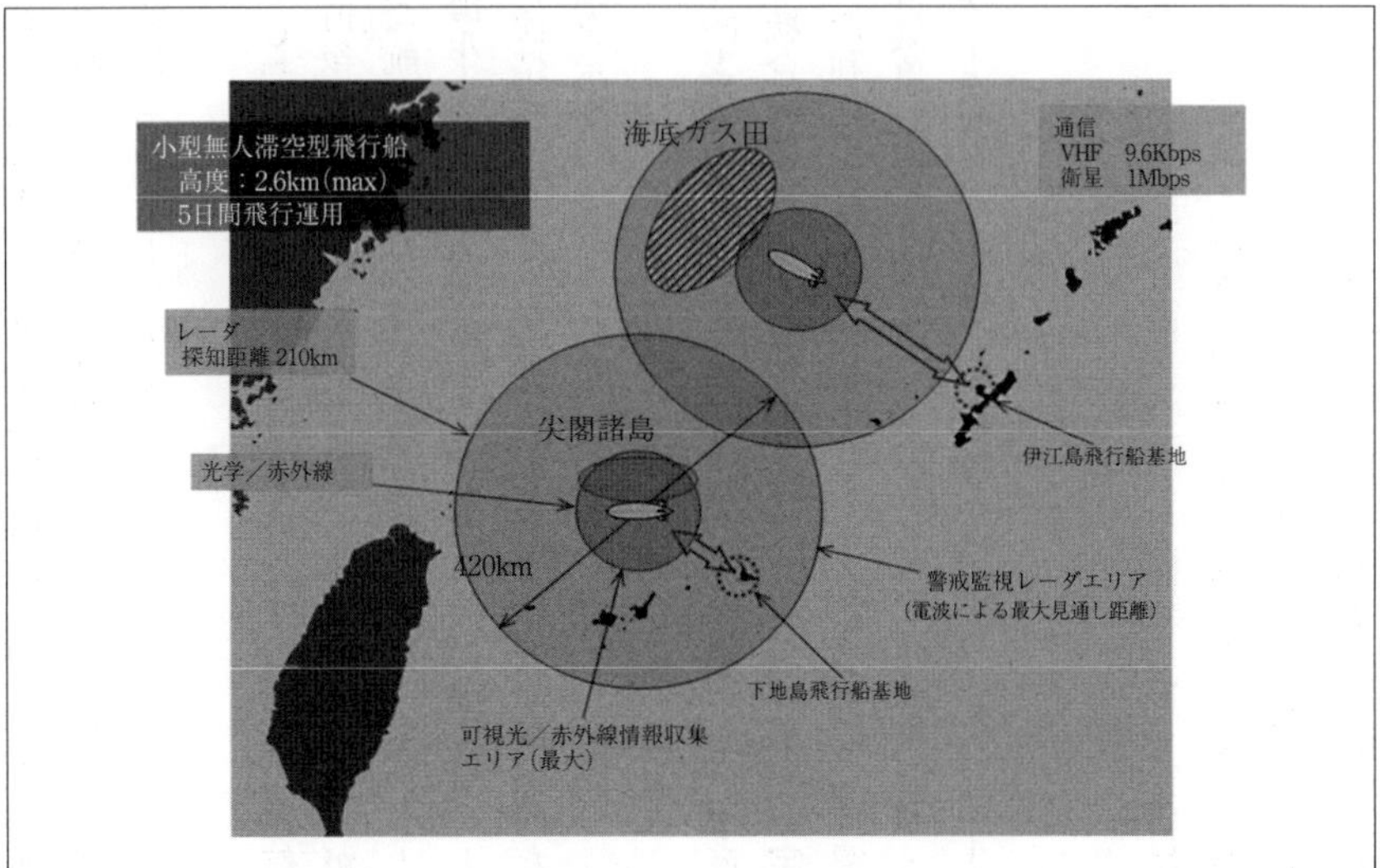

〔図 4-7〕尖閣諸島における小型無人飛行船監視のイメージ図（出所：筆者編集）

カ海峡やアデン湾)、「潜水艦等の艦船監視」等がある。これらを達成するには、宇宙技術が有効であり、通信衛星/測位衛星/画像衛星/超小型衛星/各種搭載センサ/無人航空機/無人飛行船/地上処理システム等高度な宇宙・航空技術が要求される。図4-8に、海洋セキュリティ利用のイメージ図を示す。

(イ)海上交通分野

国際的な海上交通監視システムとしては、インマルサットCやGPSを用いた外洋を航行する船舶の運航状況を見る長距離船舶識別追跡システム(LRIT)があるが、情報の種類と頻度が少なく、他国船籍の情報が不確実等の欠点があり自動船舶識別装置(AIS)情報を活用した航行監視システムが望まれている。主なニーズとしては、AISを用いた「効率的な航行状況の監視」、「北極海ルートの氷の監視」や「船舶事故の油流出ルート情報」、「海難事故・捜索救難・軍事物資・核・麻薬密輸等の物流情報」、「海上交通・レジャーの安全確保のための海洋情報」等がある。図4-9に、海上交通利用のイメージ図を示す。

(ウ)海洋環境・防災分野

衛星やブイから得られる海面水温、海流、塩分濃度、溶存酸素量等のセンサ情報を複合的に活用し、水産業に最適な生育環境を分析、予測し、魚場予測や水産資源管理を統合的に実現する利用分野であるが、単独で宇宙システムを構築しても費用対効果は小さく他分野と組み合わせた利用が望まれる。主なニーズとしては、地震による「津波や瓦礫監視」、「海洋ゴミ監視」、「海流・気象・異常気象監視」、油流出・水産資源・回遊魚資源・まぐろ資源・密漁等の「海洋環境監視」、その他海洋・海上気象データ収集、管理、解析等が挙げられる。図4-10に、海洋環境・防災利用のイメージ図を示す。

(エ)海洋資源・エネルギー分野

現状、GPSによる位置情報の利用以外ほとんど進んでいない。単独で宇宙システムを構築しても費用対効果は小さいため、海洋環境・水産利用分野で構築した風速・風向/波浪/海流・潮流速度・潮汐差/海表面温度/海底での反射波等のデータを活用することが望ましい。主なニーズとしては、メタンハイドレート、レアアース泥等の海底資源採掘のための「波浪、海流等の安全情報」、海洋エネルギー発電のための「風、潮流情報」等がある。

●海洋セキュリティ利用

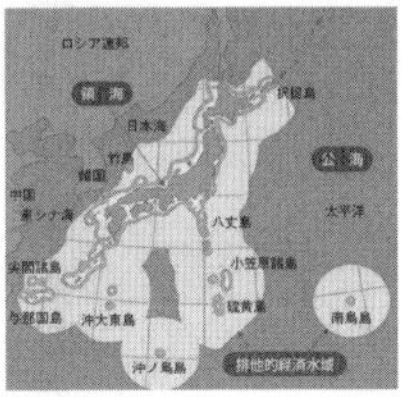

1．AISを活用した船舶の異常行動監視
2．密輸、密航、違法操業、不審船、海賊対策のための監視
3．日本の領海、離島、潜水艦、東シナ海の石油掘削監視

＜事例＞
この分野の宇宙利用は、国家・国民の安全・安心を守るという海洋監視という観点から最も重要である。通信衛星、測位衛星、画像衛星、超小型衛星、各種センサー、無人機、成層圏飛行船などあらゆる宇宙・航空インフラを活用することが望ましい。

〔図 4-8〕海洋セキュリティ利用のイメージ図（出所：筆者作成）

●海上交通利用

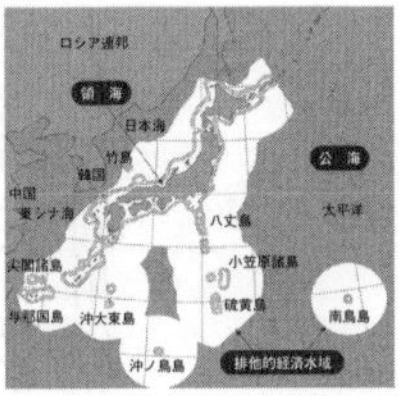

1．AISを利用した効率的な航行監視
2．北極海ルートの氷の監視、船舶事故の油流出ルート情報
3．海上交通、レジャーの安全確保のための海洋情報

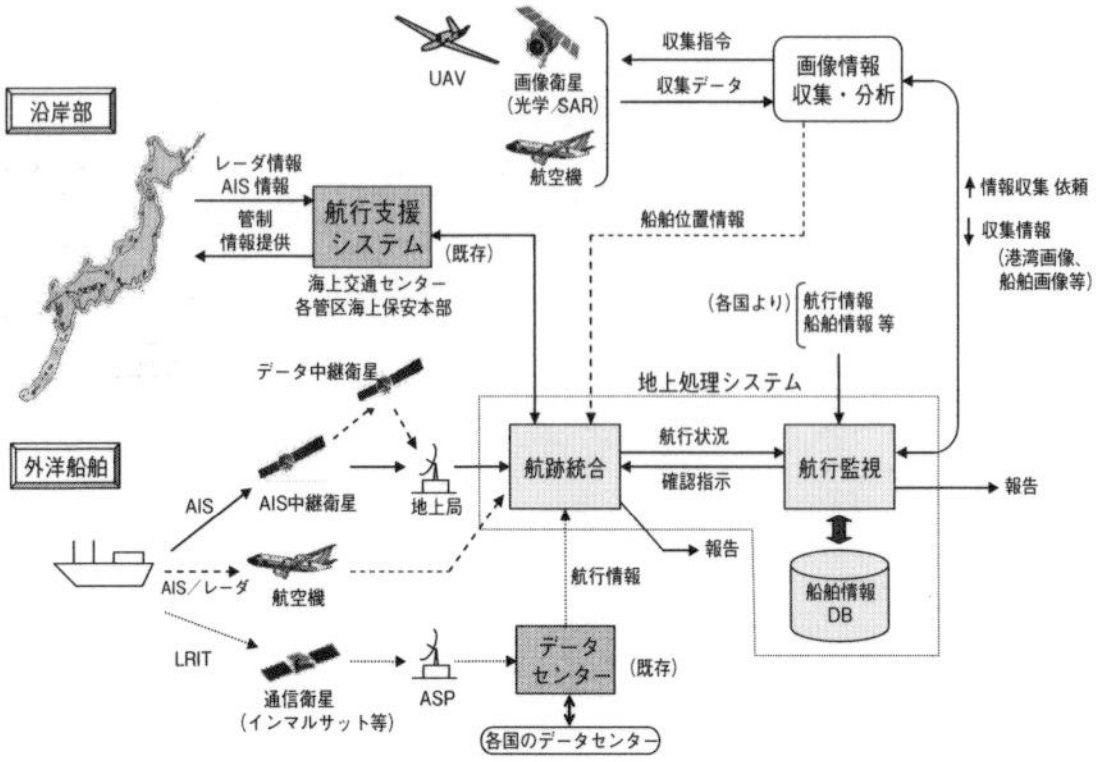

＜事例＞
外洋を航行する船舶の運航状況を見るシステムとして、インマルサットーC／GPSを用いたLRIT（長距離船舶識別追跡システム）が運用されているが、情報の種類と頻度が少なく、他国船籍の情報が不確実等の欠点があり、AIS（自動船舶識別装置）情報を活用した航行監視システムが望まれている。

〔図 4-9〕海上交通利用のイメージ図（出所：筆者作成）

海外では洋上風力発電が進んでおり、ドイツの海上技術安全研究所では海水を電気分解して作った水素と二酸化炭素からメタンを製造し輸送用代替燃料として供給し、国立環境研究所では、海水を電気分解して作った水素を消費地まで輸送する研究を行っている。図4-11に、海洋資源・エネルギー利用のイメージ図を示す。

●海洋環境・水産利用

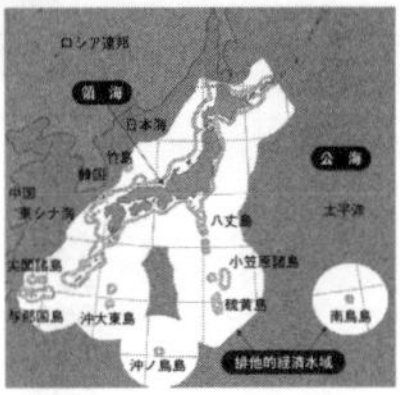

1．漁場の生産力増強のための情報提供
2．海洋ゴミの監視
3．海洋・海上気象データの収集、管理、解析

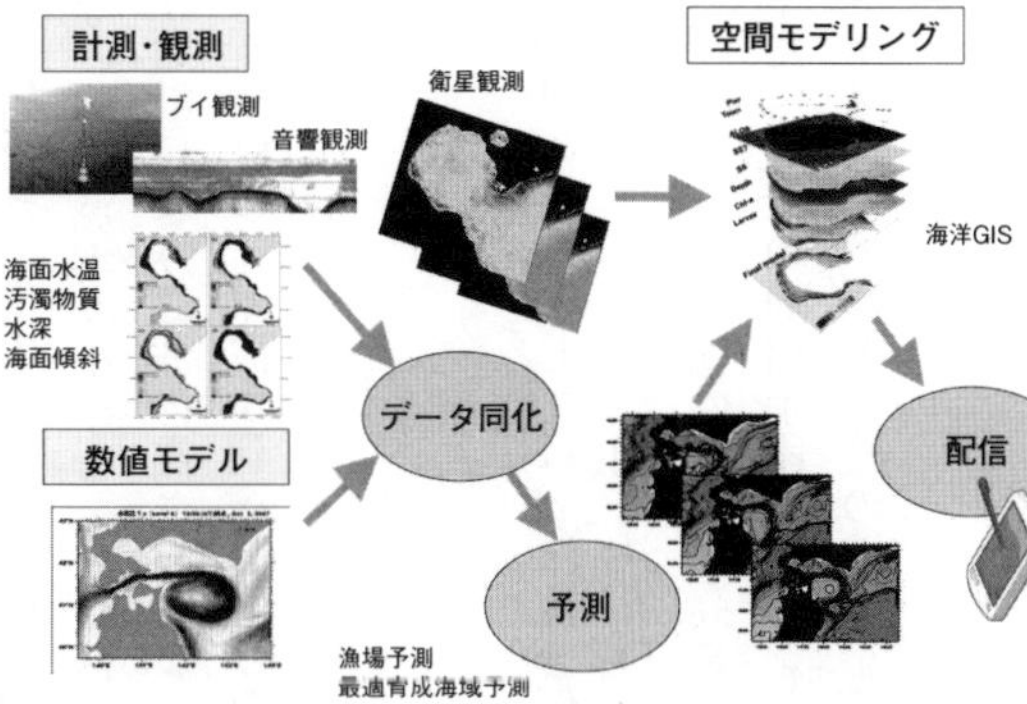

＜事例＞

衛星やブイから得られる海面水温、海流、塩分濃度、溶存酸素量などのセンサー情報を複合的に活用し、水産業に最適な生育環境を分析、予測し、魚場予測や水産資源管理を統合的に実現する。

〔図 4-10〕海洋環境・防災利用のイメージ図（出所：筆者作成）

●海洋エネルギー利用

1．海底資源採掘のための波浪、海流等の安全情報提供
2．海洋エネルギー発電のための風、潮流情報
3．衛星、無人機によるエネルギー、資源探査情報提供

（海洋エネルギー発電に必要とされるデータ）

海洋エネルギー資源	必要とされるデータ
洋上風力発電	風速、風向
波力発電	波浪
海流・潮流・潮汐発電	海流速度、潮流速度、潮汐差
海洋温度差発電	海表面温度
海洋石油ガス	海底での反射波

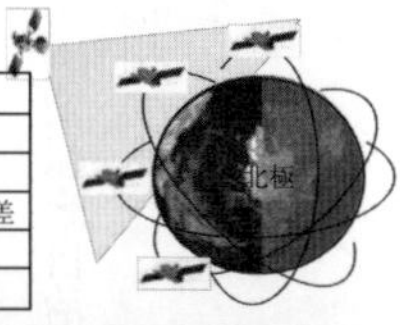

＜事例＞

この分野の宇宙利用は、GPSによる位置情報以外ほとんど進んでいないのが現状である。特にこの分野のための衛星システムを構築することは費用対効果上ペイしないため、海洋環境・水産利用分野で構築した右の表に示す「海洋エネルギーに必要とされるデータ」を流用することが望ましい。

（洋上風力発電／海上技術安全研究所）
⇒海水を電気分解して作った水素とCO_2から
メタンを製造し輸送用代替燃料として供給

（洋上風力発電／国立環境研究所）
⇒海水を電気分解して作った水素を消費地まで輸送

〔図 4-11〕海洋資源・エネルギー利用のイメージ図（出所：筆者作成）

4-5 大規模津波災害への対処

(1) 現状と課題

①現状

大規模災害には災害予知／災害発生／復旧・復興の三つのフェーズがある。災害予知フェーズでは現在のところ有効な対策はないが、災害発生フェーズでは、GPSや準天頂衛星の受信機を用いた津波計（洋上ブイ）と、海底に設置した圧力計により津波の高さがcmレベルで検知でき、スパコン「京」を利用して海底の地形データをインプットして解析すれば、津波が到達しそうな沿岸地域に津波の高さ、方向・到達時刻をリアルタイムに通報できる能力を有する。復旧・復興フェーズでは、衛星画像を利用した被災状況を把握し地籍の変動状況を把握することができる。

②課題

大規模災害への対処の課題としては、津波を例にとると次のようになる。

(a)災害予知フェーズでは、正確な予知方法を確立する。

(b)災害発生フェーズでは、地域別の津波の高さ・方向・到達時刻・避難場所情報を自治体・住民に連絡する体制を確立する。また、地上の通信手段がダウンしたときには衛星通信を活用する。

(c)復旧・復興フェーズでは、震災前後の情報をデジタル化し被災情報・インフラ情報・ライフライン情報を関係機関に配布する。

(2) 推進方策

これらの課題を解決するための推進方策を、図4-12に示す。

日本版NSCの下に防災センター機能を設置し、そこで通信衛星、画像衛星、測位衛星情報を一括収集し一元化するとともに、関係機関で情報を共有する。

＜利用の具体例＞

(a) 収集源

・通信衛星：（国内）JCSAT、BSAT、N-STAR、ETS-8、WINDS
（海外）インテルサット／インマルサット／グローバルスター／イリジウム

・画像衛星：（国内）IGS、ALOS、ASTER他
（海外）センチネルアジア衛星、国際災害チャータ衛星、イコノス、GEOEYE

・測位衛星：（国内）準天頂衛星、（海外）GPS衛星

(b) 配布・公開

取得したデータは、首相官邸（内閣官房）、関係府省庁、地方自治体、住民、被災者や民間に公開する。

(c) 世界との連携

世界からは、グローバルな防災データを入手し、日本からは、東アジアの防災データを・国連、米国、欧州、アジア・太平洋地域宇宙機関会議（APRSAF）に加盟しているアジア諸国に提供する。

(d) 具体的な推進方策

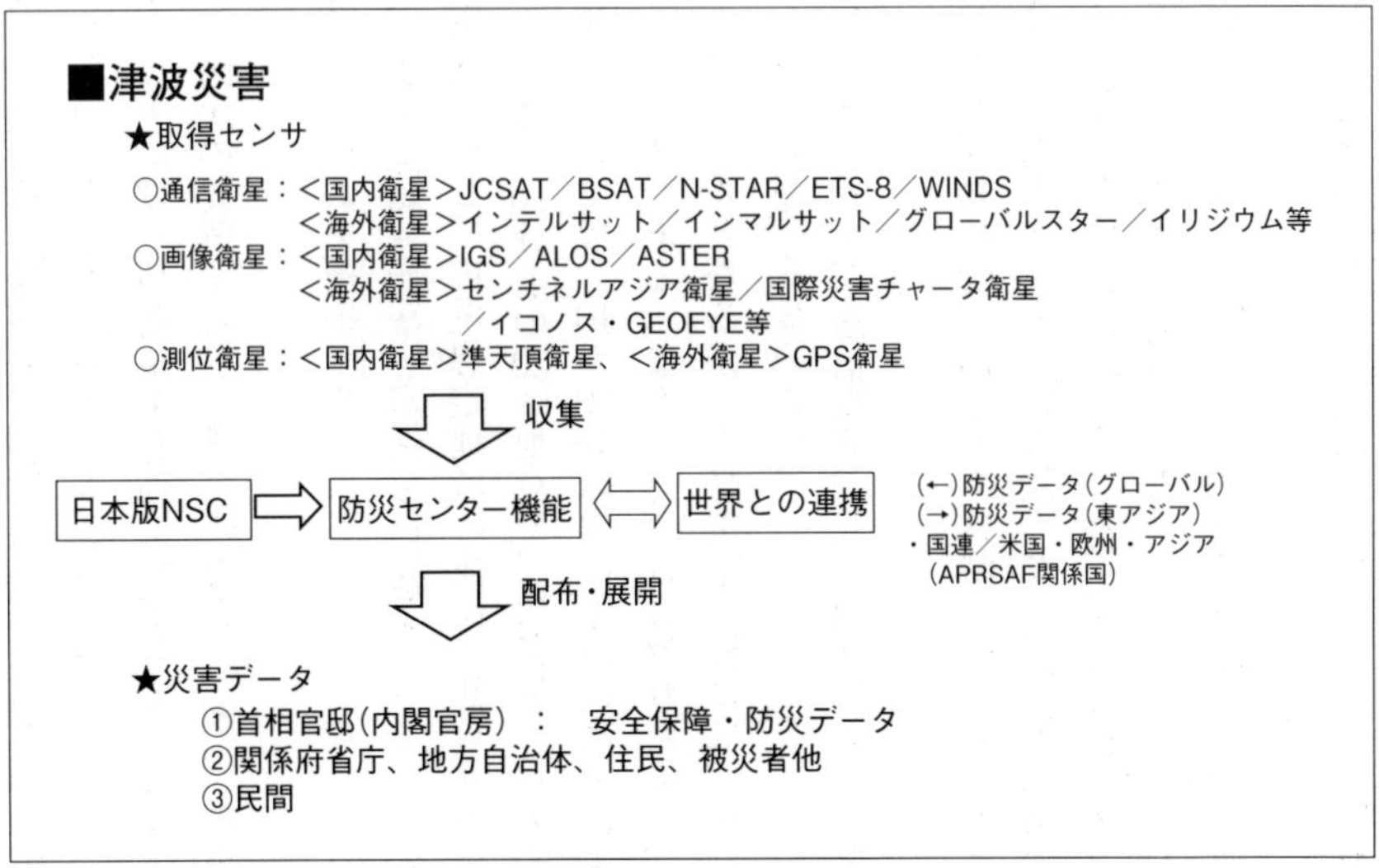

〔図 4-12〕大規模津波災害への対処（出所：筆者作成）

今回の15,894人超の死者の大半は、迅速に正確な津波の高さと到来時刻が伝えられなかったことに起因している。30分前に、自分の携帯電話に、いつ、どこに、どのくらいの高さの津波がくると通報があったら、少なくとも半数以上の人は適切な高台に避難できたと想定される。災害に役立つ衛星を有効に配備していれば1万人規模の人命は救え、災害不幸者を最少にできたと考えられる。国民の要望する「正確な津波警報」と、「震災時の携帯電話の使用」を解決するための方策を以下に示す。

＜方策1＞：準天頂衛星等を用いた正確なリアルタイム津波警報システムを構築する。

沿岸から100km地点と20km地点に洋上ブイを設置し、準天頂衛星等の高精度測位受信機を搭載することにより、正確な津波情報（波高・到達時刻）を算出し、直接個人の携帯電話を通して被災想定地域の住民に知らせる。発生時には巨大津波発生という注意勧告、30分前の100km地点で一次警報、10分前の20km地点で二次警報、将来的には退避地点まで指示できればベストである。なお、各地方自治体においては、10～30分以内に津波の高さにより退避できる場所を事前に住民に公開し、避難訓練をしておくことが重要である。また、万一逃げ遅れた場合、津波災害から身を守るためには、携帯電話、ライフベスト等が必帯のツールとなるが、携帯電話会社には、海に落ちても使える「防水性」と、生き延びるための「1週間持つバッテリー容量」を望みたい。

＜方策2＞：携帯電話を用いた準天頂衛星の被災者救済機能（簡易メッセージ送信機能、双方向通信機能）を有効に活用する。

準天頂衛星が必ず個人の天頂近くにくる性質を利用して、被災者が建物の影、山陰でも常時携帯電話が使えるようになり、早く救助すれば助かる人命を救うことが可能となる。「簡易メッセージ機能」とは、携帯電話の所有者に、災害情報や避難情報をきめ細かく提供することであり、「双方向通信機能」とは、被災者のSOSメッセージに対し、捜索機関等からの緊急通報（避難指令、救助予定の連絡）を行うものである。

＜方策3＞：超大型展開アンテナ衛星（地上・衛星共用携帯電話システム）を配備し災害時にも携帯電話が使えるようにする。

携帯電話が災害時にも使用でき早く救助すれば助かる人命を救うことができ、震災以外の利用としては船や個人の海難事故や山岳事故における緊急通信利用が考えられる。さらに、本システムは地震・津波観測／放射線モニタリングポスト、遭難信号、気象・雨量センサ等の自律型観測センサと組み合わせることにより、防災・環境情報を統合するプラットフォームとしての活用も可能となる。

4-6 自律的打ち上げ手段の確保

(1) 現状と課題

①現状

現在は、安全保障に係る衛星の運用を支える輸送系は、液体水素燃料技術でH-2A／H-2Bロケット、固体燃料技術でイプシロンロケット、炭化水素技術でLNGエンジン等を保有している。今後は、センサの小型・高性能化により衛星が小型化する傾向にあるため、小型衛星用の即応打ち上げシステムを構築し体制も整備する必要がある。また、我が国が保有しているエンジン技術を、国際プロジェクトへの参画や飛行実証等で有効に活用するとともに、世界と競争する主戦場を今世紀半ばととらえ、今世紀半ばに登場する化学燃料以外の宇宙輸送手段で日本は先頭に立つことを目指すべきである。

②課題

自律的打ち上げ手段の確保の課題としては、次のようになる。

(a) 自律性の確保では、我が国独自判断で必要なときに打ち上げることのできる能力を確立し、予期せぬ事態にも対応できる危機管理能力を持つことが重要である。

(b)安全保障では、政府の安全保障衛星を必要なときに確実に打ち上げる能力の確立と、即応性、簡易性、低廉性を有する実用ロケットを持つ必要がある。
(c)国際協力では、エンジン共同開発や有人探査・輸送等において主要なパートナーとして国際プロジェクトへ参加できるための世界一の技術力を持つことが必須条件となる。
(d)産業化では、宇宙に物を確実に安価に運ぶための輸送手段を構築することが重要であり、将来の簡易・高頻度・大量・低コスト輸送を実現する再使用型輸送システムの開発のためいまから要素技術の研究開発に着手しておく必要がある。

(2) 推進方策

これらの課題を解決するための推進方策としては次のようなものがある。
(a)我が国として取り組むべき宇宙輸送システムは次のようなものである。
・自律的な衛星打ち上げのための輸送システム：大型～小型ロケット、空中発射システム
・安全保障のための輸送技術：固体ロケット
・近未来の実用化・産業化に向けた輸送システムの要素技術開発：再使用型輸送機、
・国際協力として進める輸送システム：軌道間輸送機、有人輸送機、エンジン
(b)小型～大型までのシームレスな打ち上げのためイプシロンロケットの能力を向上する（例：太陽同期軌道1～1.5トン）。
(c)将来の輸送手段で日本がリーダーシップをとる方策を検討する。

4-7 自律性を考慮した射場

(1) 現状と課題

①現状

種子島に大型ロケット用射場、内之浦に固体ロケット用射場を保有しており、種子島は平和利用の射場として内之浦は純粋にロケットによる科学観測を目的として創設された歴史的な経緯があり、いままで十分機能を発揮してきた。しかし今後は、防衛用衛星の運用を支える戦略的な射場として事故が起きたときでも異なる射場から打ち上げられる自律性と、安全・セキュリティを考慮した新たな射場のあり方を検討する必要が出てきた。

②課題

自律性を考慮した射場の課題としては、次のようなものがある。

(a) 射場は各国とも戦略上の重要施設で、我が国としても地政学を考慮した新たなバックアップ射場を準備しておく必要がある。

(b) 種子島や内之浦は世界に例をみない狭隘な射場で、種子島は半径3kmに集落が近接し安全性や安全保障上の管理対策が不十分で内之浦も同様に民家が隣接している。

(c) セキュリティ確保の観点から原子力発電所と同じく海域からのテロ対策も必要である。

(2) 推進方策

これらの課題を解決するための推進方策としては次のようなものがある。

(a) 鉄道の複線化と同じく小型衛星は内之浦でも新たな射場でも打ち上げ可能な体制を構築する。

(b) 防衛用衛星の運用を支える射場として、新射場の建設・整備を含む地上系、技術基準の維持・向上を図る。

(c)アジア・太平洋圏に開かれた宇宙輸送センターの機能を構築し、日本の友好国の小型衛星が安価で打ち上げられ、最近米国で流行しているコマーシャルブローカー（注）を活用した商業打ち上げを行う。

（注）コマーシャルブローカーとはユーザと使用ロケット・射場を結ぶ旅行代理店のようなもので、衛星は主に衛星軌道での受け渡しとなる。

4-8 安全保障に係わる国の仕組みの構築（国の体制）

(1) 現状と課題

①現状

以上(1)～(7)の検討例を踏まえて、安全保障に係わる国の仕組みを整理すると、図4-13のようになる。今回、国家安全保障戦略と併せて「国家安全保障会議」と「国家安全保障局」が設置されることが決定された。「国家安全保障局」は、「情報収集機能」と「政策立案機能」の二つからなる。「情報収集機能」に要求される機能は、「最新情報の収集・分析」と「特定秘密保護法による情報管理」である。現在は、主に情報収集衛星（IGS）の画像データの収集であるが、今後は「日本版NGA情報」「SSA情報」「MDA情報」「防災情報」「軍事通信情報」についても取り扱う必要が出てくる。「政策立案機能」は、現在はないが今後必要となるシンクタンク機能で「国家戦略の立案」と「政策オプションの提示」の二つからなる。

②課題

安全保障に係わる国の仕組み構築のための課題としては、次のようなものがある。

(a) 情報収集機能の構築。

(b)「国家戦略の立案」と「政策オプションの提示」の二つからなる政策立案機能の構築。

(2) 推進方策

(a) 長期戦略の立案は、国家安全保障局と各分野の司令塔とが連携して行う。

(b) 国家安全保障局には、「国のシンクタンク機能」「英知の結集」「良質な情報」が求められ、オールジャパンで、OBを含む官僚の英知と現代の黒田官兵衛に相当する国家の最高人材を民間から結集することがポイントで必要不可欠である。

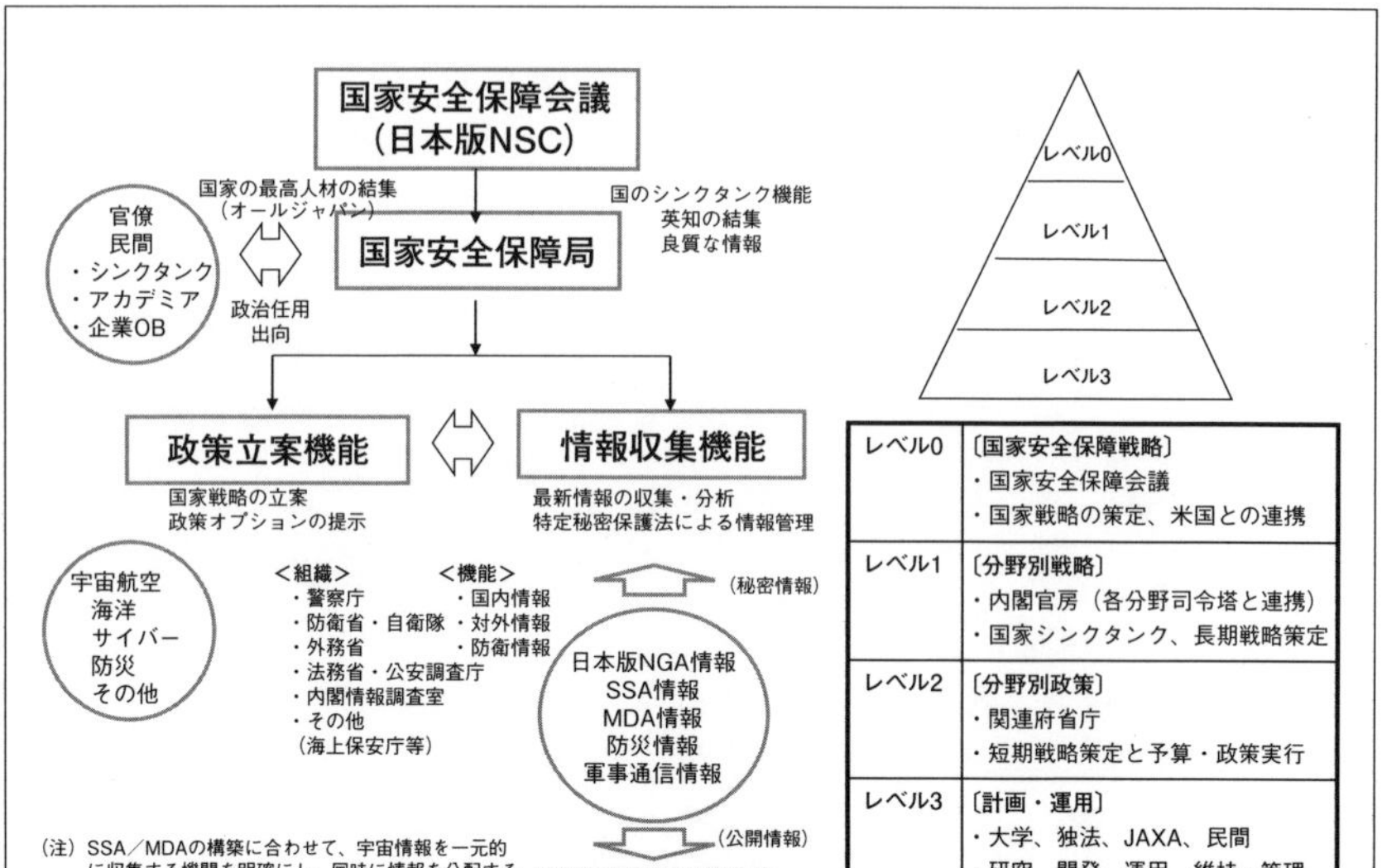

〔図 4-13〕国家の体制（安全保障に係わる国の仕組み）

5章

安全保障と
我が国の電磁サイバー戦略

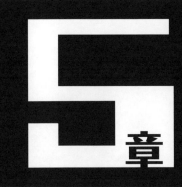

5-1 電磁サイバー攻撃の現状

(1) 概要

我が国のサイバー状況把握（CSA）の検討は緒に就いたばかりで、サイバーリスクへの対応は必ずしも十分であるとは言えない状況にあるが、政府を中心にサイバー関係者が知恵を持ち寄り、次のステップでサイバー対策を検討することが重要である。

①サイバー攻撃の現状を知ること。
②サイバー攻撃に備えること。
③サイバー攻撃から速やかに社会インフラが復旧できるようにしておくこと。

我が国においては、サイバー攻撃といえば個人・企業のPC等の民生分野の議論にフォーカスされているが、国家戦略上は、発電所、石油コンビナート、水道、ガス、自動車、鉄道等の重要社会インフラや、衛星、艦船、陸上車両、ヘリコプター、航空機、戦闘機、ドローン等の軍事インフラへのサイバー攻撃が最大の脅威となる。

2030年を展望すると、日本の社会は情報技術と機械化がますます進展することによる「便利さ」とサイバーテロの「リスク」が同居する社会となる。自動運転車がサイバーテロに乗っ取られると自動車は暴走し周囲の歩行者に多数の死者が出る。EMP（注）攻撃で発電所の制御装置が破壊されて大規模なエリアで電力供給が長期間ストップすると、企業・個人とも活動・生活が制限されるため社会はマヒし、復旧に何か月もかかり老人・病人等地方に移動できない生活弱者を中心に死者が多数出る。この状況はある意味で東日本大震災の被害を広域化したものであり文字通りサイバー戦争ともいえる。

（注）EMP：electromagnetic pulseとは、高高度核爆発や雷等によって発生するパルス状の電磁波のこと。

サイバー攻撃・防御の手法は日々進化し我が国の全産業分野をカバーする専門知識が要求されるため、国家戦略としてサイバー政策を進めるには米国と同様のサイバーに強い専門のシンクタンクの政策支援が必須である。産官学のオールジャパンで全産業分野の専門家が集まって取り組まない限り、将来日本を襲うサイバー攻撃に対処できない。サイバー攻撃の被害は「東日本大震災」以上になる可能性が高く、「このようなサイバー攻撃は想定外であった」と言わないようにしたいものである。

安保法制の実現にも寄与するMDAシステムの理想像は、首相官邸で総理大臣が尖閣諸島、南沙諸島等、地球儀で見たい地域をクリックするとリアルタイムの画像がスクリーンに映し出されることであるが、CSAシステムの理想像は、世界中の日本人が活動する地域において、陸海空・宇宙等あらゆるセンサ情報とGISデータを連携して、敵国やテロの発信源、兵器含む発信装置や攻撃状況、電磁環境レベルが首相官邸でリアルタイムに表示されることである。

⑵サイバーセキュリティの必要性

近年、あらゆる物がインターネットを通じてつながることによって実現する新たなサービスを提供するIoT時代や人工知能（AI）時代の到来とともに、個人はもとより官公庁、企業等へのサイバー攻撃による被害がマスコミをにぎわしている。民生分野においては、社会のデジタル化の流れのなかで、情報通信技術（ICT）がこれまでの業務・情報システムのオフィス内での活用の域を超えて工場や現場、製品に組み込まれる一方、悪意を持ったサイバー攻撃や内部の利用者の誤謬や犯行等によって、情報や資産の保護、事業継続性や社会の安全、安心を脅かすリスクが高まっている。たとえば、M&A等事業のグローバル化が加速し、生産拠点、研究拠点が海外に進出することで操業ノウハウ、設計情報等の機密情報が漏えいし、工場の自動化やネットワーク化が進むことで情報セキュリティ事故が社会インフラや工場、プラントの安全、環境保全を脅かす事態に発展するといったリスクが高まっている。

安全保障分野においては、我が国を取り巻く環境が変化し、中国の接近阻止（A2：Anti Access）／領域拒否（AD：Area Denial）の脅威として、軍事ドクトリンに基づくサイバー攻撃、電子攻撃、長射程化・精密誘導化された次世代対艦ミサイル攻撃や、北朝鮮・中国・テロリスト等の核兵器を衛星に搭載した高高度ＥＭＰ（ＨＥＭＰ）攻撃や非核ＥＭＰ兵器による攻撃が大きな脅威になっている。

(3) 最新のサイバー攻撃の現状

（ア）サイバーと国家安全保障戦略

平成25年12月、安全保障分野の国家戦略である「国家安全保障戦略」が閣議決定された。概要は、次の通り。

①基本理念

・我が国は平和国家としての歩みを堅持し、国際政治経済の主要プレーヤーとして我が国の安全およびアジア太平洋地域の平和と安定を実現しつつ国際社会の平和と安定、反映の確保にこれまで以上に積極的に関与していくこと。

②課題

・「パワーバランスの変化および技術革新の急速な進展」、「大量破壊兵器拡散の脅威」、「国際テロの脅威」、「グローバルコモンズに関するリスク」、「人間の安全保障に関する課題」、「リスクを抱えるグローバル経済」等。

③推進のポイント

・リスク：情報の自由な流通による経済成長やイノベーション推進に必要なサイバー空間の防護とサイバーセキュリティの強化

・必要なシステム：サイバー状況把握（ＣＳＡ：Cyber Situational Awareness）

（注）ＣＳＡという表現は、SSA/MDA に倣った筆者の造語で我が国ではまだ認知されていない。

（イ）サイバーと宇宙空間

米空軍が考えている「宇宙空間からの脅威」は六つからなり、これらはサイバー攻撃と密接にリンクしている。

①地上システムへの攻撃：地上設備、地上インフラに対する攻撃

②無線（ＲＦ）ジャミング：衛星との通信リンクに関する電波干渉

③レーザ攻撃：レーザによる衛星の干渉、性能劣化、破壊
④ＥＭＰ：強力な電磁波による衛星、地上システムの性能劣化、破壊
⑤衛星攻撃（ＡＳＡＴ）：ミサイル等の運動体による衛星の性能劣化、破壊
⑥情報操作（ＩＯ）：コンピュータシステムへの介入による衛星乗っ取り、データ横取り

これらの「脅威への対策」は、下記に示すように、「ＤＣＳ：Defensive Counter Space（宇宙防勢）」と「ＯＣＳ：Offensive Counter Space（宇宙攻勢）」の二つからなる。

①ＤＣＳ
・地上システムのカムフラージュ、欺瞞、電波干渉・妨害への対応、衛星自体の強化等の「パッシブな対抗措置」
・攻撃の探知・特質・武器の識別、脅威位置の特定、対抗手段の決定等の「攻撃の探知・分析」
・衛星軌道の変更、アンチジャミングや暗号変更等のシステム構成の変更、敵能力抑圧のためＡＳＡＴの攻撃、敵ＯＣＳの無力化、ハード・ソフト・通信リンクの冗長性等の「アクティブな対抗措置」

②ＯＣＳ
・Detection（欺瞞）、Disruption（混乱）、Denial（拒否）、Degradation（劣化）、Destruction（破壊）という「五つの効果」
・衛星への攻撃、通信リンクへの攻撃、衛星管制・地上局・射場施設の攻撃、戦略的攻撃のためのC4ＩＳＲシステムへの攻撃、民間や他国プロバイダに対する攻撃等の「ターゲット」

（ウ）サイバー空間の脆弱性

サイバー空間の脆弱性を民生分野と軍事分野におけるサイバー空間の脅威に分けると、次のようになる。

(a)民生分野における脅威の例

①情報システム

組織構造や個人情報を調査した上で、対象を狙い撃ちする独自開発のコンピューターウイルスを送り込むため、既存のウイルス対策ソフトでは防御できない場合が多い。持続型標的型攻撃で、２０１０年ごろから産業スパイや軍・諜報機関によると思われる行為が表面化しはじめ、注目されるようになった。

②制御システム（組み込み機器）

制御システム製品の脆弱性は２０１１年以降急増しており、インターネットに接続されたセキュリティが考慮されていない自動車、デジタル複写機、スマートテレビ、ホームオートメーション家電、医療機器、監視カメラシステム、のような組み込み機器（ＩｏＴ）は、サイバー攻撃の可能性が高い。

＜自動車の例＞

・近距離無線通信（Bluetooth）、携帯ネットワーク等による遠隔ハッキング

・耐ノイズ性の強化を考慮して設計され、相互接続された機器間のデータ転送に使われる規格であるＣＡＮバス標準の認証機能欠如による電子制御装置（ＥＣＵ）への攻撃のための正規メッセージの挿入

・ハンドル、ブレーキ、加速、表示の制御奪取

③無線システム

認証機能のない衛星通信端末装置、ＧＰＳ受信機、自動船舶識別装置（ＡＩＳ：Automatic Identification System）送信機、ソフトウェア無線（ＳＤＲ：Software Defined Radio）による無線システムは、サイバー攻撃の可能性が高い。

＜ＡＩＳの例＞

・ＡＩＳプロトコルに認証機能が組み込まれていないという認証の欠如

・どの場所からでも他の場所にいる船舶のＡＩＳメッセージを送信できるという妥当性確認の欠如

・メッセージにタイムスタンプ機能がないため既存のＡＩＳ情報のコピーができるという完全性チェックの欠如

④ＵＳＢデバイス

コンピュータ等の情報機器に周辺機器を接続するためのシリアルバス規格の一つであるＵＳＢデバイスにリバースエンジニアリング、再プログラミングして不正コードを挿入すれば、ウイルス検知ソフトに検知されることなく種々の攻撃ができる。リスクとしては、ＵＳＢメモリによるユーザ監視、マルウエアのインストール、ネットワーク設定による攻撃者のＤＮＳサーバーへの誘導、ＰＣのインターネット通信の傍受、等がある。

（注）DNS（Domain Name System）とは、インターネット等のTCP／IPネットワーク上でドメイン名やホスト名とIPアドレスの対応関係を管理するシステムのこと。

⑤サプライチェーン

上流サプライチェーンのリスクは、半導体業界の工場をもたないファブレス供給モデルで、下流サプライチェーンのリスクは、アセンブリ段階におけるトロイの木馬等のマルウェアの組み込み、流通段階における完成品の偽造ハードウェアの混入、等がある。

(b)軍事分野における脅威の例

①核兵器によるHEMP攻撃（注）の脅威

人員殺傷・建造部破壊を引き起こさない高高度における核爆発によって生じる強力な電磁パルスを利用して社会インフラの電力システム、電子機器、コンピュータ、電気・電子系統を広域にわたり損傷・破壊する。

（注）HEMP攻撃とは、核爆発の高度によるが地上数百キロメートル以上にわたり電気・電子機器が破壊する攻撃のこと。電気系統が使えないため復旧には長期間を要し、最悪飢餓や疾病が発生し多くの人が死の危険に陥る。1発の核爆発でも瞬時に広大な地域に甚大な被害を及ぼすため、東アジアの特定国家はすでにHEMP攻撃能力を獲得・保有している可能性が高く、テロリストによるHEMP攻撃の可能性もある。

②A2／AD脅威におけるサイバー脅威

米軍の「統合作戦接近構想」によると、A2／AD脅威は次のようなもので、我が国のネットワーク中心の戦いであるNCW能力を阻害する最大の脅威は、サイバー攻撃、電子攻撃、ASATである。

(a) A2脅威

・指揮統制および重要インフラへのサイバー攻撃、ASAT、対鑑弾道ミサイル・対鑑巡航ミサイル攻撃、目標標定情報を提供する長距離ISR能力、特殊作戦部隊、テロリスト

(b) AD脅威

・指揮統制へのサイバー攻撃、電子攻撃、航空戦力、精密誘導兵器による攻撃、UAV・UUV等の無人ビークルによるISR能力、海上、海中、機雷戦能力、化学および生物兵器、陸上機動部隊、特殊作戦部隊

(c) 疎外される能力(リスク)

・指揮統制・通信、ISR、GPS、電力、通信等の重要インフラ

5-2 電磁サイバー攻撃・防御技術

(1) サイバー攻撃の手法

A2/AD環境下におけるサイバー空間の脅威は、表5-1のようになる。

(2) APT攻撃の事例

A2/AD環境におけるサイバー攻撃には、電磁波利用およびUSBメモリ経由を含むAPT攻撃、制御システム脆弱性攻撃、インサイダー攻撃、サプライチェーン攻撃および、超EMP核兵器、非核EMP兵器、ASAT兵器、衛星制御局攻撃を含むネットワークアクセス阻止攻撃がある。

(ア) 国内のAPT攻撃の事例

・2012年：JAXA、農林省、特許庁、原子力安全基盤機構、財務省へのAPT攻撃やマルウエアバックドアによるデータ送信等

・2013年：トヨタ等の大手ポータルサイト、中規模サイト閲覧ユーザ層へのマルウエア感染と情報搾取、遠隔操作

〔表 5-1〕A2 ／ AD 環境下におけるサイバー空間の脅威

No	区分	サイバー攻撃の手法
1	民生分野	① APT 攻撃（注 1）の増大および巧妙化 ②制御システムの脆弱性攻撃 ③組み込み機器（IoT）に対する攻撃の増加 ④クラウドへの攻撃の本格化 ⑤モバイル端末への脆弱性攻撃 ⑥インサイダー攻撃 ⑦ OS の発展に伴うサイバー攻撃技術の進化 ⑧ハクティビズム（注 2）とアノニマス活動の活発化 ⑨ SNS を利用した攻撃 ⑩ゼロディ攻撃（注 3） ⑪電磁波攻撃（IEMI）
2	軍事分野	① DDoS 攻撃（注 4） ② USB メモリおよび電磁波経由の APT 攻撃 ③制御システムの脆弱性攻撃 ④インサイダー攻撃（注 5） ⑤サプライチェーン攻撃（注 6） ⑥対衛星攻撃兵器、衛星制御局サイバー攻撃 ⑦高高度 EMP（HEMP） ⑧電磁パルス攻撃（非核）

（出所：関連情報より筆者作成）

（注 1）APT（Advanced Persistent Threat Attacks）攻撃とは、特定の組織や個人に対して、複数の手法を用いて継続的に行われる一連のサイバー攻撃の総称。標的型メールやソーシャルエンジニアリング等様々な手法を組み合わせ、情報の不正取得や破壊行為等目的が達成されるまで執拗に繰り返される。

（注 2）ハクティビズム（Hacktivism）とは、アクティビズム（activism：積極行動主義）とハック（hack）を組み合わせた造語で、政治的な意思表示や政治目的の実現のためにハッキングを手段として利用する行為、行動主義的傾向を指して用いられる。

（注 3）ゼロディ脆弱性とはソフトウェア製品の脆弱性およびベンダーが公表していない脆弱性のことでゼロディ攻撃はベンダーにより当該脆弱性が公表されるまで継続する。

（注 4）DDoS攻撃とは、複数のネットワークに分散する大量のコンピュータが一斉に特定のネットワークやコンピュータへ接続要求を送出し、通信容量をあふれさせて機能を停止させてしまう攻撃のこと。

（注 5）インサイダー攻撃とは、「インサイダー」（内部の人間）による企業 IT システムへの攻撃のこと。

（注 6）サプライチェーン攻撃とは、ソフトウェアやハードウェアの製造過程で製品にマルウェアを感染させる攻撃のこと。

・2014年：日本原子力研究開発機構の高速増殖炉もんじゅの事務用PCのマルウエア感染とマルウエアバックドアによるデータ送信
・2015年：日本年金機構を含む政府・行政機関、日本のあらゆる分野の企業、地方自治体、公益団体へのAPT攻撃

（イ）軍事施設等へのサイバー攻撃の事例

①C4ISR技術
・1999年：セルビア軍防空システムへの不正アクセス・改ざん
・2007年：航空攻撃に合わせたシリア軍防空システムへの電磁サイバー攻撃
・2011年：イランサイバー軍による米軍無人偵察機（RQ-170）への電磁サイバー攻撃
・2014年：クリミアのウクライナ領空でのロシアによる米軍無人偵察機（MQ-5B）への電磁サイバー攻撃

②兵站システム
・1999年：コソボ紛争時のNATO側システムへのDOS攻撃および電子メールによるウイルス攻撃
・2007年：米国防総省コンピュータシステムへの不正アクセス

③重要インフラ
・1999年：ロシア・ガスプロムのへのサイバーテロによるパイプライン制御システムの破壊
・2001年：米カリフォルニア州の電力会社の電力網システムへの不正アクセス
・2003年：米オハイオ州の原子力発電所制御システムのワームによる停止
・2010年：イラン核施設へのStuxnetによるUSBメモリ経由のAPT攻撃

④政府システム
・2004年：日本政府機関ウェブサイトへのDOS攻撃
・2008年：グルジア紛争時のグルジア政府への大規模DDOS攻撃
・2011年：日本の衆議院、参議院、政府機関へのAPT攻撃

⑤防衛関連企業

・２００８年：米軍需企業等への不正アクセスおよびＦ３５の機密情報等の搾取

・２０１１年：日本の防衛関連企業へのＡＰＴ攻撃

（ウ）ＨＥＭＰ攻撃の脅威

核兵器によるＨＥＭＰ攻撃とは、人員殺傷・建造部破壊を引き起こさない高高度における核爆発によって生じる強力な電磁パルスを利用し、社会インフラの電力システム、電子機器、コンピュータ、電気・電子系統を広域にわたり損傷・破壊するものである。

（エ）まとめ

これら電磁サイバー攻撃の種類、標的、情報セキュリティリスクをまとめると、表5-2のようになる。

⑶サイバー攻撃の技術

（ア）サイバー攻撃のプロセス

サイバー攻撃の歴史を見ると、１９８０年代にパスワードの読み取り、バックドアが、１９９０年代に自動スキャン、E-mail 攻撃が、２０００年代にはDDOS攻撃、ＡＰＴ攻撃（ゼロディ攻撃、フィッシング）が、２０１０年代になるとモバイルやクラウドのマルウェア等の技術が開発された。サイバー攻撃プロセスは、表5-3に示すように、偵察、走査、アクセス、エスカレーション、情報窃取、攻撃、維持、混乱、からなる。

（イ）サイバー攻撃技術

サイバー攻撃技術は、表5-4、表5-5に示す論理兵器、物理兵器からなる。

⑷サイバー防御の技術

現在、最大の脅威であるＡＰＴ攻撃は現状の防御技術では完全に防御できないため、情報セキュリティ管理に基づく脅威および脆弱性の状況認識を行うセキュリティ常時監視が必要である。また、ＡＰＴ攻撃やサプライチェーン攻撃の防護能力の向上のために革新技術の研究開発が行われている。表5-6に、サイバー攻撃の種類と防御技術を示す。

〔表 5-2〕サイバー攻撃の概要

No	サイバー攻撃	標的	情報セキュリティリスク（影響）
1	インサイダー攻撃	人的組織	欺瞞、擾乱
2	APT 攻撃 ・データ・ポリシー改ざん	任務層	指揮統制中断、行動操作
3	APT 攻撃 ・悪意のモバイルコード、混合攻撃	AP 層	誘発エラーおよび故障
4	APT 攻撃 ・ウイルス、ワーム、トロイの木馬	OS／ ネットワーク層	サービス不能、情報搾取
5	サプライチェーン攻撃 ・ハードウェアバックドア	HW／ システム層	不正機能起動、性能低下
6	ネットワークアクセス阻止攻撃、制御システム脆弱性攻撃	装備、装置および通信回線	通信停止

（出所：Air Force Cyber Vision 2025 他）

〔表 5-3〕サイバー攻撃プロセス

No	プロセス	概要
1	偵察	・目標環境に関する具体的レベルの情報収集 ・ソーシャルエンジニアリングによる共有パスワードの収集
2	走査	・アプリケーションの詳細情報と OS のシステム情報の走査 ・データベースバージョン、ユーザ名、バッチ情報等による脆弱性の識別
3	アクセス	・特権アクセス権限奪取による種々のツールと手法の使用 ・不正 Web サイト誘導、電子メール・USB
4	エスカレーション	・特権アクセス権限のエスカレーション ：高位レベルへの拡大、同一レベルのアカウントへの拡大
5	情報窃取	・収集情報をバックドア通信のため外部からアクセスできる場所へ移動 ・収集情報を外部の指揮統制（C&C）サーバーへの直接通信
6	攻撃	・欺瞞、中断、拒否、低下、破壊等の攻撃
7	維持	・特権アクセス権限奪取後の将来アクセス維持のためのアクセス環境の再構成
8	混乱	・侵入証拠の隠蔽、削除、調査者による誤探知

（出所：Cyber Warfare Techniques Tactics and Tools for Security Practitioners, Jason Andress, Singress2011）

〔表 5-4〕サイバー攻撃技術（論理兵器）

No	プロセス	ツール
1	偵察	①一般情報収集 ・Web サイト、Google、Hacking、個人情報検索、SNS ②ドメイン名簿、DNS 検索 ③ホスト検索エンジン、メタデータ収集、大量情報収集
2	走査	①セキュリティスキャナー、脆弱性スキャナー ② Web AP 脆弱性検索エンジン
3	アクセス、 エスカレーション	①ステルス攻撃、パスワードツール、ファジングツール ②脆弱性攻撃自動化ツール、攻撃者向け AV 走査サービス
4	情報窃取	①超小型可搬媒体、暗号化およびステガノグラフィ ②共通プロトコル使用（HTTP、各種電子メールプロトコル）
5	攻撃	①ソフトウェア攻撃（コマンドツール、マルウェア） ②ファームウエア攻撃（遠隔書換、ドライバ改ざん）
6	維持	①正規アクセス追加 ②バックドアインストール
7	混乱	①位置混乱、ログ走査、ファイル走査・目標システム上に自己ファイルを隠蔽、システム構成ファイルのタイムスタンプ改ざん

（出所：関連情報より筆者編集）

〔表 5-5〕サイバー攻撃技術（物理兵器）

No	区分	項目と概要	備考
1	サプライチェーン攻撃	①偽造ハードウェア ・中古チップ等を用いて製造した偽造ハードウェア ②ハードウェアバックドア ・IC チップ、セキュリティ脆弱性を有するマシンにハードウェアバックドア組込み	性能低下 不正機能の起動
2	侵入電磁波攻撃	① HEMP ・地上約 40km 以上の大気圏外での核爆発に伴う広帯域スペクトラムのエネルギーからなる電磁パルス ・立ち上がり約 2-3ns のパルス波および直流～ 300MHz 程度の周波数スペクトラム ・地上での電界強度：約 50kv/m ② EMP 弾 ・軍用機搭載用のマイクロ波インパルス信号（1-10GHz）を照射する電子回路破壊弾 ③マルクスジェネレータ型 EMP ・大型コンデンサ／コイルを組み合わせた EMP ④ HPM（注 1）	ネットワークアクセス阻止
3	電磁サイバー攻撃	電磁波利用 ①航空ネットワーク攻撃システム ・敵の防空システムへの電磁波利用の侵入による情報監視、制御奪取、欺瞞 ② TECWD（Tactical Electromagnetic Cyber Warfare Demonstrator） ・有線ネットワークへの電磁波利用による情報挿入および情報窃取	情報挿入 （欺瞞･擾乱･捜査） 情報窃取
4	漏洩電磁波攻撃	TEMPEST（注 2） ・情報通信機器が放出する非意図的な電磁信号（漏洩電磁波）を傍受して、PC 等の情報端末のモニタ画面情報、プリンタの印字情報、キーボードの入力情報等を盗聴	情報窃取

（出所：関連情報より筆者編集）

（注 1）HPM（High Power Microwave）とは、高性能のマイクロ波で、高度にエレクトロニクス化された電子兵器を狂わせるものとして軍事利用される。

（注 2）TEMPEST（Transient Electromagnetic Pulse Surveillance Technology）とは、コンピュータや周辺機器から発せられる微弱の電磁波を監視する技術のこと。

〔表 5-6〕サイバー攻撃の種類と防御技術

No	脅威	防護	検知・分析	対応	復旧	インシデント後処理
1	インサイダー攻撃	特権アクセス管理	インサイダー監視	インシデント対応自動化	サイバー耐性向上	知識管理
2	APT 攻撃	・ファイアウォール ・ネットワーク型 IPS（注 1） ・プロシキフィルタ ・パスワード強化 ・暗号化 ・バッチ処理 ・移動目標 ・テーラー化信頼空間 ・サイバー耐性向上	・ネットワーク型 IDS（注 1） ・ホスト型 IDS ・Web 分析 ・マルウェア検知 ・脅威の状況認識 ・脆弱性管理 ・構成管理 ・資産管理 ・サイバー耐性向上	・インシデント対応自動化 ・サイバーセキュリティ情報交換の標準化	サイバー耐性向上	知識管理 サイバーセキュリティ情報交換の標準化
3	サプライチェーン攻撃	・集積回路安全化 ・セキュアブート ・SCRM 標準化	・SCRM（注 2）の標準化		サイバー耐性向上	知識管理
4	ネットワーク阻止攻撃および制御システム攻撃	・耐 EMP ／ HEMP ・耐 TEMPEST ・冗長化・制御システムのバッチ管理 ・サイバー耐性向上	・ネットワーク管理 ・制御システムのセキュリティ常時監視 ・サイバー耐性向上	・インシデント対応自動化	サイバー耐性向上	知識管理

（出所：関連情報より筆者編集）

（注 1）IDS（Intrusion Detection System）とは、侵入検知システムのことで、サーバやネットワークの外部との通信を監視し、攻撃や侵入の試み等不正なアクセスを検知して管理者にメール等で通報するシステム。これに対し IPS は Intrusion を Prevention（防御）するシステム、すなわち侵入防御システムと呼ばれる。

（注 2）ソーシャル CRM とはソーシャルメディアを用いた顧客管理のこと。

5-3 重要社会インフラの脅威

(1)重要な社会インフラとは

米国の国土安全保障に関わる科学技術研究開発に「重要な社会基盤防護ＣＩＰ（Critical Infrastructure Protection）」がある。ＣＩＰは、テロや天災等何らかの災害を想定して複数の社会基盤が関与する障害や復旧に関して種々のシミュレーションを行い、統一的な評価モデルに基づいて対策に関する効用を為政者に提示し、為政者の意思決定を支援するコンピュータシステムを構築するプロジェクトである。具体的には、テロや災害が発生した場合の影響の程度、回復までに要する時間、政策上の別の選択肢や別の対応による結果の予測、被害を軽減するための最も効果的な選択肢、脅威の程度と脆弱性を検討することで、最も危険な領域、どのような投資・被害の軽減策・研究上の戦略が全体的なリスクを軽減するために最も効果的か、といった問いに的確な答えを導くものである。

ＣＩＰプロジェクトでは、農業／金融機関／化学物質・危険物／産業基盤／緊急対応施設／エネルギー／食料／情報通信網／郵便・運送／公衆衛生／交通／水道、の12分野が重要な社会インフラ（注）として挙げられている。

（注）日本の重要社会インフラは、情報通信／金融／航空／鉄道／電力／ガス／政府・行政サービス／医療／水道／物流／化学／クレジット／石油の13分野。

(2)重要な社会インフラに対するサイバー攻撃の影響力

日本貿易振興機構（ＪＥＴＲＯ）レポートによると、エネルギー、金融、輸送機関、通信等の重要インフラへのサイバー攻撃は、２０１３年に米国国土保安省（ＤＨＳ）で257件が報告された。このうち56％がEnergy、38・15％がCritical Manufacturing、13・5％がWater、12・5％がInformation TechnologyとTransportation、10・4％がNuclear

とCommunications、9・4％がGovernment Facilitiesで、攻撃の種類は不正アクセス、マルウエア、フィッシング等多様であった（この傾向は今後の我が国のサイバー攻撃についても同様の比率になると想定される）。以下に、重要な社会インフラに対するサイバー攻撃の具体例を紹介する。

①意図的電磁妨害

意図的電磁妨害は、ＩＥＭＩ（注）と呼ばれ、テロや犯罪目的で意図的に悪意のある電磁エネルギーを発生させて電気・電子システム内にノイズや信号を送り込み、システムの破壊や混乱、損傷を狙うものである。今日では強力な半導体素子により非常に短いタイムドメインパルス内で高いレベルのピーク電力を生成する電磁兵器の開発が可能になり、最近の民生電子機器やコンピュータはＧＨｚ帯域のクロック・スピードと低い内部動作電圧のマイコンを使っているため、当該周波数と電圧範囲内で電磁妨害や損傷に対して潜在的な弱点を有している

（注）ＩＥＭＩ（intentional electromagnetic interference）とは、意図的な電磁波妨害のことで対象とするＩＴ機器を誤動作・破壊することを目的として高周波大電力送信機を使用して攻撃することをいう。発生手段としては「高高度爆発」の利用、兵器としては「E-Bomb」等がある。

②電磁妨害の二つのカテゴリ

・放射：放射電磁界は電磁兵器から離れると急速に減衰する。

・伝導：電動兵器は建物の外側の電力ラインまたはデータラインに接続し攻撃対象の回路に送られる。

③電磁妨害の二つの特性

・狭帯域：一定時間内（100ns～1μs）に供給され、高電力マイクロ波（ＨＰＭ）が脅威となる。簡単に一つの周波数で数千V/mの電磁界を発生できる。

・広帯域：通常タイムドメインパルスとして繰り返し供給される。発生源からは1秒間に最高100万回、数十秒間～数分間継続できるためシステムの不具合をもたらす。

④民生電子機器の脆弱性

最新のコンピュータでは300V/mまでの感受性を備えており、1～10GHzの範囲で実施されたテストでは低い周波数・電界レベルで機能低下が発生した。広帯域の放射電磁界テストでは、200psのパルスで2kV/mのピーク電界レベルにより電源リセットを必要とする電子機器に5kV/mの電界をかけると損傷することがわかった。因みに、ピーク電圧5・3MVでパルス幅1nsで1秒につき600回電界を発生する米国製発信機を用いると、距離100mの範囲で無防備な電子機器では損傷レベルの約10倍にあたる50kV/mを発生できる。

⑤防御方法

感受性の高い電子機器を収容している建物を防御するには、十分に低いインダクタンスのグランド・システムを備えたフィルタとサージ保護デバイスによって建物外部から入る全ケーブルを入り口で確実に保護する方法がある。外部の電磁界レベルを緩和するには、重要な周波数について建物の電磁シールドを改善する、物理的にフェンス等でアンテナからの距離を離す、電磁環境モニタ等で電磁攻撃を監視する、という三つの方法があり、この中で最も費用対効果の高い方法を選択することが効果的である。

(3)社会インフラのセキュリティ確保のための課題

①制御システム

電力分野のスマートメーターや科学・石油分野の工場生産系システムに代表されるように、情報システムの中でも制御系はITの不具合によって安全確保や持続的サービス提供の確保に支障をきたす懸念がある。こうした制御システムは脆弱で不正アクセスへの対応が急務である。制御システムのセキュリティに関する主要な課題としては、次のようなものがある。

(a)制御システムにおける情報セキュリティ意識の醸成、制御システムの特徴に応じた対策施策の導入、サプライヤーと連携した対応の構築。

(b)IoTシステムのセキュリティに係る体制整備、技術開発・実証の促進。

(c)エネルギー、自動車、医療分野等における総合的なガイドライン・基準の整備。

②セキュリティアセスメント

セキュリティアセスメントは、ポリシーと対策レベル、通信実態、運用体制の観点から現状の可視化を行い経営判断ができるツールで、情報セキュリティ分野のリスクアセスメントには、次に示す四つの手法がある。

(a)確保すべきセキュリティレベルを設定／実装するのに必要な対策を選択／対象となるシステムに一律に適用するアプローチ。手順が容易でリスク分析と対策の選択のための期間と工数が抑えられるコストパフォーマンスに優れた手法(ベースラインアプローチ)。

(b)組織や担当者の経験的知識や判断によってリスク分析を行う手法。少ない準備量で効率よく迅速に行われる反面分析の網羅性や客観性が失われやすい(非形式的アプローチ)。

(c)対象の情報資産を洗い出しそれぞれの資産価値、脅威、脆弱性やセキュリティ要件に基づいて詳細なリスクの影響レベルを分析するアプローチで、リスクアセスメントの品質と合理性、網羅性が確保でき、誰がいつ実施しても同様の結果が得られる(詳細リスク分析)。

(d)ベースラインアプローチと詳細リスク分析を組み合わせた手法(組合せアプローチ)。

また、セキュリティアセスメントの課題には、次のようなものがある。

(a)安全・安心なサイバー空間の利用環境の構築、サイバー空間の利用者たる国民の自助努力をサポートする等の国民・社会を守る取り組みの推進。

(b)サイバー空間の脅威に関する実態把握のための情報収集の強化、サイバー犯罪に係る操作能力の向上、取締り・国際連携等のための体制強化。

(c)不正プログラムの解析等のための技術力の向上、インターネット観測の高度化、必要な人材育成と技術開発の着実な推進。

③セキュリティサービス

情報システムの導入・運用コストの軽減が期待できるコンピュータの新しい利用形態としてクラウド・コンピューティングが注目され、クラウドサービス利用の拡大により外部脅威対策やコンプライアンスへの対応が重要になってきたが、情報の機密性・完全性・可用性に関わる情報セキュリティ管理の実態が把握しがたい等の問題が生じている。堅牢なセキュリティサービスを構築するための課題には、次のようなものがある。
(a)頻繁なパスワードの入力や暗号アルゴリズムの実行には多くの時間がかかりメモリ使用量が増えるため、利便性を減らさずにセキュリティを高める方法の確立が必要。
(b)暗号化方式や認証方式や実装に依存したコンピュータのソフトウェアおよびハードウェアの知識を用いてコンピュータ・セキュリティ能力を向上。
(c)ソフトウェアが複雑になりすぎたことによる脆弱性（セキュリティホール）の解消。

5-4 軍事インフラの脅威

(1)電磁サイバー攻撃技術

①米空軍のNCCTおよびSuter システム

米空軍の電磁波利用により敵の防空システムの無線通信ネットワークやコンピュータシステムに侵入する電磁サイバー攻撃技術には、NCCTおよびSuter の二つがある。

(ア) NCCT (Network Centric Collaborate Targeting) システム

最小の人間操作による目標設定を複数の航空機等のセンサネットワークで実現するシステムで、Suter 使用前に敵の無線通信ネットワークの目標アンテナの障害物のないゾーン位置を決定する。

(イ) Suter システム

敵の無線通信ネットワークの目標アンテナのゾーン位置よりも精度の高い位置特定を行うもので、敵の防空システムのＳＩＧＩＮＴ情報収集のための電磁波盗聴およびRF信号放射を行う出力データ収集部（ブロック１）と、敵の防空システムの情報欺瞞や制御奪取のためのRF信号放射を行う入力データ挿入部（ブロック２）から構成され、ＳＩＧＩＮＴ機、電子妨害機（通信およびレーダ）に搭載される。

ブロック1は、敵のレーダ情報収集や敵の防空システムのベースライン能力である無線周波数、変復調方式、符号化方式、通信プロトコル、暗号方式、ソフトウェア構成情報等の情報収集を行う。ブロック2は、ブロック1で得られた敵の脆弱性情報によって作成された挿入データ、挿入マルウェアを敵の無線システムの目標アンテナに向けて放射する。

②米海軍のＮＧＪ（Next Generation Jammer）プログラム

航空電子戦システムを開発するプログラムで、電磁機動戦のセンサネットワーク基盤となるプログラムである。センサネットワークには、ＩＰベースで次世代の大容量データリンクであるＴＴＮＴが使用される。ＮＧＪはＳＩＧＩＮＴおよび通信能力を持ち、遠隔電子妨害能力は空母等の艦船を遠距離から電子遮蔽することができ、敵の防空システムの無線通信ネットワークやコンピュータシステムにデータ挿入するためのサイバー攻撃能力を有する。

③米空軍のＣＨＡＭＰプログラム

米空軍およびボーイング社は、２０１２年10月、ＣＨＡＭＰ（Counter-electronics High-powered Microwave Advanced Missile Project）と呼ばれるＨＰＭ巡航ミサイルの試験をユタ演習場で実施し成功した。このミサイルはあらかじめプログラム化された飛行経路に従い地上管制室から遠隔制御し、建物を標的としてその中の電子機器を一瞬にして破壊する。

④ロシアの Khibiny システム

Khibiny は、１９８０年に航空機搭載の小型化に成功し、２０１２年に初期の運用能力を実現した最新のレーダベースの航空電子攻撃システムで、彼のレーダのような無線方向探知機が我の生成する反射信号パラメータの欺瞞により起こる信号源放射を探知できる。２００８年のグルジア紛争における電子防護なしでの航空攻撃による航空機損失を教訓にしてロシア軍が開発したもので残存性は25～30倍に向上した。Khibinyは、２０１４年３月にスホイＳＵ-34に搭載され、２０１５年9月から始まったシリアの航空作戦にも用いられている。

⑤ロシアのKrasukha-4システム

Krasukha-4は、敵の巡航ミサイルおよび他の精密誘導兵器の誘導システムや低軌道偵察衛星を電子妨害や無線装置の破壊により無力化する革新的な武器システムである。150～300㎞でのレーダ探知からの目標を完全にカバーし、敵のレーダ電子線や通信システムを無力化できる。ロシアはこれにより米国のＳバンド低軌道偵察衛星(Lacross、Onyx)やＮＡＴＯのＡＷＡＣＳ、無人機等の監視能力を無力化する。

⑵電磁サイバー攻撃の例

＜例１＞シリア軍防空システムへの電磁サイバー攻撃

シリア軍防空システムに米空軍のSuter航空ネットワーク攻撃システムが使用された。イスラエル国防軍は電磁サイバー攻撃による情報監視、制御奪取および情報欺瞞を実現し、シリア軍防空システムを無力化した。

＜例２＞ロシアによる米軍無人攻撃機への電磁サイバー攻撃

２０１４年３月14日、ロシア国営兵器グループＲ社は、クリミアのウクライナ領空を高度４,０００ｍで飛行中の米軍の無人機ＭＱ-５Ｂが電磁サイバー攻撃により無傷で捕獲されたと発表した。

＜例３＞ロシアによるイージス艦への電磁サイバー攻撃

ロシアのメディアは、２０１４年４月12日に黒海において、最新の航空電子システムKhibiny搭載のロシア爆撃機Ｓｕ-24が電子妨害により米イージス艦Donald Cookのイージスシステムを無力化したと報じた。Ｓｕ-24は繰り返し12回も疑似ミサイル攻撃を実施し、イージスシステムがＳｕ-24の侵入を追尾しているとき突然レーダ表示画面が見えなくなった。

＜例４＞軍用ＧＰＳ受信機の脆弱性

２０１１年12月４日、米軍の無人機ＲＱ-１７０がイラン－アフガニスタン国境付近において、イランサイバー軍の電磁サイバー攻撃により無傷で捕獲された。これは、暗号化された軍用ＧＰＳ信号の電子妨害により無人機を自動操縦モードに強制的に変更して目的地座標をイラン側に強制変更したことによる。

＜例５＞衛星制御局ハッキングによるネットワーク阻止攻撃

米中経済安全保障レビュー委員会の２０１１年報告書によると、中国は米国の衛星制御局を標的として攻撃を行っている。米国外に設置された商用衛星制御局のいくつかは、データアクセスおよびファイル転送用にインターネット経由で接続されているため潜在的な脆弱性を持つ。Landsat-7やTerra ＥＯＳ衛星の制御局はそれぞれ2回にわたり攻撃を受けた。

＜例６＞北朝鮮の軌道爆弾によるＥＭＰ脅威

北朝鮮は、２０１２年12月にSohae衛星打ち上げ基地からUnha-3ロケットを打ち上げ、南極上空の周回極軌道に衛星の投入に成功したが、これは米国ワシントン－ニューヨーク市をカバーする東部電力網を目標とした核ＥＭＰ攻撃ができる通過位置・高度（約500㎞）であった。なお、現在の米ミサイル防衛システムは軌道爆弾（注）の早期警戒機能および迎撃機能が不足しているといわれている。

（注）軌道爆弾は、フォブス（ＦＯＢＳ：fractional orbital bombardment system）ともいう。１９６７年11月旧ソ連が初めて飛ばしたといわれる。核弾頭をつけて低高度の衛星軌道にのせ、ＩＣＢＭの弾道よりも低い軌道からの攻撃で従来の早期警戒網を突破しようというもの。地球一周の直前に軌道を離れるので宇宙法に抵触しない。恒久的軌道にのせて随時攻撃を加えるものは防御困難である。

⑶電磁サイバー環境の把握

（ア）宇宙天気予報、太陽磁気フレア

大規模な太陽フレアに伴う磁気嵐が地球に到達し、電力網や無線、衛星通信に影響が出る恐れがあるときには、米国では米海洋大気局（ＮＯＡＡ）の宇宙天気予報センターが警戒情報を出して注意を呼びかける。地球は大気圏に守られているため人体には普通影響は及ばないが、磁気嵐の影響で停電したり、航空機等が使っている無線通信やＧＰＳシステム、人工衛星等に障害が起きる。また、ヴァン・アレン帯（内帯：１,０００～５,０００㎞、

外帯：15,000～25,000㎞）の宇宙線は、人工衛星等に搭載されている半導体の集積回路に宇宙線の荷電粒子が一つ飛び込んだだけで動作エラーとなる「シングルイベント現象」や、放射線の累積により機器の恒久的な損傷をもたらす「トータルドーズ効果」等電子機器に大きな支障をもたらす。

日本では、情報通信研究機構（NICT）の宇宙天気情報センターが、1988年より情報提供を開始し、現在ではウェブサイトで公表している。宇宙天気予報は「太陽風の乱れが到来しました／磁場が大きく南向きに揺れていて磁気圏は大きく乱れそうです」といった表現で予報され、衛星の運用者や漁業無線やアマチュア無線愛好者等短波電波を使った通信の利用者等にとっては重要な情報となっている。磁気嵐により衛星の電子機器が損傷し、通信障害・電磁誘導による送電線の異常電流の発生や宇宙空間にて作業する宇宙飛行士の健康被害等の悪影響が発生するため、宇宙天気予報によりこれらの被害が軽減されると期待されている。

(イ) 我が国のSIGINT情報収集

①現状

国内、沿岸部、EEZにおける衛星を用いた我が国の画像情報とSIGINT情報収集の現状は、表5-7のようになる。

②問題点

我が国には、衛星情報から有人機までの各種情報を一括管理する部署がない。取得できる衛星情報は広域を監視できない画像情報しかなく全地球的な広域の情報が収集できるELINT情報を自前で持たないことで情報の精度・確度が高くない。

③ELINT衛星を使用した情報の収集方法

(a)電波発射源発見の手順

・光学／SAR衛星により機種等を確認
・有人機／無人機により細部を確認
・平行してデータベースを作成

(b) 特定電波発射源追跡の手順

・特定の電波発射源（艦艇、地上の対空システム等）からの電波情報の取得

・データベースと比較

・特定の艦艇の行動を予測し、地上システム等の訓練・整備状況、部隊行動を予測

④ ELINT衛星データの活用

(a) 対象国の国内（領土・領海）

・常続的な監視ではレーダ諸元・サイトの位置がわかり、部隊編成、訓練状況、器材の状況が把握できる。

・データベースと比較することで通常からの変化がわかる。たとえば、電波が確認できないときは、「故障、演習、作戦機動」で、異なる場所で電波を確認したときは、「訓練機動、演習」である。

(b) EEZ、公海

・常続的な監視では艦艇の位置、艦艇搭載レーダ諸元が把握でき、航跡をプロットすることで作戦海域での行動パターンができる。

・データベースをもとに、監視海域での偵察計画の策定や対象船舶等の行動パターンが予測で

〔表 5-7〕画像情報と SIGINT 情報収集の現状

エリア	収集手段	画像情報	SIGINT 情報
国内	衛星	・情報収集衛星（IGS）（光学・SAR）による画像取得	・なし（問題）
沿岸部	衛星	・同上	・なし（問題）
	無人機	・GH（注 1）による画像取得	・GH の ELINT（注 2）機能による沿岸（200km 程度）の電波情報
EEZ	衛星	・同上	・なし（問題）
	無人機	・GH による洋上の画像取得	・GH の ELINT 機能
	有人機	・P-3（注 3）、OP-3（注 4）、RF-4（注 5）等による洋上の画像取得	・EP-3（注 6）等による ELINT、艦艇による ESM（注 7）

（出所：諸情報により筆者編集）

（注 1）GH（グローバルホーク）とは、米国のノースロップ・グラマンによって開発された、情報収集・警戒監視・偵察を任務とする高高度滞空型無人偵察機。

（注 2）ELINT とは、ELectric INTelligence（電子諜報）の略で、電子工学の実践的応用による、レーダおよび無線通信を介した情報収集。各種電子機器のリバースエンジニアリングを行い、その利用者・利用方法を分析する。応用的に敵の ELINT を防ぐための防諜技術も含まれる。

（注 3）P-3 とは、ロッキード・マーティンが開発したターボプロップ哨戒機。

（注 4）OP-3 とは、遠距離から広域の画像情報を収集するための航空機。哨戒機 P-3C を改造し、対潜戦関連の器材の代わりに画像データ収集装置を搭載。

（注 5）偵察機 RF-4 は、側方偵察レーダ、赤外線探査装置、低高度パノラマ・高高度パノラマ・前方フレームの 3 種のカメラによって、雨中でも夜間でも偵察・撮影ができる。

（注 6）EP-3 とは、電子戦を重視して設計・装備された航空機。

（注 7）ESM とは、Electronic Support Measures の略で、敵の通信方式やレーダ周波数等の電子情報の収集活動を行う。

き、敵の機先を制する行動ができる。

(ウ) 米国の電磁スペクトラム状況把握

① DoDのグローバル電磁スペクトラム情報システム（GEMSIS）

GEMSISは、いつでもどこでも所要のスペクトラムにアクセスできる動的な電磁スペクトラム管理システムで、アフガニスタンにおいて使用されている。GEMSISの主要能力を以下に示す。

・オンライン化されたホスト国周波数スペクトラムデータベース。
・DoD標準電磁スペクトラム管理ツール（統合地図化、可視化、コンプライアンス検査、設計分析）
・DoD装置認証プロセス
・電磁スペクトラム管理データ総合リポジトリ

② DARPAの電磁スペクトラム状況把握

DARPAは、米海兵隊の電磁スペクトラム戦（EMSO）における電磁スペクトラム状況把握のためのAdvanced RF Mapping（Radio Map）の研究開発を実施している。これは各種プラットフォームに搭載されたRFセンサが取得した電磁スペクトラム放射データを地図上に可視化するものである。電磁スペクトラム管理ツールとしては、シカゴ大学の開発したRaptorX可視化ツールを用いたSPEED Spectrum Management Toolが使用されている。

(エ) 情報優勢のための電磁サイバー戦に必要な能力

米海軍情報優勢ロードマップ（2013～2028）によると、情報優勢のための電磁サイバー戦に必要な能力は、表5-8のようになる。

〔表 5-8〕情報優勢のためのサイバー電磁戦に必要な能力

No	項目	必要な能力
1	攻勢サイバー戦	①敵の武器発射の防止を含むサイバー攻撃が起こる前に当該攻撃の予測および打破のためのサイバー情報窃取およびサイバー攻撃能力を開発すること。 ②攻勢サイバー戦を次に示す軍事作戦に完全に統合すること。 ・電力、輸送システムおよび高次レベル政府に対する他の不可欠な敵基盤の目標設定能力の包含。 ・敵を能動感知モードに強制するために攻勢サイバーを無線周波数の囮・欺瞞・低レベル観測値および受動キルチェーンと組み合わせ、米軍にさらに迅速な目標設定および目標の中立化を可能とすること。
2	防勢サイバー戦	① A2／AD 環境下における指揮統制（C2）狭帯域回線を提供すること。 ②作戦環境における変化の検知および対応ができ、空母上のどのような利用可能移動アセット間でも重要通信を再設定できる動的な情報グリッドを提供すること。 ③サイバー空間状況把握のための COP（サイバー脅威、資産の脆弱性および任務リスクの可視化）を提供すること。
3	確実な電磁スペクトラムアクセス	①電子航法海図への連接および動的電磁スペクトラム統制を可能とする作戦制約を表示する電磁スペクトラム COP 能力。 ②すべての打撃群およびプラットフォームからの電磁スペクトラム放射の動的監視および統制を可能とし、電磁スペクトラム作戦対応を分単位から秒単位に短縮する完全に機能するリアルタイムスペクトラム作戦（RTSO）能力。
4	武器としての電磁スペクトラム活用	①電磁スペクトラムの自然状態が次に示す能力により理解できるポイントに対する複雑な電磁環境を監視すること。 ・自軍の優位確立のための電磁スペクトラムの評価と予測的操作 ・高電力マイクロ波、レーザ、無線周波数システムのような指向エネルギー兵器（DEW）を含む電磁スペクトラムの操作 ②電磁スペクトラムの利用可能領域を活用すること。 ・自然状態のベースライン化、自然環境における摂動を測定するシステムの開発・向上

（出所：米海軍情報優勢ロードマップより筆者作成）

5-5 新時代の電磁サイバー戦略

(1) 我が国のサイバー政策

(ア) サイバーセキュリティ基本法

サイバーセキュリティ基本法の基本的施策は次の通りで、サイバーセキュリティ戦略を定めることを謳っている。

①行政機関等におけるサイバーセキュリティの確保
②重要インフラ事業者等におけるサイバーセキュリティ確保の促進
③民間事業者および教育機関等の自発的な取組の促進
④その他
・多様な主体の連携／犯罪の取締りおよび被害の拡大防止／我が国の安全に重大な影響を及ぼす恐れのある事象への対応／産業の振興および国際競争力の強化／研究開発の推進／人材の確保／教育および学習の振興、普及開発／国際協力の推進等

(イ) サイバーセキュリティ戦略

サイバーセキュリティ戦略（平成27年9月4日閣議決定）は、サイバー空間を取り巻くリスクの深刻化を受けて次に示す基本的な方針、２０１５年までの3年間で実施する取組み、推進体制を定めている。

①基本的な方針
・目指すべき社会像：サイバーセキュリティ立国の実現
・基本的な考え方：情報の自由な流通の確保／深刻化するリスクへの新たな対応／リスクベースによる対応の強

化／社会的責務を踏まえた行動と共助

・各主体の役割：国／重要インフラ事業者等／企業や教育・研究機関／一般利用者や中小企業／サイバー空間関連事業者

② 2015年までの3年間で実施する取組み

(a)「強靭な」サイバー空間の構築

・政府機関等における対策：情報システム等に関する対策およびサイバー攻撃への対処態勢を一層強化

・重要インフラ事業者等における対策：政府機関等における対策に準じた取組み

・企業や研究機関における対策：インシデントの認知・情報共有の強化、CSIRT（注）構築促進や演習等

・サイバー空間の衛生：個々の主体による対策に加えて社会全体が参加した予防的対策の実施

・サイバー空間の犯罪対策：対処能力の強化、民間事業者等の知見の活用等による対処態勢の強化

・サイバー空間の防衛：国家レベルのサイバー攻撃から我が国に係わるサイバー空間を守るための対応の強化

（注）CSIRTとは、外部ネットワークを介してのコンピュータへの攻撃や脅威（セキュリティ・インシデント）に対処する組織体（Computer Security Incident Response Team）の略称で、世界各国の企業や行政機関内に設置されている。

(b)「活力ある」サイバー空間の構築

・産業活性化：海外製品等への依存度が高い我が国のサイバーセキュリティ産業の国際競争力の強化

・研究開発：リスクの変化に適切に対応できる、創意と工夫に満ちたセキュリティ技術の創出

・人材育成：高度かつ国際的なセキュリティ人材の育成

・リテラシー向上：一般国民のリテラシーの向上

(ウ)「世界を率先する」サイバー空間の構築

・外交：基本的な価値観を共有する国等とのパートナーシップ関係の多角的構築・強化

・国際展開：ASEAN等とともに成長できる関係を構築し、サイバー攻撃への対応能力構築を支援

・国際連携：国境を超えるサイバー攻撃に関するインシデントへの対応・連携を強化

③推進体制等

・ＮＩＳＣの権限等の必要な組織体制を整備し、「サイバーセキュリティセンター」に改組し、機能を強化

・２０１５年度までの３年間を戦略の対象として年次計画を策定、評価を実施、等

(c)サイバー関連組織

我が国のサイバー関連省庁・組織には、次のようなものがある。

①情報セキュリティ政策会議：２００５年5月30日に設置／議長は内閣官房長官

②国家情報セキュリティセンター（ＮＩＳＣ）：２００５年4月に内閣官房に設置

③警察庁：サイバー犯罪の取締り

④総務省：通信ネットワーク政策

⑤外務省：外交・安全保障政策

⑥経済産業省：情報政策

⑦防衛省：国の防衛

⑧情報セキュリティ緊急支援チーム（ＣＹＭＡＴ）：平成24年6月29日に設置／関連省庁からの情報セキュリティに関する技能・知見を有する職員を派遣

(2)サイバー政策の課題

①ＳＷＯＴ分析

我が国のサイバー技術の「強み」を活かし、「機会」を捉え、「弱み」を克服し、「脅威」を排除するにはどうするかが重要で、筆者の考えるＳＷＯＴ分析の結果を、表5-9に示す。

②サイバー政策の課題

国家戦略を踏まえてサイバー対策の現状を見ると、我が国のサイバー政策の技術・基盤面、法政策面の主要課題は、表5-10、表5-11のようになる。

〔表 5-9〕SWOT 分析

No	特徴
1. 強み (Strength)	①国内に自動車をはじめとする幅広く非常に強い産業・技術基盤を持つ。 ②低コスト、短期間、少人数で生産できる能力がある。 ③目標ができれば一致団結して業務を遂行する能力がある。
2. 弱み (Weakness)	①電磁波盗聴防止対策技術である「TEMPEST」防止技術の普及が遅れており電磁被ばく対策もない。 ②サイバー対策が民間・政府のネットワーク関連に偏っている。 ③サイバー推進組織にサイバーの実経験に乏しい人が多く、2年ごとに交代する。
3. 機会 (Opportunity)	①日本でも脅威を定義しサイバー攻撃の技術を獲得するための組織が必要である。 ②宇宙2法が制定されれば「衛星データの管理」でシールドルームの需要が出る。 ③我が国にもシンクタンクが必要で、米国には NPO「MITRE」(官からも出資) がある。
4. 脅威 (Threat)	①国、北朝鮮、ロシア等が国を挙げてサイバー攻撃技術を強化している。 ②サイバーの脅威は日本のあらゆる産業分野に関係している。韓国では TEMPEST 対策、HEMP 対策を実施。

(出所：筆者作成)

〔表 5-10〕サイバー政策の主要課題 (技術・基盤面)

No	技術・基盤面の主要課題
1. 技術基盤の構築	①サイバー関連技術の研究開発を通じた技術優位性の確保／企業間連携や新たな生産プロセス導入を通じた低コストサイバー対策／国連を中心とした国際共同対処の実現／中小企業のサイバー対策技術力向上のための研究開発支援 ②将来の戦闘形態に伴い、宇宙の SSA、海洋の MDA に相当する新しい概念である CSA システムの定義と機能・性能の確立。 ③サイバー空間を利用したテロ関連活動への国としての対処。 ④サイバー関連機関による毎年のサイバー産業データベースを整備。 ⑤サイバー攻撃・防御技術が日進月歩であり、サイバー攻撃技術を習得しないとサイバー防御はできない。
2. 人材の育成	①高度で幅広い人材の確保のため教育現場を含め人材育成システムを構築。 ②国際的な人材確保、産官学での人材交流、経験豊富な退職者の活用の推進／国公私立大学等にサイバー学科を増やし、専門学校、国立高専等も活用した職業訓練の強化／国民への啓蒙。 ③プロマネの素養のある経験豊富な若手のリーダーを据え、「とんがった」人間をうまく活用する。
3. 将来技術、将来システムの検討	①次世代電子戦としての電磁機動戦を支援するために電磁スペクトラム状況把握、操作、活用能力を提供する電磁戦闘管理システムの構築。 ②電磁スペクトラム管制 (電力、周波数、変調方式の動的変更)、サイバー防御管制 (IP アドレス、環境変動の動的変動)、サイバー攻撃管制 (データ挿入、マルウェア挿入) 等の電磁サイバー戦指揮統制システムの構築。 ③背景電磁環境データの収集とデータベース化、背景電磁環境ベースラインの設定、彼電磁シグネチャーの収集とデータベース化、電磁作戦環境 COP の作成、等の電磁スペクトラム管理 (ログを含む) の実施。 ④サイバー空間において物理空間と同様に防衛するためのサイバー空間防御能力と C4ISR 能力を提供するサイバー戦情報基盤の確立。

(出所：筆者作成)

〔表 5-11〕サイバー政策の主要課題（法政策面）

No	法政策面の主要課題
1. 政策	①国家安全保障戦略を踏まえた実効性のある APT 攻撃対策を追加した新たなサイバー戦略を策定（「サイバーセキュリティ戦略」の改訂）。 ② 2015 年 8 月に成立した平和安全保障法制への対応策を追加。 ③ 10 年後を見据えた 5 年程度のサイバー関連プロジェクトを示したサイバー基本計画・工程表を作成し産業界が投資しやすい環境を作る。 ・プロジェクトに優先順位をつけ、予算とリンクした計画を策定。 ④サイバー政策を十分機能させるため、司令塔機能を強化して予算の効率化を図ることで「サイバーセキュリティ立国」を実現。
2. 法律	①サイバー関連の法制度の検討（例：米国重要インフラ防護法案）。 （注）米国は、セキュリティ常時監視による連邦政府 IT セキュリティ管理の再編のため「連邦情報セキュリティ近代化法 2014（FISMA2014）」を整備し、官民の双方向のサイバー脅威情報共有を促進するため「サイバーセキュリティ情報共有法 2015（CISA2015）」を整備。 ②発電所、ロケット、飛行機等に搭載される「制御システム」にサイバー攻撃があった場合に製造企業の責任はどこまで及ぶのか等の検討。 ③必要な試験方法・規格の整備、試験設備の充実。 （注）米国は、NIST および MITRE 社が中心となってセキュリティ自動化、情報セキュリティリスク管理およびセキュリティ常時監視のための標準を整備。また MIRTE 社が中心となってサイバー脅威情報交換標準である STIX、CyBOX および TAXII を開発し OASIS 標準化を推進、その他米国 DHS の自動検知指標（AIS）構想。
3. 組織・体制	①重要インフラの再定義と情報セキュリティ対策の着実な推進。 ②安全基準等の整備・浸透、情報共有体制の強化、障害対応体制の強化、リスクマネジメントの支援、防護基盤の強化 ③サイバー攻撃への迅速な対応と的確な対処、関係機関の調整、官民連携のさらなる強化。 ・米国「サイバーセキュリティ情報共有法 2015（CISA2015）」のような民間情報提供者の法的免除とプライバシー保護並びに双方向の官民情報共有の法制度を整備。 ④自衛隊、警察、サイバーインテリジェンス部門との連携の緊密強化。 ・サイバー脅威情報を一元的に集約しサイバーインテリジェンスを作成するため、米国の ODNI の「サイバー脅威情報統合センター（CTIIC）」のような新組織を整備。 ⑤ノウハウの交換、キャパシティビルディング等の国際的な取組の強化。 ・国際標準（OASIS）である「STIX、CyBOX、TAXII」によるサイバー脅威情報共有システムを整備。 ⑥重要インフラ防護活動と NISC の機能強化によるサイバー攻撃事案の迅速な情報収集と的確な処理。 ⑦米国と同様に、サイバー対策に必要な事項を検討し政策提案するシンクタンクを設置。

（出所：筆者作成）

(3) 新時代を迎えた我が国のサイバー攻撃への対応

以上の検討を踏まえ、新時代の我が国のサイバー攻撃への対応について、筆者の考える「推進方策」を述べる。

(ア) CSAシステムの構築

①現状

(a) CSA機能の構成要素と、米国、日本のCSA機能の現状を、表5-12に示す。

(b) サイバー攻撃と電子攻撃のシステム対応能力として、サイバー状況認識能力（Cyber COP）および電磁スペクトラム状況認識能力（EMS COP）を整備する。

（注）CSA機能は、サイバー空間のC4ISR機能であり、意思決定者にOODA（Observe（情報収集）、Orient（状況認識）、Decide（意思決定）、Action（行動））サイクルのOOD能力を提供し、サイバー脅威および彼の情報資産の脆弱性に関する情報収集を行うCyberspace ISRおよびサイバー空間活動の指揮統制を行うCyberspace C2から構成される。

②具体的な方策

＜機能１＞：情報を連携して活用する。

Intelligenceは、国家の安全保障の観点から情報を収集する活動で、狭義には情報収集を意味するが、広義には分析、評価等の活動が含まれる。暗号の開発や読解等に国家の最高レベルの知性が投入され、用いる手段により表5-13のように分類される。

＜機能２＞：民生・軍事両分野のサイバー攻撃監視の見える化を行う。

電磁環境監視システム、およびAPTサイバー攻撃監視システムを構築する（情報資産およびセキュリティ設定の脆弱性の常時監視も必要）。

＜機能３＞：サイバー偵察を行う。

（ア）項で示したIntelligenceを組み合わせ、有効に活用する。

＜機能４＞：地上センサ、衛星情報を組み合わせて電磁環境モニタリングを行う。

〔表 5-12〕CSA 機能の構成要素

No	機能	米国	日本
1	情報：Intelligence	○	(×) 欠落
2	監視：Surveillance	○	(△) 沿岸域以外は欠落
3	偵察：Reconnaissance	○	(×) 欠落
4	電磁環境モニタリング：Environmental Monitoring	○	(△) 情報通信研究機構 (NICT) が宇宙天気予報を発信
5	サイバーオペレーション：Cyber Operation	○	(×) 欠落

(出所：筆者作成)

〔表 5-13〕Intelligence の種類と概要

No	種類	概要
1	公開資料： OSINT：Open source intelligence	・新聞・雑誌・テレビ・インターネット等のメディア、書籍・公刊資料を集めて情報を得る手法で、諜報活動の9割以上を占める。
2	人間： HUMINT：Human intelligence	・人間を介した情報収集で、有識者や重要な情報に接触できる人間を協力者として獲得・運営し、情報を入手する。
3	画像： IMINT：Imagery intelligence	・偵察衛星や偵察機によって撮影された画像を継続的に分析することで情報を得る手法。
4	電波、電子信号： SIGINT：Signals intelligence	・通信や電子信号を傍受することで情報を得る方法。 ：電話や無線、インターネットの通信を傍受して暗号解読を行う (COMINT：Communication intelligence) ：レーダー等から放射された信号を傍受する (ELINT：Electronic intelligence) ：水中に設置したセンサやソナー等を使って潜水艦等が発する音を収集する (ACINT：Acoustic intelligence) ：テレメトリ、ビーコン信号等からの情報収集を行う (FISINT：Foreign instrumentation signals intelligence)
5	化学：MASINT： Measurement and Signatures intelligence	・赤外線や放射能、空気中の核物質等の科学的な変化をとらえて情報を収集する方法。 ：レーダ信号を傍受する (RADINT：Rader intelligence) ：核爆発やエンジンの周波数や紫外線、可視光線、赤外線、地震、大気の振動、磁場の変化等から得られる情報を収集 ：放射線から得られる情報を収集 (異常増加で原子力施設の事故や核実験等を探知) する (NUCINT：Nuclear intelligence) ：化学物質の分析から得られる情報の収集
6	装備の研究： TECHINT：Technical intelligence	・外国軍の装備を研究し使われている技術や弱点等を見つけ出す手法。
7	他機関との協力： COLLINT：Collective intelligence	・利害関係を同じくするインテリジェンス機関が相互に協力すること。

(出所：公開情報より筆者作成)

背景電磁環境データと現在の電磁環境データを取得し、電磁環境データを重ね合わせて敵のサイバー攻撃をキャッチする。（宇宙天気予報、SIGINTデータ、地図データ（GIS）との照合）

＜機能５＞：サイバーオペレーションを行う。

(a)次世代電子戦としての電磁機動戦を支援するために電磁スペクトラムの状況認識、操作、活用能力を提供する電磁戦闘管理システムを構築する。

(b)電磁スペクトラム管制（電力、周波数、変調方式の動的変更）、サイバー防御管制（IPアドレス、環境変動の動的変動）、サイバー攻撃管制（データ挿入、マルウエア挿入）等の電子戦指揮統制システムを構築する。

(c)背景電磁環境データの収集とデータベース化、背景電磁環境ベースラインの設定、彼電磁シグネチャーの収集とデータベース化、電磁作戦環境COPの作成等の電磁スペクトラム管理を実施する。

(d)サイバー空間C4ISR能力やサイバー空間攻撃能力のためのサイバー戦情報基盤を確立する。

(e)A2／AD環境において決定的な軍事的優位性を獲得するための新しい戦闘方法である「電磁機動戦」の概念を、新設するシンクタンクの支援を受けて構築する。

（イ）重要社会インフラの防護

①現状

(a)APT攻撃に対する実効性の高い対策である情報セキュリティリスク管理に基づくセキュリティ常時監視システムがなく高度セキュリティ人材確保が困難なためアウトソーシングによるクラウドサービス化が必要である。

(b)重要インフラの制御システムのセキュリティ常時監視の段階的導入に向けたセキュリティ監査、監視の仕組みの在り方について検討する必要がある。また、電磁波を手段とする情報脅威に対する対策が十分でない。

②具体的な方策

(a)米国と同様に、まず下記に示す三大戦略を実施する。

・光ファイバー回線を含めた少数の大手プロバイダー（Tier1プロバイダー）のISPを保護する（バックボーン

戦略）。
・国家に大打撃を与えるのは電力網に対するサイバー攻撃であり、安全な電力供給網を確保する（パワープラント戦略）。
・国家・国民を守る組織（例：防衛省、警察庁、海上保安庁、セキュリティコミュニティ等）の通信ネットワークを防御する（ネットワーク戦略）。
(b)次に、TEMPEST的盗聴とIEMI攻撃に対して、新設するシンクタンクで攻撃手段を分析し、防御方法を確立して重要社会インフラを防御する。
・盗聴や攻撃の直接的な防御手段としてシールド設備は有効である。設備導入にあたっては脅威の想定・分析とこれら脅威に対処するためのセキュリティポリシーを構築（必要なシールド性能等を規定）し、電磁遮蔽効果の常時・恒久的な持続のため定期的な保守を実施（重要な設備についてはシールド性能の常時監視が必要）する。

(ウ) 軍事インフラの防護

①現状
(a)将来の紛争・戦闘を想定すると、物理戦闘領域が依存する電磁スペクトラムおよびサイバー空間が主戦闘領域になり、それらを支配するためのサイバー電磁戦が勝敗を決める。
(b)2015年4月27日「日米防衛協力のための指針」を遂行するためのサイバー面における態勢、能力の確立が必要である。
②具体的な方策
(a)表5-14で示したインテリジェンスを有効に組み合わせて活用し、電磁スペクトラムおよびサイバー空間の指揮統制体制、状況把握能力を確立する。
(b)電磁スペクトラムの操作、活用能力確立のための電磁戦闘管理システムを構築する。
(c)艦船、航空機、指揮統制施設等のEMP防護のための基準を策定し、重要社会インフラのEMP防護のための法制化と対策を実施する。

(エ) HEMPへの対応

①現状

(a) HEMP攻撃はいかなる国、小組織、テロであれ、一旦核兵器を保有すれば比較的入手が容易なミサイルや気球を用いて実行が可能である。

(b)政治・経済・人口が極端に密集している地域(例:東京周辺)が受けた場合、我が国は計り知れない大打撃を受け国家の機能がマヒする可能性がある。

(c)米国の核EMP攻撃の検討例

・3キロトンのスーパーEMP核兵器

・死傷者は数百万人、インフラ被害は米国全体、数百万人が停電地帯からカナダ・メキシコに避難、経済的な影響は数兆ドル、復旧には数年を要する。また、多数の州域で100万平方マイルにわたってランダムに位置する送電線、火力・原子力発電所、工場、製油所、パイプライン、燃料備蓄庫、他の工場施設の火災・爆発による放射能と化学物質の脅威が発生する。

②具体的な方策

(a) HEMP攻撃に対する政治的な対応と各国間の相互支援体制・態勢を確立する。また、国連、同盟国と連携し、核兵器による攻撃を無力化・減災化する対応を図る。

(b)我が国のHEMP攻撃に対する技術的防護の可能性を把握し、それに基づくHEMP攻撃対処計画を作成(シミュレーションを含む)する。

(c)核シェルターの配備や、政府・自治体等の各種電子機器・システム等の分散等、核兵器による攻撃を無効化する技術的な対応を図る。

(オ) サイバー関連の法政策の整備

①現状

(a)上述したサイバー政策の課題を踏まえ、国家戦略の視点から優先的に推進すべきサイバープロジェクト、サイバー関連の推進体制、法政策を整備する必要がある。

②具体的な方策

(a)サイバー対策に必要な予算を確保し、法律・基準を整備する。

・サイバー関連データの配布・保存管理やデータ管理者等を規定する「サイバーポリシー」や、ユーザ情報保全や運用センターのセキュリティ要件等を定めた「サイバーセキュリティポリシー」を規定

・日本の高い信頼性を持つソフトウェア基準を国際標準化し、高信頼性ソフトウェアに係わる人材を育成

・ソフトウェアの脆弱性について情報を収集し対処法を利用者に公表

・ソフトウェアの脆弱性をゼロ化する革新的なソフトウェア開発手法および移動目標技術を開発

(b)新たなサイバーセキュリティ戦略を策定する。

・司令塔機能を強化し優先順位をつけ、予算とリンクした計画を策定

・グローバルコモンズのリスクへの対処を明確にすることで国家安全保障戦略をベースにしたサイバー基本計画を策定

・2015年8月に成立した平和安全保障法制の対応を検討し対応策を追加

(c)秘密保持の義務化を図る。

(d)発電所、ロケット、飛行機等に搭載される「制御システム」にサイバー攻撃があった場合、制御システムを製作、もしくは他社から仕入れて納入した企業の責任はどこまで及ぶのかについて立法での解決（免責事項）を図る。

(e)サイバーセキュリティの防護が実際に有効かつ適切に実施・運用されていることを評価するため、査察を含めたサイバーセキュリティの評価機関を設立する。

(f)専門人材の具体化と技術進歩の速いサイバー技術の知識・技能の陳腐化対策等サイバー人材を育成し、実経験が豊富でプロマネの素養のある若手のリーダーをサイバー対策チームのトップに据える。

（カ）サイバー政策支援のためのシンクタンクの設立

①現状

(a)サイバー攻撃・防御技術は日々進化しており、それにリアルタイムに対応するためのオールジャパンで知恵を結集できるサイバー専門のシンクタンクが必要で、米国にはNPO「MITRE」（注）（官からも出資）がある。

（注）1959年にマサチューセッツ工科大学リンカーン研究室から生まれた公的利益を目的とした非営利機関。国防省のFFRDC（政府出資による研究開発センター）として機能しており、政府機関（国防省等）の委託によりシステム工学、情報技術等の研究を実施している。なお、米国等民主主義の先進国では、シンクタンクは単なる個々の組織としてではなく民主主義の道具・装置として捉えられており、それを支える社会環境や制度とともに存在している。

②具体的な方策

(a)米国と同様にサイバー専門の官から資金援助を受けた下記に示す機能を持つシンクタンクを設立する。

・防衛省のSPECの作成／安全保障面のサイバー攻撃の調査・分析／敵の攻撃を推定／攻撃・防御方法の検討／必要な規格の検討等

6章

グローバルコモンズの未来設計図

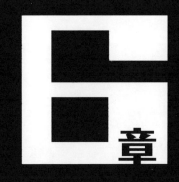

21世紀を展望すると、「グローバルコモンズ（国際公共財）」がキーワードとなることを読者には知ってもらいたい。日本の経済はエネルギー等多くを輸入に依存しているが、そのうち9割以上を海上輸送に、残りを航空輸送に頼っている。また、地域間の紛争の手段が陸・海・空から今後は宇宙・サイバーに取って代わろうとしている。さらに、国家安全保障戦略により国益を実現するには、グローバルコモンズを形成する宇宙、航空、海洋、サイバー分野のリスクへの対処と産業分野の振興が不可欠となる。本章では、２１００年までの21世紀を展望するとともに、筆者の考える宇宙、航空、海洋分野（サイバーについては、5章を参照）の未来設計図を示す。

6-1　21世紀の未来学

未来は現在の最先端の研究をしている意思のある人が作ると言われている。未来を語る良書は「２１００年の科学ライフ／ミチオ・カク著」等いくつか出版されているが、それらの言を借りて今世紀を展望すると、表6-1、表6-2、表6-3に示すような未来が待っている。

(1) 近未来（現在から２０３０年まで）
(2) 世紀の半ば（２０３０年から２０７０年まで）
(3) 遠い未来（２０７０年から２１００年まで）

〔表 6-1〕未来の姿（近未来）

No	分野	未来の姿のキーワード
1	コンピュータ	・インターネット眼鏡・コンタクトレンズ／無人運転車両／四方の壁がスクリーン／フレキシブル電子ペーパー／仮想世界／おとぎ話の世界
2	人工知能	・ASIMO／人工知能（AI）／脳はデジタルコンピュータ／ロボットが抱える二つの課題／人間対機械
3	医療	・ゲノム医療／医者にかかる／幹細胞／クローン作製／遺伝子治療／ガンとの共存
4	ナノテクノロジー	・体内ナノマシン／ガン細胞撲滅／血管ナノカー／DNA チップ／カーボンナノチューブ／ポストシリコン／原子トランジスタ／量子コンピュータ
5	エネルギー	・太陽光／水素エコノミー／風力発電／電気自動車／核分裂／核の拡散
6	宇宙旅	・系外惑星／エウロパ／LISA／有人宇宙／小惑星着陸／火星衛星着陸／月面基地・月の水

（出所：2100 年の科学ライフより筆者編集）

〔表 6-2〕未来の姿（世紀の半ば）

No	分野	未来の姿のキーワード
1	コンピュータ	・ムーアの法則の終焉／現実とバーチャル／拡張現実／万能翻訳機／ホログラムと 3D
2	人工知能	・モジュールロボット／ロボット外科医・料理人／感情ロボット／脳リバースエンジニアリング／脳モデル・解体
3	医療	・遺伝子治療／デザイナー・チャイルド／マイティマウス遺伝子／バイオ革命の副作用
4	ナノテクノロジー	・変形技術
5	エネルギー	・地球温暖化／CO_2 温室効果ガス／核融合発電－レーザー・磁場・卓上核融合
6	宇宙旅行	・火星ミッション／火星テラフォーミング／宇宙観光

（出所：2100 年の科学ライフより筆者編集）

〔表 6-3〕未来の姿（遠い未来）

No	分野	未来の姿のキーワード
1	コンピュータ	・心が物を支配／心を読む／夢を録画／脳をスキャン／念力と神の力
2	人工知能	・機械に意識／ロボットが人間を超える／フレンドリー人工知能／ロボットとの融合
3	医療	・老化を逆戻り／生体時計／不老プラス若さ／人口・食料・環境汚染／絶滅生物の復活／新生命の創造／万病の撲滅／細菌戦
4	ナノテクノロジー	・レプリケータ（分子を材料として実物とほとんど変わりのないコピーを作り出す）
5	エネルギー	・磁気の時代：磁力で走る車・列車／リニアモーターカー／磁気浮上自動車
6	宇宙旅行	・宇宙エレベータ／スターシップ／原子力ロケット／核融合ラムジェット／反物質ロケット／ナノシップ／地球脱出

（出所：2100 年の科学ライフ等より筆者編集）

6-2 宇宙の未来設計図

6－1で紹介した未来予測を含め、宇宙関係の公開情報から宇宙の未来を展望するとともに、筆者の考える近未来（現在～2030年）、世紀の半ば（2030～2070年）、そして遠い未来（2070～2100年）の宇宙プロジェクトの姿を示す。

(1) 宇宙利用の将来ニーズ

宇宙利用の将来ニーズと輸送システムを表6-4に示す。なお（*）印は、実現がほぼ確実視されているものを示す。

(2) 現時点の我が国の宇宙開発計画

＜第三次＞宇宙基本計画は、すでに述べたように、「宇宙安全保障の確保」、「民生分野の宇宙利用の推進」、「産業・科学技術基盤の維持・強化」の三つの視点でまとめられている。因みに、＜第三次＞宇宙基本計画の具体的な取り組みをまとめると、次のようになる。

①宇宙プロジェクトの推進

（ア）衛星測位：平成35年度に7機体制の運用開始

（イ）宇宙輸送：平成32年度の新型基幹ロケット初号機打ち上げ／平成27年度高度化完了し次の検討に着手

（ウ）射場：射場の在り方に関する検討

（エ）通信放送：次期技術試験衛星（平成33年度）、光データ通信衛星（平成31年度）、Xバンド防衛通信衛星3号機（平成28年度）

（オ）SSA：宇宙状況把握（SSA）関連施設の整備および政府一体の運用体制の確立

〔表 6-4〕宇宙利用の将来ニーズと輸送システム

No	時代	将来ニーズ	輸送システム
1	近未来 (現在 ～2030 年)	・低コスト、高効率、高頻度な衛星打ち上げ (*) ・自律的、即応的な安全保障衛星の打ち上げ (*) ・弾道型宇宙旅行 (*) ・火星衛星探査（フォボス・ダイモス） ・太陽系外惑星探査 ・月面基地の建設	・使い捨て型ロケット再使用型ロケット (*) ・使い捨て型ロケット（中小型）、空中発射 (*) ・有人宇宙機、スペースプレーン (*) ・軌道間輸送機 ・同上 ・有人宇宙機
2	世紀の半ば (2030 ～2070 年)	・低コスト、高効率、大量、高頻度衛星打ち上げ (*) ・滞在型宇宙旅行 (*) ・宇宙エレベータ (*) ・宇宙太陽光発電所 (*) ・東京－ニューヨーク日帰り (*) ・火星衛星から火星へ、テラフォーミング ・低軌道補給基地から月へ人員・物資を輸送 ・深宇宙探査 ・惑星資源回収	・使い捨て型ロケット再使用型ロケット (*) ・スペースプレーン (*) ・宇宙エレベータ (*) ・大量輸送機 (*) ・超音速旅客機 (*) ・軌道間輸送機 ・同上 ・電気推進、ソーラセール ・大量輸送機
3	遠い未来 (2070 ～2100 年)	・月、火星を拠点とした宇宙探査 ・原子力ロケット／核融合ラムジェット／反物質ロケット／ナノシップ ・地球からの脱出	・軌道間輸送機 ・革新的輸送システム ・不明

（出所：筆者作成）

(カ) 科学探査：宇宙科学・探査ロードマップを参考に、今後10年で中型3機、小型5機を打ち上げ
：ISSは2024年までの延長については費用対効果を総合的に検討
：国際有人探査は、外交、産業、費用等の観点から総合的に検討
(キ) リモセン：情報収集衛星の機数増、即応型小型衛星の調査、先進光学・レーダ衛星、ひまわり8・9号、温室効果ガス観測技術衛星（GOSAT）2・3号機
(ク) その他：海洋状況把握（MDA）／早期警戒機能等／宇宙システム全体の抗たん性の強化

②体制・法制度の整備
(ア) 宇宙2法（宇宙活動法／リモートセンシング法）の制定による新規参入の促進
(イ) 調査分析・戦略立案機能の強化
(ウ) 戦略部品の安定供給と軌道上実証実験
(エ) 東京オリンピックを契機とした先導的社会実験
(オ) 将来の宇宙利用の拡大を見据えた取り組み（LNG推進系／再使用型宇宙輸送システム／宇宙太陽光発電（SSPS））
(カ) 官民一体となった国際商業宇宙市場の開拓（宇宙システム海外展開タスクフォースの立ち上げ）

(3) 今後の課題

この＜第三次＞宇宙基本計画の作成により「仏」は作られたが、安全保障を含む宇宙利用のさらなる拡大のためには、今後宇宙関係者は、次に示すような「仏」に「魂」を入れる作業をオールジャパンで実施することを忘れてはならない。

①体制

我が国では知識やノウハウはタダという誤った信仰が政府関係者にあり、これを是正し適切な対価を支払う仕組みを作る必要がある。人材こそが国家戦略を遂行するための日本の生命線であり、リアルタイムに情報収集・分析し、公正に政策オプションが提言できる宇宙シンクタンクの設置が何よりも必要である。

②予算

各年の工程表の見直しによる着実な予算要求により、官民併せ10年で5兆円（年間5,000億円）を実現する。併せて、経団連はこのうち10％を担保するとしており、官民の分担について議論する必要がある。

③法律・政策文書

国家安全保障戦略を宇宙分野でどう推進するかを具体化した「国家安全保障宇宙戦略（日本版NSSS）」文書を作成する必要がある。

④プロジェクト

＜第三次＞宇宙基本計画に示されたプロジェクトの着実な推進が必要で、特に日米間の重要なプロジェクトであるMDAについては早急に必要な衛星群と打ち上げシステムを整理する必要がある。

⑤基盤整備

安全保障プロジェクトを核にして産業基盤の維持・強化と国際競争力向上を図るとともに、ロケット打ち上げの海外受注と国内外商業衛星の受注を促進する必要がある。衛星では、スカパーJSATの保有する通信放送衛星（16機中15機は外国製）を国内企業が受注できるようになれば自ずと海外市場にも展開できる。

⑥抗たん性

種子島／内之浦射場で事故が起きれば1年以上日本の宇宙開発が止まるため、非常時に対応した衛星／ロケット／射場の仕組みを構築する必要がある。具体的には、民間の事業者のロケットの打ち上げも可能な新たな射場（アジア・環太平洋圏に開かれた宇宙輸送センター）の構築と、地球周回衛星の小型化（1トン以下）、それらを即応的に打ち上げるための手段の確保（例：イプシロンロケットの能力向上、空中発射システムの整備等）が必須である。

(4)国家戦略実現のための具体的な方策

＜第三次＞宇宙基本計画ができたことにより産業振興促進のための予算・基盤が充実し、我が国の宇宙利用が拡大されることが期待されるが、具体的な利用の拡大について、宇宙基本法の三つの理念である「安全保障」、「産業振興」、「科学技術」の視点から、筆者の考える21世紀の理想的な日本の宇宙利用の姿を示す。

（ア）安全保障

①宇宙状況把握（SSA）システム

SSA機能は、情報／監視／偵察／宇宙環境モニタリング／宇宙オペレーション、の5要素から構成される。米SSNネットワークと連携し東アジア上空の監視を行い、取得したデータは、デュアルユースを考慮した運用（秘密データ／一般データ）を行う。図6-1に、宇宙状況把握（SSA）システム利用のイメージ図を示す。

②海洋状況認識（MDA）システム

海賊／不審船／不法投棄／密輸・密入国／海上災害／大量破壊兵器（WMD）／船舶航行状況／シーレーン／北極海航路／資源開発状況、を対象とし、官邸で広大なEEZエリアを常続的にリアルタイムに監視する。また、日本の優秀なソフトウエア技術を活用し、洋上を航行する船舶の「ID化」→「抽出」→「特定」→「トレース（追跡）」といった一連の作業を行う。図6-2に、海洋状況認識（MDA）システム利用のイメージ図を示す。

③弾道ミサイル（BM）監視システム

我が国の最大の脅威の一つが核や化学兵器を搭載したBMであり、東アジアから数分で届くため米国からの情

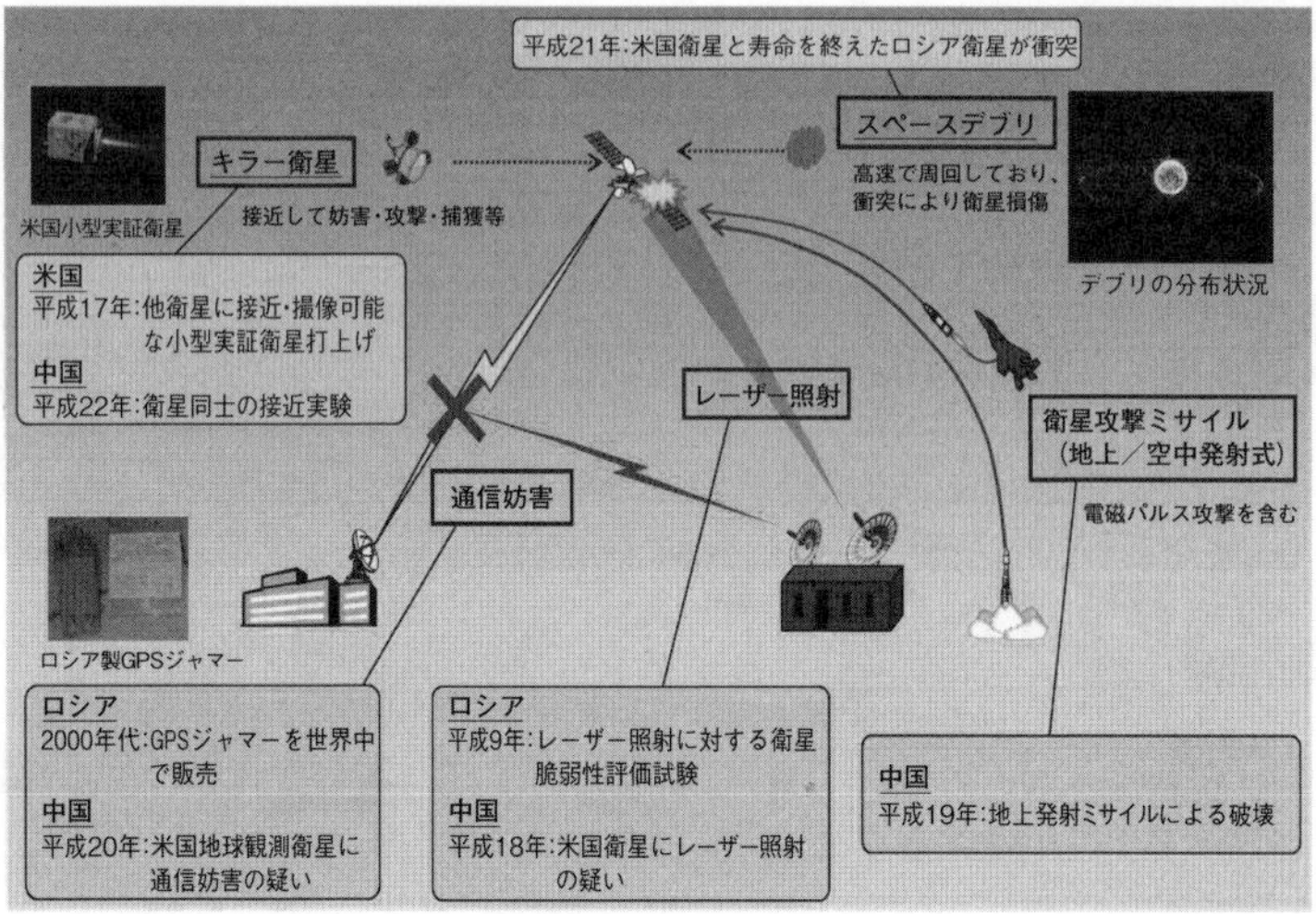

〔図6-1〕宇宙状況把握（SSA）システム利用のイメージ図（出所：防衛省資料より）

報だけに依存するのはリスクが高い。ＨＵＭＩＮＴ、ＳＩＧＩＮＴ、ＣＯＭＩＮＴ等のインテリジェンス情報に加え、早期警戒センサ等宇宙技術を用いたＢＭ監視システムを構築する。図６‐３に、弾道ミサイル監視のイメージ図を示す。

（イ）産業振興

①アジア・環太平洋圏に開かれた宇宙輸送センター

アジア・太平洋地域宇宙機関会議（ＡＰＲＳＡＦ）や米国と連携し小型衛星の安価な打ち上げや小型衛星製造・運用の教育トレーニングでアジア・太平洋のユーザを獲得する。また、極軌道の安全保障小型衛星の打ち上げ基地や、宇宙旅行の発着場（スペースポート）、超音速技術の試験場とするとともに、ケープタウン条約「宇宙資産議定書」の国際衛星登録機関を誘致する。なお、本宇宙輸送センターを構築する際に筆者が訪問して参考となった米国の射場として、図６‐４に、「米国ワロップス射場」、図６‐５に、「米国コディアック射場」を示す。

②宇宙エレベータ、宇宙太陽光発電システム（ＳＳＰＳ）

２０５０年までには日本主導で宇宙エレベータを実現し、新しい宇宙建設、宇宙発電市場を誕生させる。日本はこれらの分野で世界市場を制覇するとと

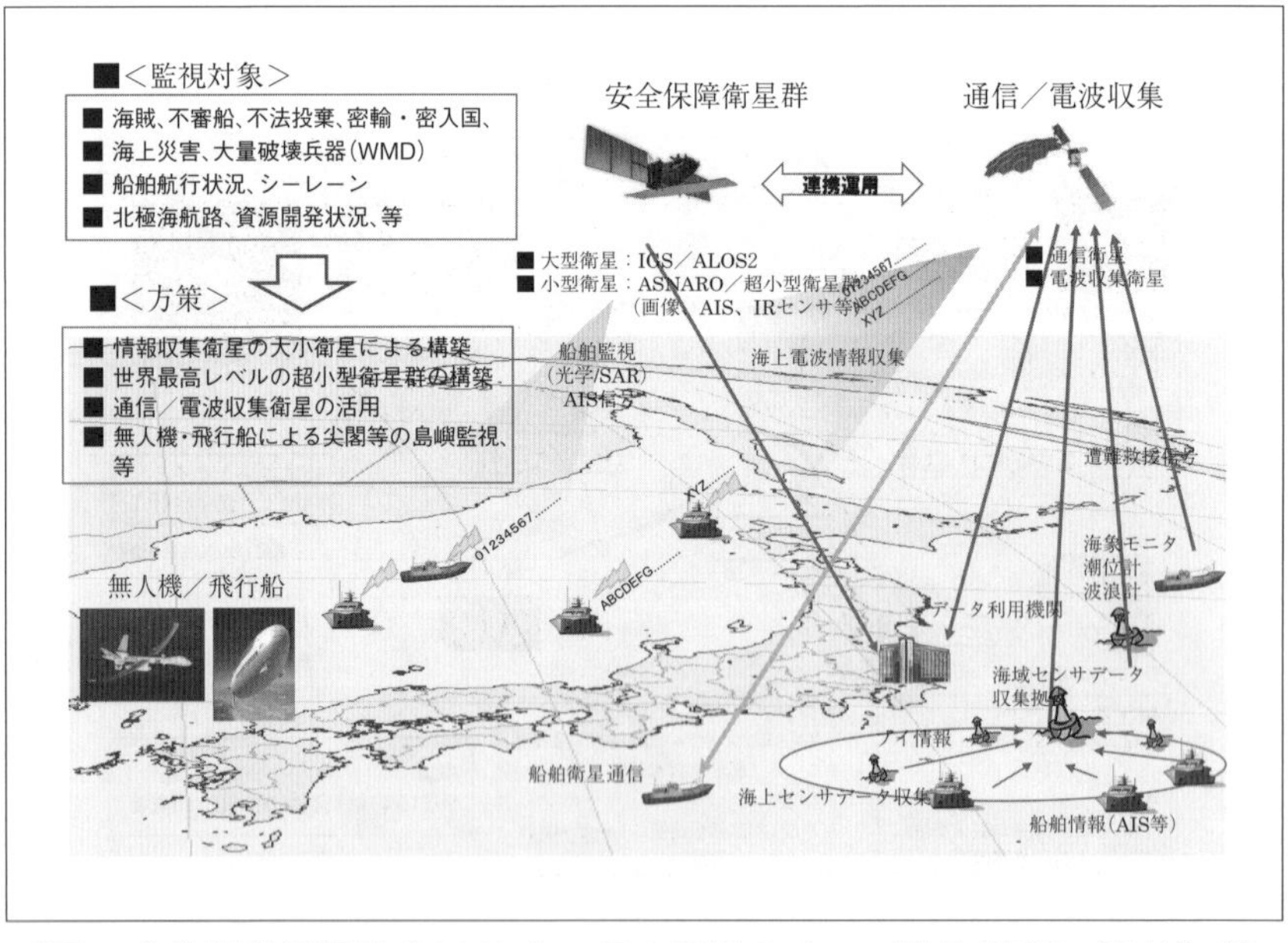

〔図 6-2〕海洋状況認識（MDA）システム利用のイメージ図（出所：筆者作成）

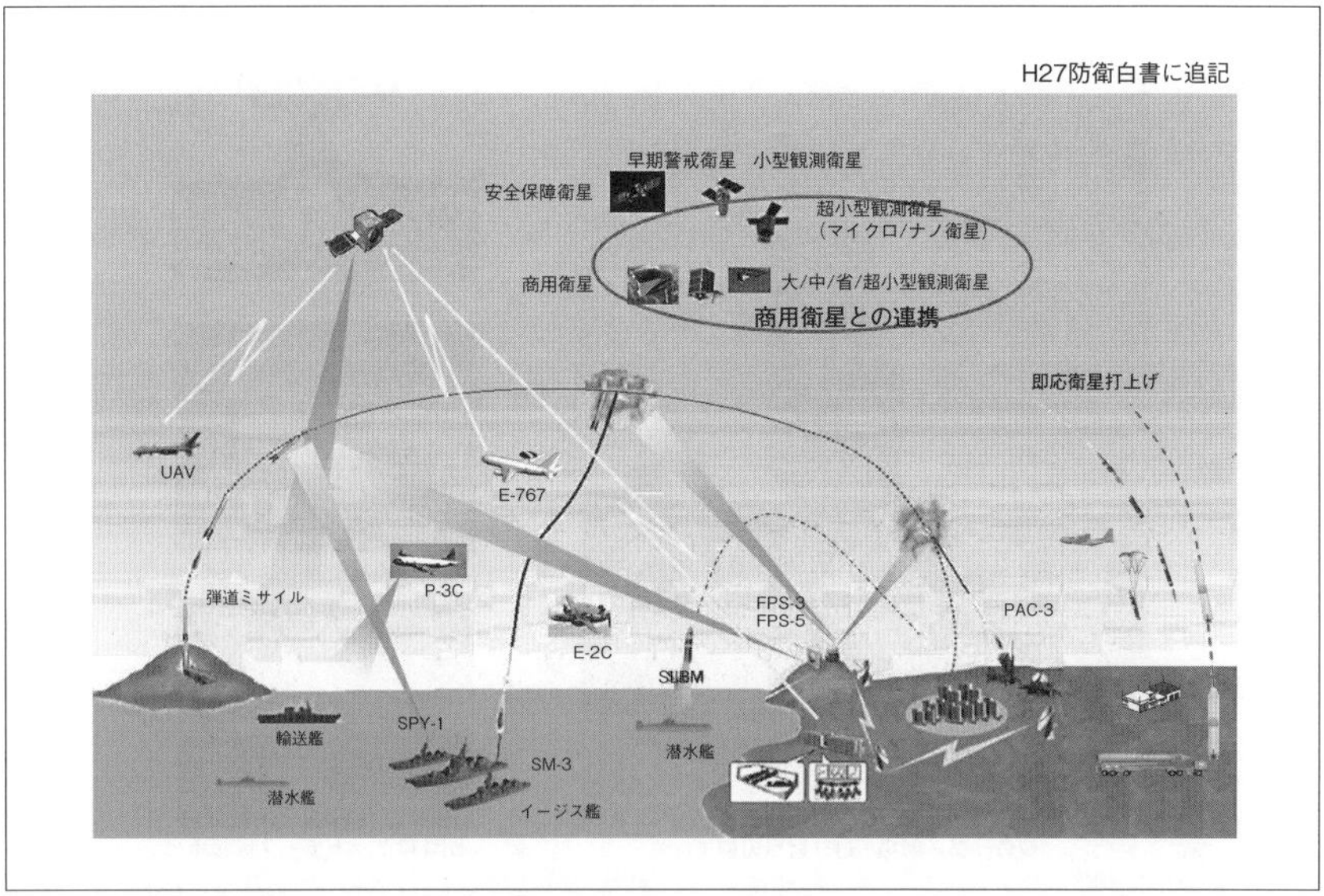

〔図 6-3〕弾道ミサイル監視のイメージ図
（出所：宇宙システム開発利用推進機構（JSS）資料より）

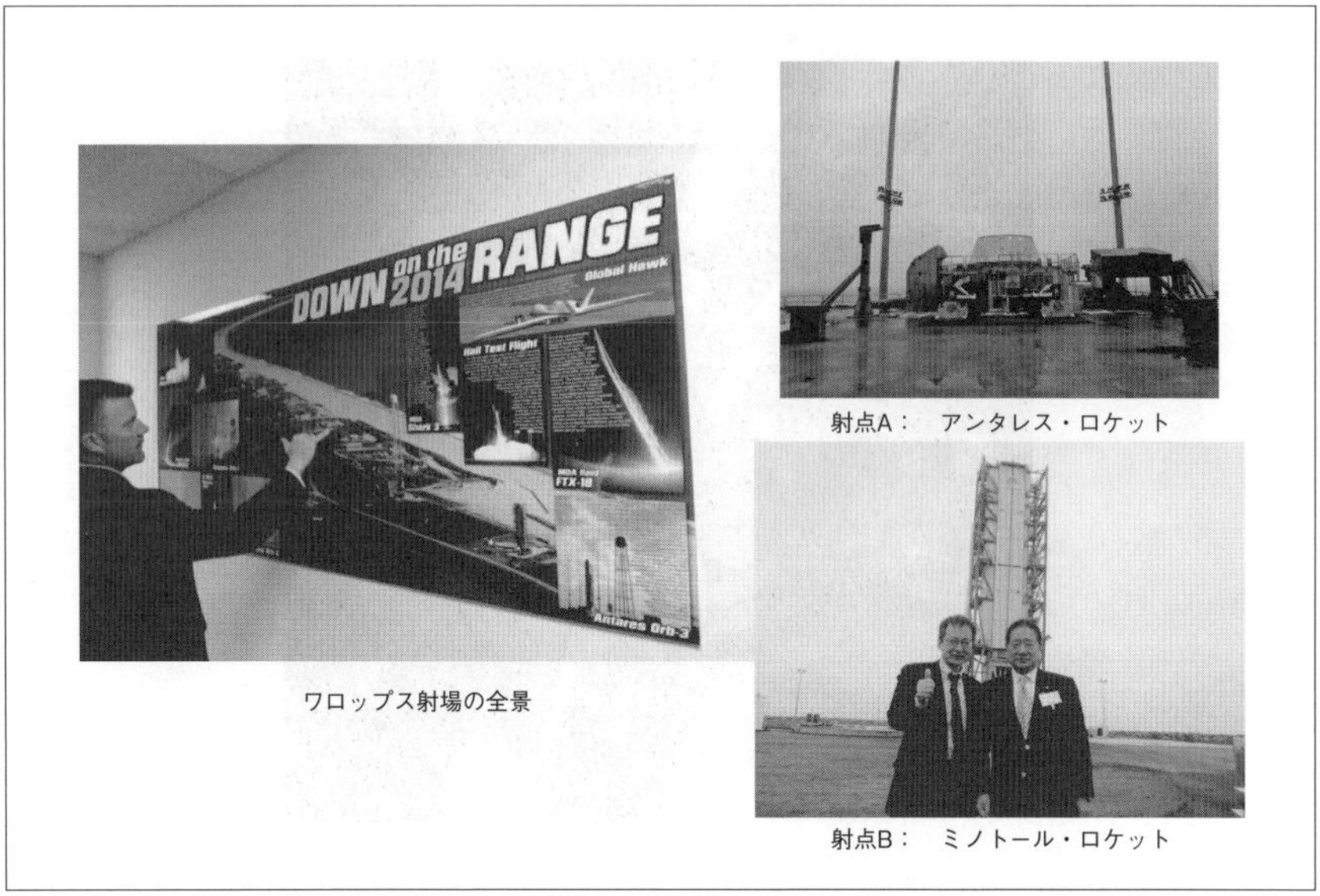

〔図 6-4〕例 1：米国ワロップス射場（出所：筆者撮影）

ワロップス射場・LP1射点の前で

アンテナ

射場追跡監視システム

固体ロケットモータ保管庫

〔図 6-5〕例 2：米国コディアック射場（出所：筆者撮影）

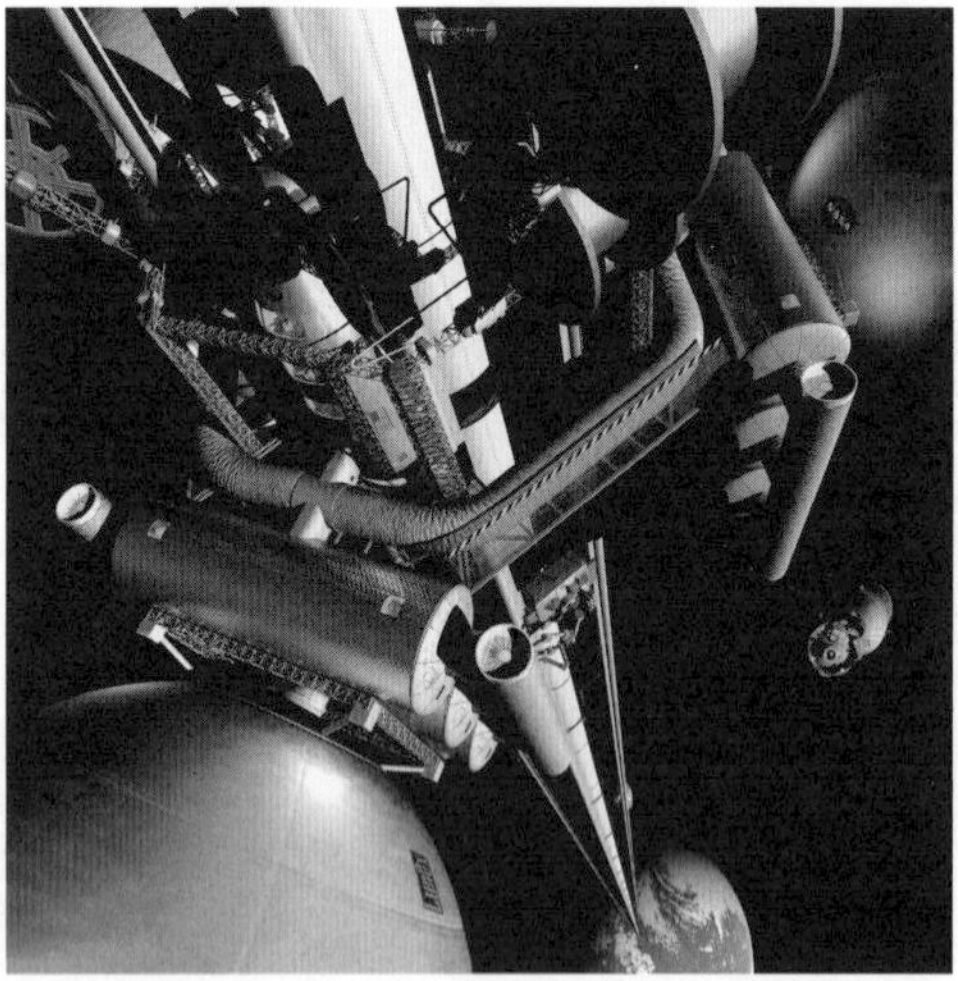

〔図 6-6〕宇宙エレベータのイメージ図（出所：NASA）

もに、宇宙を目指す学生が全員就職できるような未来を創る。図6-6に、宇宙エレベータのイメージ図を、図6-7に、宇宙太陽光発電システム（SSPS）のイメージ図を示す。

③宇宙旅行

HTV発展型回収機（HTV-R）を改修すれば有人宇宙輸送カプセルになり、H-2Bを有人仕様に改修しアボートシステムを取り付ければ有人ロケットになる。宇宙旅行のための有人宇宙機の開発、スペースポートの設置、滞在型宇宙旅行実現のため国際連携による宇宙ホテル、宇宙遊園地の建造、そして宇宙旅行者の安全を確保するためのスペースデブリ除去ロボットの開発・除去の事業化を行う。図6-8に、弾道宇宙旅行のイメージ図を示す。

（ウ）科学技術

①地球観測衛星を活用した災害監視・地球環境モニタリング

我が国が保有するマイクロ波放射計、降水観測レーダ、中分解能光学観測、高解像度観測センサ等の優れた技術を活用したミッションを推進する。また、衛星の寿命を10年以上に伸ばす等費用対効果を高めるとともに、複数の衛星群を同一軌道で運用し取得データを有機的、かつ複合的に利用する。将来に向けては、レーザーによる画像検出・測距技術である植生ライダー／ドップラーライダーや、イメージングスペクトルメータ等の新技術の開発に取り組む。

②月・火星探査と人類存続

まず、月面基地を建設して月を実験場とした人類の宇宙活動の基盤

〔図6-7〕宇宙太陽光発電システム（SSPS）のイメージ図（出所：JAXA／HP）

技術を獲得する。次に、火星の衛星であるフォボス／ダイモスにて火星居住の要素技術を開発し、その後火星のテラフォーミングにより火星に居住する。なお遠い将来かもしれないが、太陽系に人類が住めなくなる環境が到来したときのために、太陽系以外の惑星への移住方法を検討しておく。図6-9に、月面基地と火星基地のイメージ図を示す。

③惑星資源探査

火星と木星の間に約2万個ある小型惑星群から人類が必要とする貴重な鉱物資源が確保できると期待されているが、我が国としても2050年をめどに欧米と連携した研究開発を行う必要がある。

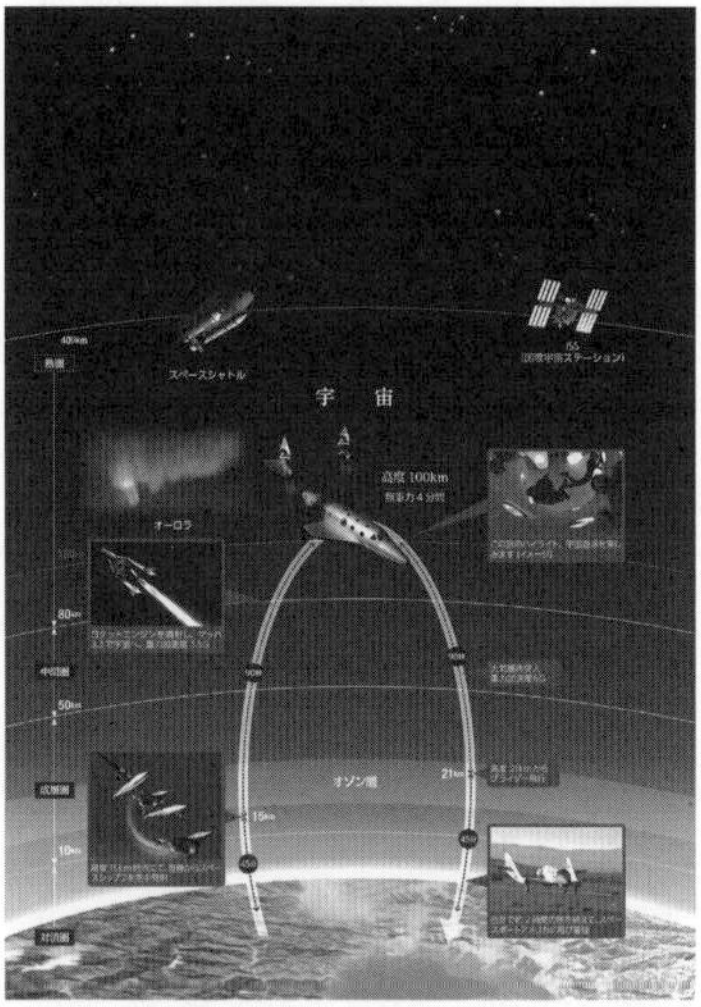

〔図 6-8〕弾道宇宙旅行のイメージ図（出所：クラブツーリズム・スペースツアーズ／ HP）

〔図 6-9〕月面基地と火星基地のイメージ図（出所：Wikipedia より）

6-3 航空の未来設計図

航空機産業は、高い技術力・ものづくり力を必要とする高付加価値で裾野が広く、国家の技術力・総合力が一目でわかる産業である。航空機産業の技術や生産基盤の優位性は、国の防衛力に直結するため、各国ともしのぎを削って開発を推進している。

世界の民間航空機市場は、現在の約20兆円から2030年代には50兆円と倍増が予測される有望市場であるが、規模が大きく高い安全性が要求されるため膨大な投資が必要で、投資回収が長期にわたる等ハイリスク産業でもある。

我が国の航空機産業は、個々には高度な技術と防衛の完成機の開発能力を有するものの、規模・総合力で欧米との差は大きく、先行する欧米との競争と新興国の追い上げが激化しているため、航空産業を「成長戦略」に位置づけ、次世代の基幹産業としてオールジャパンで取り組む必要がある。

ここでは、航空機産業を欧米に比肩しうるまで成長させ、自動車に次ぐ次世代の基幹産業とするための課題を抽出し、将来を展望した推進戦略について示す。

(1) 航空機産業の概要

(ア) 全般

航空機産業は、完成機事業を成長の原動力とし、多岐にわたる事業領域（材料、機械、電気電子、情報通信、ソウトウエア、サービス、金融）を巻き込む総合産業である。完成機事業は、単機種だけでなく、複数の機種およびそれらの派生型のプログラムを、投資・回収時期をずらしつつ、継続して保持することが成長につながる。また、欧米メーカとの国際共同開発等の既存市場における着実な成長を図るとともに、関連する複数の領域が好循環を生み出せるよう、新市場の開拓、産業基盤の強化という観点から、横断的課題に対して関係省庁と連携して、重点化を図りながら推進することが重要である。

(イ) 国の体制

文部科学省、経済産業省、国土交通省、防衛省の四府省が、航空技術研究、航空機産業、航空輸送と安全の管理、防衛航空の開発運用に関する業務を行っているが、省庁の枠を超えた業務を行うためには、国の長期的指針、目標やビジョン、産業振興や技術の成果をより高いレベルで評価する仕組み(司令塔機能)が必要である。

(ウ) SWOT分析

我が国の航空機産業の「強み」を活かし、「機会」を捉え、「弱み」を克服し、「脅威」を排除するにはどうするかが課題である。筆者の考えるSWOT分析の結果を、表6-5に示す。

(2)航空機産業の現状

(ア) 全般

世界の航空マーケットは、アジアを中心に年率約5％で拡大し、今後20年間で約500兆円のジェット旅客機の新規需要が見込まれている。150

〔表 6-5〕SWOT 分析

No	特徴
1. 強み (Strength)	①世界一の裾野の広い産業基盤、中小企業の総合力を保有 ②大型機の同時開発能力（C-2、P-1）を保有 ③定時出発率・到着率が世界第1位の運航管理技術を保有 ④世界第3位の航空機リース事業、世界の70％を占める炭素繊維製造量 ⑤毎年500～700人の優秀な卒業生を輩出（官民24大学の航空コース）
2. 弱み (Weakness)	①航空機産業の規模が小（GDP比較で欧米の5分の1） ② 300万点に及ぶ部品のインテグレーション能力・経験が不足 ③資本投入、補助金、融資、貿易保険、輸出税控除、優遇税制、工場立地規制緩和等で政府の助成策が少なく規制が多い ④ビジネスジェットの専用空港・ターミナルがない ⑤装備品メーカの企業規模が数十億円程度と小さい ⑥省庁連携（製造、認証、研究教育、防衛機開発）、人材育成、グローバルなリーダーシップが不足
3. 機会 (Opportunity)	①今後20年間で3万機、4～5兆ドルの巨大な将来マーケット ② LCC拡大によるリース等のMRO市場が拡大 ③航空機は国の技術と安全保障上の必須の手段でその利用が拡大 ④素材・部品・ソフト等で波及効果の極めて大きい産業
4. 脅威 (Threat)	①国産MRJジェットの競合国に、ロシア、中国が台頭 ② Tier2以下では新興国の参入が拡大する傾向 ③米国は航空機、エンジンとも巨大／欧州は統合により競争力を強化／カナダ、ブラジルが中小型機で成長 ④ LCCの参入拡大による航空会社のコスト競争がメーカに波及

（出所：筆者作成）

席以上200席前後の中小型旅客機を中心に需要が拡大する有望かつ将来性が高い分野であるが、その実現には技術者、パイロット、関連従事者等の人材不足が懸念される。日本航空宇宙工業会の航空宇宙産業データベース（平成25年7月）、公開情報によると、我が国の航空機産業の現状は、次のようになる。

①産業規模と従業員数

日本の産業規模は約1兆円、米国は14兆円、欧州は12兆円である。日本の航空宇宙産業の従業員数（3・2万人）は、カナダ（8・7万人）より少なく、ブラジル（2・3万人）と同程度で、米国の20分の1、欧州の11分の1である。

②公的研究機関の比較

日本のＪＡＸＡの人員230人は、米国ＮＡＳＡの6分の1、欧州（仏ＯＮＥＲＡと独ＤＬＲの合計）の15分の1である。

③運行機材数

２０１２年～２０３２年のサイズ別のジェット旅客機の運航機材数は、120～169席クラスで１０，５０３機、170～229席クラスで４，６２２機、230～309席クラスで４，６２０機である。

④エンジン

日本の民間エンジンの売上規模は過去20年間で約500億円から２，７００億円に拡大した。このエンジン開発には高い安全性、高度な品質要求・耐空性要求・設計基準が求められるため、技術先進国しか参入できない分野である。世界の売上高は、５兆６，５０２億円で、米国が53・7％、英国が17・7％、フランスが10・7％、日本が６・４％のシェアを有する。

⑤装備品の概要と主な国内メーカ

装備品の売上高は２，００８億円であり、操縦装置（機体制御、自動操縦）、航法装置（レーダ、ＧＰＳ）、電力制御装置（ナブテスコ）、与圧・空調装置、降着装置（住友精密）、内装品（ジャムコ・パナソニック）、飛行制御用アクチュエータ（ナブテスコ）、補助動力装置等からなる。

（イ）カテゴリ別の現状

①完成機

我が国は、欧米、ロシア、カナダ、ブラジル、中国等と同じく、ジェットエンジンの完成機を開発できる数少ない技術保有国であるが、民間ジェット機YS-11の開発を中止したことで航空機産業の発展に必要な基礎が失われた。継続による蓄積が極めて重要であるが、防衛機ではP-1、XC-2の次の中大型機の開発はない。MRJは、平成27年に初飛行し平成29年に就航を迎える予定である。防衛の完成機は、技術革新性、完成機の経験の蓄積、セキュリティの確保等が課題で、継続的に自主開発プログラムを推進する必要がある。

②エンジン

V2500エンジンの成功をもとにP&W社とのGTF（ギアード・ターボファン）エンジンの共同開発を進展している。大型エンジンでは、ロールスロイス（RR）社、GE社との共同開発、コンポーネント・部品生産により着実にシェアを伸ばして世界5位にまで成長した。防衛エンジンでは、国産する実力を備えて世界の数少ないエンジン開発生産国の地位を築きつつあるが、民間エンジンでは日本ブランドの開発実績はない。

③素材、部品、搭載品、装備品

我が国航空産業の発展には、素材、部品、搭載機器、装備品等の中小企業を含む幅広い産業育成が欠かせない。個々には炭素繊維等ナンバーワン・オンリーワン技術を有し、アクチュエータを受注したりエンジンサブシステムの重要開発メンバーとなる等成果も出始めているが、全体としては必ずしも国際的な活動にはなっていない。

④国際共同開発

機体におけるボーイング社との共同開発、エンジンにおけるGE社、RR社、P&W社との共同開発は、民間航空機産業の中核となってきた。国際競争下での新規機材の開発には優秀な国際パートナーや参加企業が競争力の源泉で、技術や企業の囲い込みが行われている。参加シェア拡大には技術競争力強化が不可欠で、複合材等の素材技術、コンピュータ設計解析技術等の優位技術をさらに高める必要がある。日本のワークシェアは、B767で15%、B777で21%、B787で35%と急速に増加している。

⑤我が国の保有技術

・JAXAを中心とした材料技術、CFD設計・解析技術、超音速機技術、エンジン技術
・企業における製造技術、加工技術等十分世界と戦える基盤
・C-2やUS-2、あるいはエンジンのF7等の技術基盤
・JAXAの風洞設備、エンジン試験設備、要素試験設備、構造試験設備、スーパーコンピュータ、飛行試験設備
・電子航法研究所(ENRI)の航空管制や航空交通管理システム研究開発インフラ
・防衛省機関の航空機、空港、空域、大型試験設備等技術開発インフラ

(3) 航空ビジネスの課題

(ア) 政策面

政策面の課題としては、規制を含む法制度の見直し、防衛機で培った能力・技術を民間機に転用するインテグレーションの問題等がある。表6-6に、政策面の課題を示す。

(イ) 技術面

技術面の課題には、主に機体・エンジン・装備品・産業基盤の問題があり、「技術」はあるが「量」の不足している現状の打破、波及効果の大きい「航空技術」を用いた地方の活性化といった視点が重要である。表6-7に、技術面の課題を示す。

(4) 我が国の航空ビジネス戦略

自民党提言「基幹産業化に向けた航空ビジネス戦略」を踏まえ、我が国の航空ビジネス戦略を展望すると、次のようになる。

(ア) 戦略目標

我が国の航空産業ビジョンを策定し、実現のための予算を重点的に配分し、認証等の制度・体制の充実、JAXA等の国の関係機関の基盤強化を図る。

(a) 航空機産業として、2030年代早期に現在の自動車の世界シェアに匹敵する15~20%(7.5~10兆円規模)

〔表 6-6〕政策面の課題

No	項目	課題
1	国の体制と法制度	①縦割り行政の弊害を防ぐ司令塔の設置と国の長期ビジョンの策定 ②武器輸出三原則の拡大解釈の見直し、自主開発の推進、技術標準の作成、JAXA、ENRI 等の研究開発組織の強化 ③地域の中堅・中小企業の参入促進、部品・素材産業の育成 ④特区での規制緩和、航空機製造事業法・産業振興法の見直し ⑤航空機ファイナンス、国内航空ネットワーク再構築と併せたインフラパッケージ、サプライチェーン構築に向けた検討・支援 ⑥航空機設計の安全性審査体制の強化、海外当局との相互承認(BASA)、MRO の推進による安全性の維持 ⑦不足が予想される官民一体となった操縦士等の養成・確保
2	国際協力	①過度の米国依存からの脱却(米国との積極的対話) ②国際連携のための航空技術力強化 ③トップセールスの展開、投資負担の分散のため国際共同開発の推進、途上国への雇用の提供による共同開発の推進 ④スピード感を持った意思決定と認証能力の強化 ⑤航空インフラの海外展開による周辺国の航空インフラの改善
3	インテグレーション(民間機)	①航空機産業の世界シェアの拡大 ②国産旅客機 MRJ の開発成功と、日本が主体となる全機開発の継続 ③アジア往復 1 日圏を可能とする小型超音速旅客機(SST)の推進
4	インテグレーション(防衛機)	①民転化の推進(US2、XC2 等)と型式証明の取得 ②次期戦闘機(F35A)の国内企業の参画の拡大 ③将来戦闘機(F2 後継機)の国産化の推進 ④防衛省が保有する知的所有権について、米軍と同様に所有権を民間とし、利用権を防衛省が持つ仕組みに変更 ⑤米国と同様な政府間の販売スキームの整備
5	産業基盤・研究開発	① FAA の DER / DMIR(設計上/品保の FAA 代行)導入による公務員人件費の削減等の航空機産業の認証制度の見直し ②素材産業やサプライチェーン等の産業基盤を強化 ③航空機の電動化、システム化、CFRP 等の新たな技術体系の導入 ④防民技術の双方向交流、国際動向を反映した安全性に関わる標準、設計開発あるいは型式証明に関する技術等の標準化の推進 ⑤大型プレス等の特殊大型加工機、搭載電装システム試験設備、最終組立・飛行試験場、騒音試験設備の実機開発に対応した整備 ⑥防衛機、民間機供用の設備を含む大型の開発試験用設備の整備と、海外ニーズを考慮した国際設備としての運用
6	人材育成	①プロジェクト管理、中小企業コンソーシアム等に必要な人材、技能人材等の職業教育を含む育成手段の構築 ②一定の技術・技能を持った人材を確保するための技術者能力の認証システムの構築

(出所:筆者作成)

を実現する。

(b)完成機事業の継続・拡大

・民間・防衛の連携強化による相互補完を拡充し、総合的な産業基盤を強化して競争力のある完成機事業を拡大・継続する。

(c)国際共同事業の拡大

・産業規模の拡大と、国内産業基盤の強化のため、機材の国際共同開発に積極的に参画・拡大し、技術開発や先端技術実用化により企業の参画レベルを向上する。

(イ) 重点項目

(a)完成機事業(民間・防衛)への国を挙げた支援

・資金面(研究開発、航空機国際共同開発促進基金、財投等の積極的活用)、税制面(投資促進税制や長期にわたる研究開発減税)、法制面等で支援。

・空港インフラとのパッケージ事業による海外展開やトップセールス等を積極的に推進し、政府専用機や防衛省機、国内航空会社の運航機材として国産機を積極的に活用。

・防衛生産基盤の維持・強化、他国との安全保障協力の推進、航空産業の成長のため、救難

〔表 6-7〕技術面の課題

No	項目	課題
1	機体	①後継機の研究開発の推進、装備品国産化のための研究開発 ②国内企業によるサプライチェーンの確立 ③高度な技術を持つ企業の新規参入促進と、搭載品・内装品の国産化 ④型式証明や技術開発評価のための開発・認証試験が行える大型の風洞・構造試験・飛行試験設備等の試験インフラの整備・運用 ⑤航空会社のビジネスモデルの変化に柔軟に対応できる体制 ⑥機体騒音低減技術、乱気流事故防止技術、超音速ソニックブーム低減技術、次世代運航システム技術、高効率機体技術、電気推進システム技術、飛行管理ソフトの国産開発
2	エンジン	①次世代高効率ジェットエンジン、軽量エンジンの開発、大型ファン、低圧圧縮機、低圧タービンの技術革新 ②全機開発プログラムの推進、中小企業の育成、海外エンジン3社(GE／P&W／ロールスロイス)との連携の強化 ③先端材料の導入、生産効率の革新・自動化・省力化のための投資 ④日英米独4か国の共同プログラムであるV2500に続く量産プログラムの受注 ⑤エンジン国産開発のため現在重工会社6社ある企業統合の検討
3	装備品・部品・素材	①車輪・脚の低騒音化、レーダ・センサの技術革新 ②大型化した海外企業との競争と連携 ③燃費改善のため、より強靭・高耐熱でより軽量の素材の開発 ④我が国の得意なCFRP等の複合材関連技術やチタン、マグネシウム合金等の金属材料関連技術の開発の促進 ⑤新たな素材向けの加工機械を開発と、複合材製造装置等欧米が独占している製造装置の国産化

(出所:筆者作成)

飛行艇（US2）等の防衛省機として開発された航空機の海外展開を推進。
・事業継続のための後継機計画や新技術開発を積極的に支援。
(b)国内産業基盤の強靭化
・機体・エンジン・装備品の各分野において、先端素材、CFD技術、電子技術等の研究開発を通じた技術優位性の確保、企業間連携や新たな生産プロセス導入を通じた低コスト生産、国際共同開発を通じた事業機会の確保等、事業拡大と収益向上を実現。
・次期戦闘機（F-35A）等の防衛装備の国際協力のため、国内企業がグローバル・サプライチェーンに参加する際には、政府が主導して資金面や制度面の課題を解決。
・世界最高の自主技術による低燃費、低排出ガス・低騒音、安全性に優れた次世代航空機に向けた技術開発を推進。
・搭載品や内装品の国産化の支援を行い、完成機開発製造や国際共同開発における部材競争力の強化のための国内のサプライチェーンの自主確立を促進。
・JAXAにおいて、研究開発や実証試験を支える設備としてB737、MRJ、F-7等の航空機・エンジンの実機や風洞、実証試験用地上設備、素材等特性評価試験設備等、事業者のニーズに即して、個々の民間事業者では担えない基盤的設備を保有。
・大型の試験設備として風洞、エンジン試験設備、エンジン要素試験設備、構造試験設備、スパコン、飛行試験用設備等の能力を増強し、規模を拡大。
・エンジンについては、防衛用エンジン開発とも連携して整備を推進し、先端材料やCFDを中核とする継続的な技術開発、電気システム等次世代技術への挑戦、MROへ展開。
・防衛省の保有する装備開発用の試験設備は民間活用策を検討しJAXAと連携。
・中小企業の役割拡大に向け、多工程を一括で受注できる体制作り、固有の技術力向上のための研究開発支援、参入障壁となっている認証取得等についてきめ細かく支援。
(c)国際共同開発の参加規模拡大、参加レベル向上のための技術支援

・大型開発への参加機会確保のため、国際共同事業への参加規模を拡大。
・国際事業への主体的に参加し優位性技術の研究開発等を積極的に推進。
(d)航空産業を支える人材育成
・航空産業に必要な高度で幅広い人材の確保を進めるため人材育成システムの、構築と国際的な人材確保、産官学での人材交流、経験豊富な退職者の活用を推進。
・パイロット、整備士、運航・整備技術者、研究者、設計・認証技術者、生産技術者、製造技能者の十分な質と規模を確保するため、国公私立大学等の高等教育の強化や専門学校、国立高専等も活用した職業訓練を強化。

(ウ) 推進体制

(a)航空産業ビジョンの策定
・内閣官房を事務局とした関係省庁会議において「航空産業ビジョン」を策定し、それに基づく施策の実施状況について、定期的にフォローアップを実施。
(b)航空産業振興のための法体系の検討
・完成機・搭載機器開発の推進、認証の技術基準に係るガイドラインの策定ならびに人材育成システムの整備、航空産業振興に関わる各種政策の実施のための法制を整備。
(c)認証制度・体制の整備
・認証は認証する機関と認証を受ける企業双方の経験・知識・技能・マンパワー等の総合能力であり正に国力そのものであるため、米国のFAA、欧州のEASAを参考に欧米との対等な相互認証を実現し、審査実績を積み重ねて人材の確保、制度の充実、体制を強化。
(d)航空機ファイナンスの体制整備
・航空機販売を支援するファイナンスの体制・制度整備を進め、ケープタウン条約に加盟。

(注記) ケープタウン条約とは、航空機等国際間を移動する物件の担保権等国際的権益を創設する条約で、批准した国のエアラインが倒産した場合、同国の担保権に関する国内法の拘束を受けることなく、航空機の引き揚げができる。

（エ）今後の推進方策

＜Ⅰ．民間航空機プロジェクト＞

①リージョナル機ＭＲＪの着実な推進

（a）意義

・ＹＳ‐11以来50年ぶりの国産航空機で、国や企業の認証技術の獲得と、航空機産業のさらなる発展を目指す挑戦的かつ画期的な取組み。

・航空機産業を構造部品製造から全機取りまとめの「棟梁仕事」へ転換。

・最先端技術を活用する旅客機は他産業への波及も大きく我が国の産業高度化に貢献。

（b）課題

・燃費20％以上減、騒音約40％減、快適性（広い機内スペース）の達成。

・長期間（20年以上）かつ膨大な人的・資金リソースが必要

・航空機の開発、認証のルールが国ごとに異なる中での開発が必要。

②次世代民間航空機の開発

（a）意義

・アジアを中心とする小型機需要の獲得（100～150席クラスの機体）。

・中小企業を含む国内メーカの参入を促進。

（b）課題

・ＭＲＪを上回る性能を持つエンジン・機体の開発（例：従来機種比で燃費１／２、騒音１／10）。

・国産比率を70％へ向上（ＭＲＪでは約100万点の部品のうち約20％が国産）

・初の国産エンジンの開発。

③大型民間輸送機（Ｂ777‐Ｘ）エンジン共同開発研究

（a）意義

・B777-X適用を目標とした共同技術開発（ボーイング、日本7社、JADCとりまとめ）。
・価格競争力、量産体制早期確立、運航経済性が基本目標。
(b)課題
・生産効率の革新的向上、新加工技術の導入・実用化、複合材成形・組み立て工程効率化。
・新材料・構造による軽量化、最新システム導入とインテグレーション。
④超音速航空機
(a)意義
・アジア地域への移動時間が半減し、安全保障上の重要課題として米欧中が開発競争中。
(b)課題
・従来の研究蓄積のブラッシュアップを行い、小型の実験機、実証機等早期に推進。
⑤高高度無人機
(a)意義
・高高度（15km以上）を長時間飛行可能で天候や昼夜を問わず継続的に日本全土を監視。
(b)課題
・無人機の法律がなく、新規に作成する必要あり。
⑥先端技術研究
(a)意義
・航空機の電動化により燃費・整備費が大幅に低減。また、液体水素燃料を用い、燃料電池とガスタービンの複合サイクルを利用した高効率発電機を電力源としたハイブリッド推進システムが実現。
(b)課題
・世界最高レベルの省エネ性、経済性、環境適合性、安全性を具備した次世代旅客機開発のための先端技術プロジェクトの実現。

・2030年代以降の重要先端技術（革新的素材、電化装備品、水素燃料技術等）について、民間・防衛での利用を想定した研究の推進。

〈Ⅱ．防衛航空機プロジェクト〉

①US-2等防衛省機の民間転用・海外輸出

○意義

・製造機数増加による機体価格等の低減と他国政府へ救難、輸送、監視等で貢献。

・国産技術・生産基盤の維持およびMRO事業拡大のチャンス。

(b)課題

・海外の政府機関等を対象とした需要獲得に向けた官民の連携強化。

・プロダクトサポート等顧客に対する支援体制の構築。

②次期戦闘機（F-35A）への国内企業参画シェアの拡大

(a)意義

・機体、ミッション系アビオニクス、エンジン等への参画により戦闘機生産の空白期間の終了。

・最新鋭戦闘機技術および運用支援システム（ALGS）の習得。

(b)課題

・国内企業の参画範囲の拡大。

・ALGSへ主体的に参画するための企業努力（技術力の維持・向上）と政府支援。

③将来戦闘機の国産化

(a)意義

・我が国の独自技術力が育成され、高い稼働率、安全性の確保、我が国の運用に適した能力向上等国内生産技術基盤が維持できる。

(b)課題

・先進技術実証機事業の完遂。
・将来戦闘機ロードマップの着実な実行。

6-4 海洋の未来設計図

２０１５年8月、国会で「戦争抑止」と「国際平和強調」を目的とした平和安全法制が可決された。制定の背景には、国際情勢の大きな変化（米国の力の相対的な低下／パワーバランスの変化、技術革新の急速な進展／核や弾道ミサイルの開発・拡散）／北朝鮮の脅威／中国の不透明な軍備拡張／海外で日本人がテロ等に巻き込まれるリスクが増大、等日本を取り巻く安全保障環境が大きく変化した背景があった。

⑴ 海洋政策

（ア）国家戦略と海洋政策

国家戦略は、一般的に「国家安全保障戦略」と「国家経済戦略」の二つに大別される。前者は平成25年12月17日に閣議決定されたが、後者は個別の政策分野ごとに策定されておりまとまったものはない。海洋政策を議論するには、まず関係者が国家戦略を理解し、海洋プロジェクトの優先順位を決定し、費用対効果を考慮した海洋利用の拡大を図る必要がある。

（イ）海洋基本法と海洋基本計画

海洋基本法は、２００７年4月20日に制定された日本の海洋権益に関する基本法で、国連海洋法条約に基づく。海洋政策担当大臣の下に総合海洋政策本部を設置して海洋政策を一元的に進めることや、努力義務等を定める。

海洋政策の基本理念として、「海洋の開発および利用と海洋環境の保全との調和」、「海洋の安全の確保」、「海洋に関する科学的知見の充実」、「海洋産業の健全な発展」、「海洋の総合的管理」、「海洋に関する国際的協調」、を規定した。

これを受けて政府は、２００８年3月に海洋基本計画を策定したが、２０１３年4月26日に閣議決定された最新の海洋基本計画では、次のような海洋立国日本の目指すべき姿が示されている。

①国際協調と国際社会への貢献

・アジア太平洋を始めとする諸国との国際的な連携を強化し、法の支配に基づく国際海洋秩序の確立を主導。

②海洋の開発・利用による富と繁栄

・海洋資源等、海洋の持つ潜在力を最大限に引き出す。

③「海に守られた国」から「海を守る国」へ

・津波等の災害に備え、安定的な交通ルートを確保し、海洋をグローバルコモンズ（国際公共財）として保ち続ける。

④未踏のフロンティアへの挑戦

・海洋の未知なる領域の研究により人類の知的資産の創造へ貢献し、海洋環境・気候変動等の全地球的課題を解決。

（ウ）海洋政策の現状認識と推進方策

総合海洋政策本部の参与会議では、我が国の海洋政策について次のような現状認識と推進方策の議論がなされている。

①新海洋産業振興・創出

(a)現状

世界の海洋資源開発市場は、資機材や海洋構造物・海洋プラント分野を含め２０２０年には世界で32兆円規模となる。日本では、メタンハイドレートをはじめ、海底鉱物資源開発の研究が進み、世界初の産業化に向け取り組んでおり、成長を続ける海洋再生可能エネルギー分野では、世界最大級の浮体式洋上風力発電の実現を目指している。

(b) 施策の推進

・官民のリソースを最大限生かした資源確保と探鉱活動を推進。

・大水深、極域等新規海洋掘削事業への我が国の掘削事業者、造船所が連携して進出。

・民間企業と連携した熱水鉱床等の海底鉱物資源を開発。

・海洋再生可能エネルギー発電として洋上風力発電を産業化。

・資源開発企業やエンジニアリング企業を含めた我が国のすそ野の広い総合的な海洋産業を育成・形成。

・大学等で国際的に通用する海洋技術者を養成。

・産官学が連携を図り設計、エンジニアリング、操業等に携わる技術者の育成を念頭に置いたカリキュラムと育成システムを構築。

② 海洋調査・海洋情報の一元化・公開

(a) 現状

海洋基本計画において、海洋調査・海洋情報の一元化・公開を、重点的に推進すべき取組みと位置付けている。

(b) 施策の推進

・海洋調査データの幅広い利用促進のため、収集・管理・公開に関する諸情報について、利用者にとって必要な項目の共通化を図り、一元的に収集し、適切に公開する。

・グローバルコモンズの一つとして、海洋安全保障、海上安全、海洋環境保全、海洋産業振興にとって脅威になる事象・現象・活動について、グローバルな規模でリアルタイムに把握する。

・資源の開発利用については産官学が連携して調査技術を開発し、世界標準として確立する等海洋調査・海洋情報産業の振興を図る。

③ EEZ等の海域管理

(a) 現状

・ＥＥＺ等の開発推進のために、「海洋自体の利用目的の調整および利用者間の調整」、「海洋における経済活動の推進」、「関連国際法に基づく権利行使と義務遵守、国内法令の調整、国と地方公共団体の権限の調整・整理等海域管理に係る包括的な法体系整備」を進める。

(b) 施策の推進

・海洋の計画的な開発・利用・保全と海洋産業の振興を目的とした「持続的な方法で円滑かつ効率的・効果的に管理するための法制度」を整備する。また、国際海洋法条約等に従い、我が国の沿岸国としての主権的権利の行使等国際的な基準を考慮する。

(3) 海洋利用の現状

一般に海洋利用は、「海洋安全保障」、「海上交通保全」、「海洋環境保全」、「海洋産業振興」の4分野がある。これらについて、海洋基本計画等をもとに我が国の海洋利用の現状を整理すると、表6-8のようになる。

(4) 海洋政策の主要課題

国家戦略を踏まえつつ政策面、プロジェクト・基盤面から海洋利用の現状を見ると、我が国の海洋政策の主要課題は、次のようになる。

(ア) 政策面の課題

①グローバルコモンズのリスクへの対処等の国家安全保障戦略を踏まえた新海洋基本計画の策定
②２０１５年8月成立の平和安全保障法制への対応策を追加
③20年を見据えた10年の海洋プロジェクトを示した海洋基本計画・工程表の作成
④工程表に10年間の海洋プログラムを示すことで政策立案過程を明確化し産業界が投資しやすい環境を構築（工程表は毎年評価・更新・改訂）
⑤海洋プログラムに整備・運用年次、担当省庁、取りまとめ省庁を記載
⑥プロジェクトに優先順位をつけ、予算とリンクした計画を策定
⑦海洋政策の司令塔機能が十分機能していないため、司令塔機能に予算の一元化権限を付与することで「海洋立

国ニッポン」を実現

⑧資金面（研究開発、財投等の積極的活用）、税制面（投資促進税制や長期にわたる研究開発減税）、法制面等の支援

⑨EEZ等の海域管理促進のための海洋活動法（仮称）の策定

（イ）プロジェクト・基盤面の課題

①先端素材、電子技術等の研究開発を通じ技術優位性を確保

②企業間連携や新たな生産プロセス導入を通じた低コスト生産

③国際共同開発を通じた事業機会の確保と事業拡大、収益向上の実現

④中小企業の役割拡大に向けた固有の技術力向上のための研究開発支援

⑤海洋産業機関による毎年の海洋産業データベースの整備

⑥宇宙、サイバー分野と連携した海洋技術基盤の構築

⑦高度で幅広い人材の確保を進めるため人材育成システムの構築

⑧国際的な人材確保、産官学での人材交流、経

〔表 6-8〕我が国の海洋利用の現状

＜海洋安全保障＞	＜海上交通保全＞
・周辺海域における広域的常時監視 ・遠方・重大事案への対応体制の強化 ・衛星情報の一層の活用等宇宙の活用 ・海洋の総合的管理に必要な基盤情報の整備 ・海洋の安全保障と治安の確保 ・宇宙、サイバーを活用した施策の推進 ・衛星情報のより一層の活用 ・宇宙政策とも十分に連携した今後の国内外の衛星インフラの整備	・海上輸送拠点の整備 ・国際コンテナ戦略港湾（阪神港、京浜港）のハブ機能強化 ・コンテナターミナル等の整備、貨物集約、港湾運営の民営化 ・大型船に対応した港湾の拠点的確保 ・効率的な海上輸送ネットワークの形成 ・北極域の観測、北極海航路の検討 ・離島ターミナルの整備
＜海洋環境保全＞	＜海洋産業振興＞
・海上輸送からの CO_2 排出抑制 ・海底下二酸化炭素回収貯留 ・生物多様性の確保等のための取組 ・広域的な閉鎖性水域について水質総量削減、汚濁負荷削減対策 ・地球温暖化と気候変動の予測 ・陸域と一体的に行う沿岸域管理 ・ブイ式海底津波計による津波観測と地震、津波のリアルタイムでの観測が可能な海底観測網の整備 ・津波防災地域づくりと海水、海底土、海洋生物の放射線モニタリング ・洋上漂着物の漂流予測	・海洋情報／海洋生産設備／海洋再生可能エネルギー／海事産業の振興 ・海洋エネルギー・鉱物資源（メタンハイドレート／海底熱水鉱床／レアアース／マンガン団塊／石油・天然ガス）の開発 ・水産資源の開発および利用 ・海洋再生可能エネルギー（洋上風力／波力・潮流・海洋温度差発電）の利用促進 ・浮体式 LNG 生産貯蔵積出施設等の新たな海洋産業の創出 ・海洋産業の振興および国際競争力の強化 ・広域探査船、無人探査機、最先端センサ技術を用いた広域探査システムの研究開発

（出所：筆者作成）

験豊富な退職者の活用
⑨国公私立大学等の高等教育の強化、専門学校、国立高専等も活用した職業訓練の強化
⑩海洋国日本の国民の海に関する関心の向上

(5)我が国の海洋総合戦略

上述した海洋政策の課題を踏まえ、国家戦略の視点から戦略的に推進すべき海洋プロジェクト、海洋法政策は、次のようになる。

(ア) 海洋安全保障

①海洋状況把握（MDA）の能力強化

(a)意義

日米同盟の深化と、日本版NGA機能とMDAセンター機能が連携した海洋監視を行う。「海洋状況表示システム」を構築することで、海洋情報の質・量の高度化が図れ、海洋の安全保障、海上安全、自然災害対処、環境保全、産業振興等に広く貢献する。各省が提供する主なデータを下記に示す。

・海上保安庁：海底地形、船舶運航量
・気象庁：波浪、海流等
・関係府省：被災状況画像
・海洋調査研究機関：海洋調査データ、海水温・水質
・宇宙開発機関：降水、海面水温

(b)方策

国家安全保障局、総合海洋政策本部事務局、内閣府宇宙戦略室の三者が連携し、日本の優秀なソフトウエア技術を活用して、以下の機能を構築する。

・海洋情報の集約・共有・提供の体制整備
：海上保安庁にて、衛星情報を含めた海洋情報の集約・共有・提供のための情報システム「海洋状況表示シス

テム」を整備・運用する。

・海洋情報の収集・取得の取組の強化

：海洋の観測・調査・モニタリングの充実・強化を図るとともに、海洋観測等に必要な施設・設備の整備・運用、先進的な観測技術・システムの開発を行う。

・国際協力の推進

：国際協力による地球規模の海洋の観測・調査の推進、国際的な海洋観測の枠組みによる海洋情報の共有と米国等友好国との連携・協力。

・洋上を航行する船舶の監視

：「ID化」→「抽出」→「特定」→「トレース（追跡）」→「取得データの一元化管理」の仕組みを構築する。

②海洋・宇宙・サイバーが連携した平和安全保障の実現

(a)意義

国家安全保障戦略に謳われているグローバルコモンズのリスクへの対処が実現し、世界中の陸地・海洋の画像情報が、準リアルタイムに取得でき首相官邸でモニターできる。

(b)方策

技術革新の急速な進展、核や弾道ミサイルの開発・拡散、北朝鮮の脅威、中国の不透明な軍備拡張、日米ミサイル防衛システム、海外で日本人がテロ等に巻き込まれるリスクの回避等の実現の方策を検討する。また、平和安全保障法制システムを推進するための衛星インフラを構築する。

（例）大型のＩＧＳ衛星（例：10機）、中型のＡＳＮＡＲＯ衛星（例：20機）、小型の100kg級衛星（例：60機）を有効に活用。

（イ）産業振興

①海洋産業の振興・国際競争力強化と人材の育成

(a)意義

戦略的な推進により国際競争力が強化され、造船王国ニッポンが復活する。また、資源開発企業やエンジニアリング企業を含めた我が国のすそ野の広い総合的な海洋産業が形成でき、大学等で国際的に通用する海洋技術者が養成できる。

(b)方策

官民のリソースを最大限生かした資源確保と探鉱活動を推進し、水深、極域等新規海洋掘削事業への我が国の掘削事業者、造船所が連携して進出する。また、産官学が連携を図り設計、エンジニアリング、操業等に携わる技術者の育成を念頭に置いたカリキュラムと育成システムを構築する。

②海洋鉱物資源・エネルギーの開発と利用

(a)意義

年間20兆円規模の石油・ガスエネルギー輸入大国日本の最大のウィークポイントが解決できる。また、段階的に開発する（石油・天然ガス→再生エネルギー→海底資源）ことで、将来にわたり国産の海洋資源が確保できる。

(b)方策

海洋鉱物資源の埋蔵量を調査し、経済採算性、採掘方法、海洋環境への影響性等を検討（広域探査船、無人探査機、最先端センサ技術等を用いた広域探査システムと新しい探査手法の研究開発）する。また、民間企業と連携した熱水鉱床等の海底鉱物資源の開発と、海洋再生可能エネルギー発電としての洋上風力発電を産業化する。

(ウ) 科学技術

①海洋情報の一元化と公開

(a)意義

地球観測衛星を用いれば海面水温、海上風、海面高度、海面塩分濃度、海色、海氷、降水等のデータを取得できる。現在担当省庁でばらばらに管理している海洋情報を一元化することで、取得情報をビッグデータとして活用でき、海洋情報を秘密情報と公開情報に分類することでデュアルユース情報として安全保障用途と民生用途で使用できる。

(b)方策

Ｇ空間情報基本法・基本計画とリンクし、米国ＮＧＡを参考にして内閣官房に「日本版ＮＧＡ機能」を新たに付与する。また、衛星等の宇宙インフラは政府共用とし、運用を一元化するとともに、政府が必要とする情報を優先度・緊急性に応じ共用する。

②将来海洋プロジェクトの研究開発

(a)意義

我が国の測位衛星である準天頂衛星システムを活用した津波警報情報を早期に検知し、津波の到着時刻・高さを当該地域に連絡できる。また、将来的に、莫大な災害対策費を事前の予防保全に活用することで、集中豪雨を事前に予測・通報・回避し、台風のエネルギーを低減し進路を変更することで災害規模を減殺できる。

(b)方策

津波警報システムは世界をリードする研究開発であり、世界の津波地域へ展開する。また、気候変動メカニズムを解明し、台風、集中豪雨等の気象をコントロールする仕組みを研究開発する。

(エ)海洋政策・海洋法

①海洋基本計画の充実

(a)意義

グローバルコモンズのリスクへの対処を明確にすることで国家安全保障戦略をベースにした海洋基本計画となる。また、20年を見据えた10年のプロジェクトを示した工程表を作成することで、産業界が海洋プロジェクトに投資しやすくなる。

(b)方策

海洋政策の推進体制は整っているが司令塔機能が十分機能していないため、司令塔機能に予算の一元化権限を付与すると同時に、海洋立国ニッポンを実現すべく優先順位をつけ、予算とリンクした計画を策定する。また、２０１５年８月に成立した平和安全保障法制への対応を検討し対応策を追加する。

②ＥＥＺ等の海域管理促進のための海洋活動法の制定

(a) 意義

海洋基本法を受けて、海洋の計画的な開発・利用・保全と海洋産業の振興を目的とした「持続的な方法で円滑かつ効率的・効果的に管理するための法制度」を整備する。また、国際海洋法条約等の国際約束に従い我が国の沿岸国としての主権的権利の行使等国際的な基準を規定する。

(b) 方策

産業振興と国家の安全保障（有事への対処、海外への配布制限等）の両立と、近未来の海洋活動を考慮した法律の拡張性、一元化した海洋情報の輸出管理を実施する。また、海洋データの配布・保存管理やデータ管理者等を規定する「データポリシー」と、ユーザ情報保全や運用センターのセキュリティ要件等を定めた「データセキュリティポリシー」を規定する。

●参考文献

◇1章：国家戦略と宇宙政策

・中曽根康弘：二十一世紀日本の国家戦略、PHP研究所、2000年
・石破茂：国防、新潮社、平成23年
・本田優：日本に国家戦略はあるのか、朝日新書、2017年
・稲盛和夫、堺屋太一、日本の社会戦略、PHP研究所、2006年
・鈴木一人：宇宙開発と国際政治、岩波書店、2011年
・青木節子：日本の宇宙戦略、慶應義塾大学出版会、2006年
・小塚荘一郎／佐藤雅彦編著：宇宙ビジネスのための宇宙法入門、有斐閣、2015年
・坂本規博：新宇宙基本計画と安全保障を含む宇宙利用の拡大、防衛技術協会、防衛技術ジャーナル2015年4月号

◇2章：日本の宇宙開発の歩み

・日本航空宇宙工業会：日本の航空宇宙工業五〇年の歩み、日本航空宇宙工業会、平成15年5月

◇3章：日本の宇宙産業

・日本航空宇宙工業会：日本の宇宙産業技術戦略、日本航空宇宙工業会、平成12年3月

◇4章：安全保障と宇宙海洋総合戦略

・ヘレン・カルディコット／クレイグ・アイゼンドラス：宇宙開発戦争、作品社、2009年

・春原剛：日本版ＮＳＣとは何か、新潮社、２０１４年
・江畑謙介：日本に足りない軍事力、青春出版社、２００８年
・大森義夫：日本のインテリジェンス機関、文藝春秋、２００５年
・坂本規博：宇宙の安全保障への利用、Space Japan Review No89゛June/July/August/September 2015
・坂本規博：宇宙の安全保障への利用（その２）、Space Japan Review No92゛Spring 2016

◇５章：安全保障と電磁サイバー戦略

・木村正人：見えない戦争「サイバー戦」最新報告、新潮社、２０１４年
・伊東寛：「第５の戦場」サイバー戦の脅威、祥伝社、２０１２年
・瀬戸信二：電磁波を利用する意図的な攻撃脅威について、科学情報出版、第21回ＥＭＣ環境フォーラム、２０１５年
・リチャード・クラーク、ロバート・ネイク：世界サイバー戦争、徳間書店、２０１１年
・坂本規博：サイバー技術の動向、防衛技術協会、防衛技術ジャーナル２０１６年３月号／４月号／６月号

◇６章：グローバルコモンズの未来設計図

・ミチオ・カク：２１００年の科学ライフ、ＮＨＫ出版、２０１２年
・科学技術庁：21世紀への階段第１部／第２部（復刻版）、弘文堂、２０１３年
・ジョージ・フリードマン：100年予測、早川書房、２００９年
・英エコノミスト編集部：２０５０年の世界、文芸春秋、２０１２年
・浜田和幸：2001-3000、イースト・プレス、２０００年
・秋葉鐐二郎：奇想天空―ゆめ・うつつ、日本ロケット協会、２００７年
・中村洋明：航空機産業のすべて、日本経済新聞出版社、２０１２年

・村田良平：海が日本の将来を決める、成山堂書店、平成18年
・細井義孝：鉱物資源フロンティア、日刊工業新聞社、２０１２年
・坂本規博：わが国の航空ビジネスの課題と推進戦略、防衛技術協会、防衛技術ジャーナル２０１５年8月号
・坂本規博：わが国の海洋政策の課題と安全保障を含む海洋利用の拡大、防衛技術協会、防衛技術ジャーナル２０１５年12月号

あとがき

6章の宇宙の未来設計図の中で述べた宇宙プロジェクトの中で、筆者が注目しているものが2つあります。それは、宇宙太陽光発電システム（SSPS）と宇宙エレベーターです。

SSPSは、宇宙空間上で太陽光発電を行いその電力を地上に送る発電システムで、我が国のエネルギー危機を救う手段として期待されています。太陽光は大気の吸収などにより減衰し天候に左右されるため、宇宙で発電し大気の透過率の高い波長の電磁波に変換して地上へ届けることで発電効率がよくなります（宇宙で10倍程度）。発電した電力はマイクロ波またはレーザー光に変換して砂漠または海上の受信局に送り地上で再び電力に変換することで、24時間365日原子力発電と同様にベース電力として利用することができます。現在では日本と米国が先頭を走っており、JAXAは2030年頃の商用化を目指しています。

しかしながら、打ち上げコストの問題（百分の一）や材料劣化対策、メンテナンスなど技術的課題も多くあり、中でも輸送コストの問題が一番大きくてこれを解決するには宇宙旅行と大量物資輸送手段である宇宙エレベーターの出現を待たなくてはなりません。一方、「2050年宇宙の旅」は宇宙エレベーターに乗って地上と宇宙を行ったり来たり。こんな夢のように壮大な構想をゼネコンの大林組が2050年に実現させると発表しました。鋼鉄の20倍以上の強度を持つ炭素繊維「カーボンナノチューブ」のケーブルを伝い、30人乗りのかごが高度3万6,000キロのターミナル駅まで1週間かけて向かう計画です。ケーブルの全長は月までの約4分の1にあたる9万6,000キロで、根元を地上の発着場に固定する。ターミナル駅には実験施設や居住スペースを整備し、かごは時速200キロで片道7.5日かけて宇宙と地上を往復します。駅周辺で太陽光発電を行い、地上に送電するという構想です。

SSPSも宇宙エレベーターも日本の産業振興につながり、かつロボット技術やAI技術を活用するため日本が世界のトップランナーとなれる宇宙プロジェクトです。実現時期は2050年前後と想定されるため、是非夢を持つ若い読者に継続的な推進を託したいと思います。

なお、本書のすべての内容は所属する組織とは関係なくあくまで筆者の個人的な見解で、事実誤認等あれば筆者の責任です。

また、本書を出版することに力強く応援していただき、一緒に研究会を開催し、また快く資料を提供していただいた皆様、とりわけ以下の方々に感謝の意を表します。

青木節子氏、秋山演亮氏、池本多賀史氏、石井清就氏、伊藤献一氏、今清水浩介氏、岩崎晃氏、奥村直士氏、鬼塚隆志氏、河村健一氏、木内英一氏、北村幸雄氏、木村初夫氏、工藤勲氏、久保園晃氏、小菅敏夫氏、小塚荘一郎氏、鈴木一人氏、瀬戸信二氏、田中俊二氏、津宏治氏、中田勝敏氏、中山勝矢氏、橋本靖明氏、原田耕造氏、穂坂三四郎氏、細井義孝氏、細谷孝利氏、松浦直人氏、松田光氏、六川修一氏、渡辺忠一氏（以上、五十音順）

２０１７年2月
坂本規博

筆 者 略 歴

坂本 規博
Sakamoto NORIHIRO

1953年生まれ。鳥取県八頭郡八頭町出身。宇宙アナリスト。自由民主党総合政策研究所特別研究員として党の宇宙、航空政策の提言に関与。専門は国家安全保障戦略の基幹となるグローバルコモンズ（宇宙、航空、海洋、サイバー）。

三井海洋開発に入社（石油掘削船の設計）後、日産自動車（宇宙・防衛固体ロケットの設計）、日本航空宇宙工業会（宇宙基本法・宇宙活動法、宇宙政策を提言）、東京財団リサーチフェロー（宇宙、海洋、安全保障政策）を経て現在に至る。防衛技術協会客員研究員、和歌山大学客員教授。

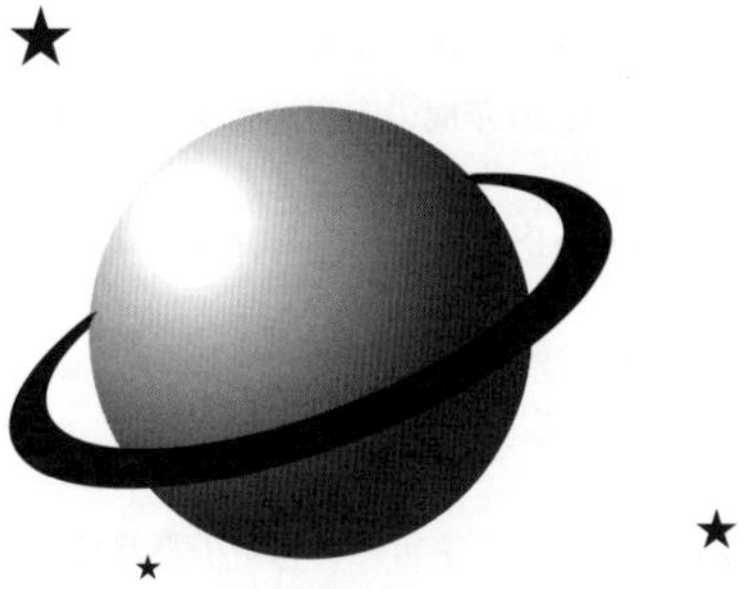

資料　日本の宇宙開発の歴史年表

資料　日本の宇宙開発の歴史年表

昭和 28 年（1953）

1.　東京大学生産技術研究所（東大生研）糸川英夫教授渡米（約半年間）。この間航空界はジェット機時代であるが、戦後日本として今後取組むのはロケット航空機であると確信し帰国

10.30　東大生研の糸川英夫教授、経団連会館でロケット研究の必要性を企業 13 社約 40 名に説くも反応捗しからず、この後富士精密荻窪工場の戸田康明氏、糸川教授と初対面

11.5　東大生研、糸川英夫教授によるロケット研究会の第 1 回開催（この後 11.11、11.17、12.25 と毎週開催）

昭和 29 年（1954）

2.5　東大生研、糸川英夫教授ほか計 14 名が集まり、AVSA（Avionics and Suporsonic Aerodynamics）研究班を発足

2.6　富士精密の戸田技術部長、日本油脂武豊工場の村田勉技術部長（のち社長、会長）を訪れ、在庫の無煙火薬（直径 9.5 ミリ、長さ 123 ミリ）数 10 本を手カバンに入れて持ち帰り、糸川教授に報告

4.16　東大生研糸川英夫教授、1965 年にロケット航空機の初飛行、1975 年に太平洋 25 分間の超音速横断飛行との AVSA 構想を発表

10.13　富士精密荻窪工場、乏しい予算内で小型ロケットモータ多数を試作し初の地上燃焼テストを実施

昭和 30 年（1955）

1.3　毎日新聞、「科学者の夢」欄に東大生研糸川英夫教授 AVSA 研究班の太平洋超音速横断ロケット航空機構想を掲載

2.　測地学審議会、IGY（国際地球観測年）において、ロケットによる観測を提唱、文部省による予算化を受け観測ロケットの研究開発事業がスタート

4.12　東大生研の AVSA 研究班、ペンシルロケット（胴径 18 ミリ、全長 230 ミリ、重量 202 グラム、翼幅 80 ミリの十字型尾翼体）を都下国分寺の新中央工業の半地下壕（旧軍のピストル試射場）で、戦後初の公開水平発射（3.11 に初発射済み）予算初めて成立

5.　東大生研 AVSA 研究班、水平発射場として西千葉の生研内の旧船舶水槽を利用しペンシル 300、2 段式ペンシルのテストを実施

6.29　東大生研、西千葉の 2 段式ペンシルロケット水平発射で秒速 200m 達成

7.11　総理府、航空技術研究所発足

8.6　東大生研、新設の秋田県道川実験場でペンシル 300 型ロケット 1、2 号機の初対空発射（1 号機はランチャより落下したあとストッパーをつけ再発射）

8.23　東大生研、道川にてベビー S 型 1 号機の初発射

9.17　東大生研、道川にて初のテレメータ付ベビー T 型ロケット 1 号機の発射（高度約 2km）

10.26　東大生研、道川にてベビー R 型ロケット 1 号機の初発射（切離し、開傘、回収成功）

昭和 31 年（1956）

4.1　東大生研、観測ロケット研究予算が初成立

5.19　科学技術庁発足、航空技術研究所は科学技術庁の付属機関となる

9.4　日本ロケット協会（JRS）設立
9.24　東大生研、道川にてカッパ5型ロケット1号機打ち上げ、約6km上昇（道川通算20回目）

昭和32年（1957）

4.16　日本油脂、愛知県武豊にロケット・センター設置
4.24　東大生研、道川でカッパ2型ロケット1号機の発射成功
5.2　東大生研、道川で2段式カッパ3型ロケット1号機の発射後、ブースタの切り離しとメインロケットの点火に成功
7.7　上実験に成功
9.20　東大生研、道川でカッパ4型ロケット1号機の発射実験東大生研、道川でカッパ122T型ロケット1号機の発射失敗

昭和33年（1958）

2.12　東大生研、道川でプラスチック製パイ・ティ（πT）型ロケット1、2号機を打ち上げ
4.29　東大生研、道川にてカッパ5型ロケット1号機の発射実験
6.16　東大生研、道川で1、2段ともコンポジット固体推進薬の2段式カッパ6型ロケット1号機を打ち上げ
9.12　東大生研、道川でカッパ6型ロケット5号機の打ち上げ（高度60km）その後12.23に打ち上げの13号機までの計13機の6型の観測データ取得により国際地球観測年（IGY：1957.7.1〜1958.12.31）の参加に辛じて間に合う
10.12　第9回国際宇宙航行連盟（IAF）大会、アムステルダムで開催。糸川英夫教授が、IGY後半での観測ロケットの成果を発表。日本ロケット協会のIAF加盟が承認
11.17　東大生研、茨城県大洗海岸にてFT122型ロケット1、2号機の発射（大洗では2機のみで終了）

昭和34年（1959）

3.17　東大生研、道川でカッパ6型ロケット14号機を打ち上げ（高度60km）
5.25　日本ロケット協会、第1回ロケットとアストロノーティックス国際シンポジウム（ISRA；現在のISTS）を開催（東京、3日間）
11.14　糸川英夫教授、カッパ6型ロケット10機分のユーゴスラビア輸出内定と発表
11.18　東大生研、道川でカッパ7型ロケット1号機打ち上げ

昭和35年（1960）

4.　海上保安庁、衛星測地法の調査開始
5.16　総理府、宇宙開発審議会を設置、5.20第1回会合を開催。科学技術庁、宇宙科学準備室を計画局に設置
7.11　東大生研、道川でカッパ8型ロケット打ち上げ、初めて高度180kmに到達（電波研究所と日本電信電話公社・電気通信研究所と共同発明のレゾナンスプローブを搭載して電離層観測）
7.17　東大生研、道川でカッパ8型ロケット2号機打ち上げ、世界初のイオン密度測定
9.22　東大生研、道川でカッパ8型ロケット3号機が高度200kmに達し、初の電離層観測に成功
10.3　宇宙開発審議会、「昭和36年度における宇宙科学技術推進方策について」を答申、超高層物理現象のロケット観測を行うとともに、将来宇宙空間用に対処すべき体制を整備すると明示（2号答申）

昭和 36 年（1961）

2.22　科学技術庁の欧米宇宙科学技術調査団、米国に向けて出発（米、加、西独、英;4.22 まで）
4.1　東大生研、日本初の 3 段式カッパ 9L 型ロケット 1 号機の発射に成功、到達高度 350km
4.11　東大生研、大型ロケット発射場を鹿児島県内之浦に決定、名称は鹿児島宇宙空間観測所（KSC）
4.23　東大生研、ラムダ型ロケットを初公開
6.18　東大生研、青森県内でシグマ 4 型ロケット打ち上げ（同県ではこの 1 回のみ）

昭和 37 年（1962）

2.2　東大、鹿児島県内之浦町に鹿児島宇宙空間観測所（KSC）7 起工式、小型の OT-75 型ロケットを打ち上げて祝う
4.26　宇宙開発審議会、宇宙開発 5 カ年計画案を策定
5.11　宇宙開発審議会、「宇宙開発推進の基本方策について」を答申、我が国の宇宙開発は平和目的に限り、自主、公開、国際協力の重視の 3 原則を明示（1 号答申）
5.24　東大生研、道川にてカッパ 8 型ロケット 10 号機を打ち上げるも、約 50m 上昇後爆発し海上落下、2 段目が着火し砂丘に向かって爆走し火災事故（道川で 88 回目、以降道川での打ち上げは中止となり、内之浦に移行）
9.4　衆議院、宇宙開発関係行政の一本化を決議
10.　東大、秋田県能代市に能代ロケット実験場を開設
11.6　郵政省、NASA が打ち上げる通信衛星への実験参加で米側と調印
11.25　東大生研、道川にてカッパ 9M 型ロケット 1 号機打ち上げ

昭和 38 年（1963）

4.1　気象庁、気象ロケットの開発着手
4.1　東大生研、ミュー（M）ロケットの開発着手
4.1　科技庁、航空技術研究所を航空宇宙技術研究所と改称、ロケット部を新設
5.20　東大生研、内之浦よりカッパ 9M 型ロケット 2 号機を打ち上げ（高度 343km）
5.24　GM 協議会が日本ロケット開発協議会と改称
8.10　科技庁、新島で初の小型ロケット 4 機（LS-A サステーナ、S-A 型 -1、2、3 号機）を発射。科技庁としての打ち上げはこの 4 機のみで終わり、以降は宇宙開発推進本部へ
11.23　KDD 茨城宇宙通信実験所（11.20 開所）、米リレー 1 号衛星により初の日米間テレビ中継通信に成功
12.9　東大、鹿児島県大隅半島内之浦町の鹿児島宇宙空間観測所の開所式
12.11　東大生研、内之浦でラムダ 2 型ロケット 2 号機の発射に成功（内之浦で 15 回目）

昭和 39 年（1964）

2.3　宇宙開発審議会、「宇宙開発における重点目標とこれを達成するための具体的方策いかん」を答申、新たに宇宙開発推進本部を科学技術庁、東大に宇宙航空研究所を設置すると明示（3 号答申）
4.1　東大航空研究所、同生産技術研究所ロケット部門を合併して東大宇宙航空研究所（宇航研）を設置
4.1　東大宇航研、内之浦より宇航研として初めてカッパ 8L 型ロケット 3 号機を打ち上げ（内之浦 19 回目、通算 110 回目）
7.1　科学技術庁、宇宙開発推進本部（推本）を設置

7.11　東大宇航研、内之浦より4段式ラムダ3型ロケット1号機を打ち上げ、高度860kmに到達
7.20　科技庁、宇宙開発推進本部として新島で7.25までに小型ロケット5機（SB-1、2、3、LS-A-1、2）を打ち上げ
7.24　気象庁、IQSY（太陽活動極小期国際観測年）に関し、内之浦より初の気象観測ロケットMT-135型ロケット1号機を高度約60kmに打ち上げ（3.29にテスト機PT-135型1号機を打ち上げ）
9.　富士精密、カッパ8型ロケット10機、RT-150型5機等のインドネシアに輸出契約

昭和40年（1965）

6.15　科技庁、推本、新島で小型ロケット4機を6.18までに打ち上げ
6.20　東大宇航研、昭和42年度打ち上げ予定の国産第1号科学衛星の構想を発表
7.1　航空宇宙技術研究所、宮城県角田市に角田支所発足
7.26　東大宇航研、内之浦よりカッパ9M型ロケット12号機を打ち上げ（X線星の発見）
11.16　科技庁（推本）、新島で11.22までにLS-A型ロケット3号機ほか計5機を打ち上げ
11.29　宇宙開発審議会、東大宇宙航空研究所と科学技術庁宇宙開発推進本部の2本建て体制の一元化と特殊法人設立を提案
12.28　ソ連、コスモス103号打ち上げ（この1965年にコスモス衛星は52基打ち上げ）

昭和41年（1966）

3.5　東大宇航研、内之浦よりラムダ3H型ロケット1号機打ち上げ、高度1800kmに到達（バンアレン等の観測等）
5.　科技庁、鹿児島県種子島南東部に種子島宇宙センターの設置を決定（9.1に建設開始）
5.29　科学技術庁、人工衛星調査団をアメリカへ派遣（～6.27）
8.1　プリンス自動車、日産自動車と改称、宇宙航空事業部を設置
8.3　東大宇航研、内之浦よりカッパ9M型ロケット11号機打ち上げ、初のテレビ撮影、地上送信に成功
8.3　宇宙開発審議会「人工衛星とその利用に関する長期計画について」を建議、我が国として初めて人工衛星と打ち上げロケットの開発・打ち上げを発表。さらに衛星追跡業務は宇宙開発推進本部が一元的に担当し、ミュー（M）ロケットは直径1.4mまでとし、宇宙開発の一元化体制を早急に検討すると明記
9.26　東大宇航研、内之浦よりラムダ4S型ロケット1号機の打ち上げ（第2、3段分離不具合のため初の周回軌道投入は失敗）
10.31　東大宇航研、内之浦で大型ミュー1型ロケット1号機を打ち上げ
12.20　東大宇航研、内之浦よりラムダ4S型ロケット2号機を打ち上げるも最終段ロケットが点火せず、衛星軌道投入に失敗

昭和42年（1967）

1.27　政府、宇宙条約に署名（10.10発行）
1.27　KDD、宇宙通信業務開始
2.6　東大宇航研、内之浦より打ち上げたラムダ3H型ロケット3号機が2,150kmに到達、多種目の観測に成功
3.31　東大宇航研の糸川英夫教授、東大ロケット開発に関する経理の不透明をつかれ、不本意な辞任

4.13　東大宇航研、内之浦よりラムダ4S型ロケット3号機を打ち上げるも第3段が点火せず、3度目の衛星軌道投入に失敗（その後漁業組合との紛争のため1968年9月までの約1.5年間打ち上げ中止）
8.31　科学技術庁、宇宙開発事業団の設置を発表
11.13　KDD、通信衛星用の世界初の標準地上局を茨城県高萩に完成
11.14　佐藤・ジョンソン日米首脳会談で日米平和利用の宇宙協力に関する共同声明
12.20　宇宙開発審議会、「宇宙開発に関する長期計画及び体制の大綱について」答申、宇宙開発委員会と宇宙開発事業団を設置すると明示（4号答申）

昭和43年（1968）

3.30　科技庁、海外宇宙開発調査団を派遣5.2公布（米・欧州、4.21まで）
4.26　宇宙開発委員会設置法、参院で可決・成立、5.2公布
6.10　経団連宇宙開発推進会議発足（宇宙平和利用特別委員会は解消）
6.14　宇宙開発委員会設置（委員長は科学技術庁長官）
7.7　（財）日本航空学会、（財）日本航空宇宙学会と改称
8.16　宇宙開発委員会、第1回委員会を開催
9.10　東大宇航研、内之浦よりST-160F型ロケット1、2号機を打ち上げ（約1.5年ぶりに打ち上げ再開）
9.17　科技庁推本、種子島からの初打ち上げとして、SB-Ⅱ-9、9.19にLS-C-D、NAL-16H-1の2機を打ち上げ
12.　宇宙開発委員会、宇宙開発推進本部の廃止と宇宙開発事業団の新設を決定
12.23　政府、日米宇宙開発協力に関し米国へ回答

昭和44年（1969）

1.4　東大宇航研、内之浦よりMT-135型ロケット38、39号機を打ち上げ、その後2.13までに各種ロケット11機を打ち上げ（2.13打ち上げのPT-420型1号機は初の推力方向制御（TVC）に成功）
1.21　科技庁推本、種子島でSB-Ⅲ-10を打ち上げ、その後各種6機を2.8までに打ち上げ、2.6には液体ロケットLS-C型1号機打ち上げ成功
5.9　衆議院本会議、「わが国における宇宙開発及び利用の基本に関する決議（宇宙平和の利用決議）」を可決
6.18　宇宙開発事業業団法、衆議院可決・成立（6.23公布）
7.31　政府、「宇宙開発に関する日本国とアメリカ合衆国との間の協力に関する交換公文」の交換
8.7　東大宇航研、内之浦よりロケット計14機を9.27までに打ち上げ、8.17にはM-3D型ロケット1号機を打ち上げ
9.3　東大宇航研、ラムダ4型テスト機の打ち上げ成功
9.9　科技庁推本、種子島より9.20までに計6機を打ち上げ（SB-Ⅲ-11、LS-C-2、JCR-1、-2など）
9.22　東大宇航研、ラムダ4S型ロケット4号機打ち上げるも、またもや第3段燃えがらが第4段に追突し、4度目の人工衛星打ち上げ失敗
10.1　宇宙開発事業団（NASDA）創立、昭和44年度宇宙開発計画決定（推本のQ、N計画等）

昭和 45 年（1970）

2.1　NASDA、初の打ち上げとして種子島よりJCR 型ロケット 3 号機、2.3 に LS-C 型ロケット 3 号機を打ち上げ

2.11　東大宇航研、内之浦よりラムダ 4S 型ロケット 5 号機で 5 度目の打ち上げ、4 段目が軌道にのり日本初の試験衛星「おおすみ」が誕生（自力での衛星打ち上げ国としては 4 番目）

3.10　宇宙開発委員会、宇宙開発に関する基本計画決定

7.1　宇宙開発委員会、ポストアポロ計画懇談会を設置

8.5　気象庁、気象ロケット観測所（岩手県三陸町稜里）で極東地域で初の気象ロケット MT-135P 型 1 号機打ち上げ

9.25　東大宇航研、内之浦よりミュー（M）4S 型ロケット 1 号機を打ち上げるも軌道投入に失敗

10.21　宇宙開発委員会、NASDA の新 N 計画を了承（推本の Q、N 計画を米国技術等導入に上る液体ロケット主体の新 N 計画に大転換）

11.21　宇宙開発委員会、宇宙開発新 7 カ年計画を発表

昭和 46 年（1971）

2.1　NASDA、種子島でJCR 型ロケット 3 号機、2.3 に SB- Ⅲ A 型ロケット -12、-13 の計 3 機打ち上げ

2.16　東大宇航研、内之浦より M-4S 型ロケット 2 号機により試験衛星 MS-T1「たんせい」を打ち上げ

9.3　東大三陸大気球観測所、大気球実験開始

9.6　NASDA、種子島で 9.17 までに SB- Ⅲ A-14（9.6）、-15（9.11）、LS-C-5（9.10）、JCR-6（9.17）の計 4 機を打ち上げ

9.28　東大宇航研、内之浦より M-4S 型ロケット 3 号機にて（第 1 号科学衛星）「しんせい」を打ち上げ

昭和 47 年（1972）

1.17　石川島播磨重工、米 TRW 社とガスジェット姿勢制御装置の技術提携

1.27　東大宇航研、内之浦より 2.22 まで S-210-6、-7、カッパ 9M-37、-38、-39 など計 7 機を打ち上げ

2.2　NASDA、種子島で 2.7 まで JCR-7 など計 3 機を打ち上げ

6.1　NASDA、筑波宇宙センター発足

7.23　米国、アーツ（ERTS）1 号（のちランドサット 1 号）を打ち上げ（31 ヶ国参加）

8.19　東大宇航研、内之浦より M-4S 型ロケット 4 号機により、第 2 号科学衛星 REXS「でんぱ」を打ち上げ成功

8.　三菱重工、N ロケット第 1 段製作受注

昭和 48 年（1973）

1.16　東大宇航研、内之浦より 2.23 までに S-210-8、カッパ 9M-41、-42、L-4SC-2（1.28）など計 5 機を打ち上げ

2.5　NASDA、種子島より 2.8 まで MT-135P-T5（2.5）、-T6（2.8）、JCR-8（2.6）の計 3 機打ち上げ

2.25　科学技術庁、実用衛星計画調査団を欧米に派遣

5.10　NASDA、筑波宇宙センター開所式

5.18　石川島播磨重工、瑞穂工場にロケット組立棟完成

7.18　航空技術研究所角田支所、ロケットエンジン高性能試験設備が完成

8.22　宇宙開発委員会、NHKの放送衛星と電電公社の通信衛星を昭和51年までに開発する方針を決定（アメリカ製ロケットを使用）
10.30　NASDA、静止気象衛星（GMS）の開発着手

昭和49年（1974）

2.16　東大宇航研、内之浦よりM-3C型ロケット1号機で試験衛星MS-T2「たんせい2号」を打ち上げ
6.　石川島播磨重工、宇宙開発事業部を設立
8.20　東大宇航研、内之浦でラムダ4SC-3、S-210-10の2機を打ち上げ。カッパ9M-46、-97、-48を9.15～9.20に発射実験
9.2　NASDA、種子島より2段式試験用ロケット（ETV-Ⅰ）1号機（Q'-1）を打ち上げ
9.3　NASDA、種子島よりMT-135P-11、MT-135P-T12ロケット発射実験
10.7　NASDA、Nロケット第2段エンジン（LE-3）の高圧燃焼試験の実施

昭和50年（1975）

1.17　NASDA、筑波宇宙センターに中央追跡管制所が完成
2.5　NASDA、種子島より試験用ロケット（ETV-Ⅰ）2号機（Q'-2）を打ち上げ
2.12　宇宙開発委員会、安全部会と長期ビジョン特別部会を設置
2.24　東宇航研、第3号科学衛星（STARS）「たいよう」をM-3C型ロケット2号機を打ち上げ
3.20　NASDA、Nロケット用固体補助ロケット（ストラップ・オン・ブースタ）の燃焼試験に成功
5.19　三菱重工、Nロケット1号機を完成、種子島宇宙センターに納入
5.21　NASDA、種子島宇宙センター大崎射場完成、現地で祝賀式
5.23　日米政府交換公文「NASDAの静止気象衛星（GMS）、実験用中容量静止通信衛星（CS）及び実験用中型放送衛星（BS）の打ち上げ計画」を交換
6.6　科技庁、GMS、CSおよびBSの3静止衛星をNASAデルタロケットにより打ち上げる計画に関するNASAとの了解覚書（MOU）の締結
7.19　NASDA、GMS、CS、BS3静止衛星のNASAデルタロケットによる打ち上げ契約書（LSA）締結
9.9　NASDA、種子島よりNロケット1号機で技術試験衛星Ⅰ型「きく」打ち上げに成功（NASDA初の人工衛星）
11.1　三菱重工、大型水素エンジン地上燃焼試験場として秋田県田代町に300坪用地を取得

昭和51年（1976）

2.4　東大宇航研、内之浦よりM-3C型ロケット3号機で科学衛星「コルサ」を打ち上げるも軌道投入に失敗
2.29　NASDA、種子島よりNロケット2号機の電離層観測衛星（ISS）「うめ」打ち上げに成功
4.1　軌道上の「うめ」（ISS）が応答途絶
8.17　東大宇航研、内之浦でS-210-11を打ち上げ、8.21にS-310-3、8.31にカッパ6M-57を打ち上げ
9.21　三菱重工、田代実験場で初テスト実施
9.23　NASDA、種子島で9.25までMT-135P-T16、-17およびTT-210-3を打ち上げ
10.8　石川島播磨重工、兵庫県の相生工場に低音工学実験場を完成
10.22　三菱重工、液体ロケットエンジン燃焼試験用の田代試験場（秋田県）を完成、披露式を

挙行
12.1　NASDA、キリバス共和国のハワイ南方赤道付近のクリスマス島に移動追跡所を開設
12.7　第3回日本ESA行政官会議開催（パリ）

昭和52年（1977）

1.18　経団連宇宙開発推進会議、「宇宙開発に関するわれわれの見解」を発表
1.25　NASDA、種子島で地上系確認用2段式TT-500型ロケット1号機を打ち上げ
2.19　東大宇航研、内之浦よりM-3H型ロケット1号機により試験衛星MS-T3「たんせい」を打ち上げ
2.23　NASDA、種子島よりNロケット3号機で技術試験衛星II（ETS-II）「きく2号」を打ち上げ、3.7静止軌道に乗り、我が国初の静止衛星に
3.　NASDA、N-IIロケット開発開始
7.14　NASDA、静止気象衛星（GMS）を米ケープカナベラルからNASAデルタ2914型ロケット打ち上げ、「ひまわり」と命名
8.16　東大宇航研、内之浦よりラムダ3H型ロケット9号機を打ち上げ
8.23　NASDA、種子島からMT-135P-T型ロケット19号機を打ち上げるも気象観測に失敗（8.25にTT-500型ロケット2号機、8.26にMT-135P-T20を打ち上げ）
9.7　宇宙開発委員会、政策大綱調査会を設置
12.15　NASDA、ケープカナベラルから実験用中容静止通信衛星（CS）をNASAデルタ2914型ロケットにより打ち上げに成功、「さくら」と命名（12.24赤道上の静止軌道に）

昭和53年（1978）

1.16　NASDA、種子島よりTT-500-3を打ち上げ
1.26　NASDA、角田ロケット開発センターの起工式
2.4　東大宇航研、内之浦よりM-3H型ロケット2号機でオーロラ観測用の第5号科学衛星（EXOS-A）を打ち上げ、「きょっこう」と命名
2.11　NASDA、埼玉県鳩山村で地球観測センターの起工式
2.16　NASDA、種子島よりNロケット4号機で電離層観測衛星（ISS-b）「うめ2号」を打ち上げ
3.17　宇宙開発委員会、「宇宙開発政策大綱」と「宇宙開発計画」を決定
4.7　NASDA、日本初の実験用中型放送衛星BSをケープカナベラルからNASAのデルタ2914型ロケットで打ち上げ（4.26静止軌道に）、「ゆり」と命名
9.8　日米合同調査計画の発足（熊谷科技庁長官訪米時にフロッシュNASA長官との会談で合意）
9.12　経団連宇宙開発推進会議、NASAのスペースシャトルと利用に関する説明会を開催
9.16　東大宇航研、内之浦よりM-3H型ロケット3号機で電子密度・粒子線等観測用第6号科学衛星（EXOS-B）を打ち上げ、「じきけん」と命名
10.1　NASDA、埼玉県鳩山村に地球観測センター（EOC）および宮城県角田市に角田ロケット開発センターを開設
10.3　三菱重工、田代実験場に液酸・液水ロケットエンジン地上燃焼試験設備を完成
11.25　科技庁、地球観測システム調査団、仏、伊、加、米の各国を訪問（12.17まで）
12.12　日米合同調査計画の第1回専門家会議（東京12.15まで）

昭和54年（1979）

1.29　NASDA、NASAとランドサット衛星のデータ受信に関する了解覚書（MOU）を締結

2.11　NASDA、2.6にNロケット5号機で実験用静止衛星「あやめ」を打ち上げるも、アポジモータ点火指令後、消息をたつ

2.21　東大宇航研、内之浦よりX衛星観測用、第4号科学衛星（CORSA-b）「はくちょう」をM-3C型ロケット4号機で打ち上げ

7.29　日米合同調査計画により勧告された共同プロジェクト実施に合意

8.13　通信・放送衛星機構の発足

9.20　通産省機械情報産業局内に宇宙産業室を設置

10.15　第5回、日本ESA行政官会議（パリにて10.17まで）

10.17　宇宙科学技術訪中団、訪中（10.29まで）

昭和55年（1980）

2.17　東大宇航研、内之浦よりM-3S型ロケット1号機ロケットにより工学試験衛星（MS-T4）「たんせい4号」打ち上げ

2.22　NASDA、種子島よりNロケット6号機により実験用静止通信衛星（ECS-b）「あやめ2号」打ち上げ、2.25アポジモータの異常燃焼により信号途絶

2.28　宇宙開発委員会の第一次材料実験（FMPI）実験テーマ選定特別委員会、62件のテーマ選定

7.　H-Ⅰロケット開発計画承認

9.14　NASDA、種子島より初の宇宙材料実験用ロケットTT-500A型1号機の打ち上げ

9.21　第31回国際宇宙航行連盟（IAF）大会、アジアで初めての開催（東京、9.28まで）

9.29　第6回日本ESA行政官会議（東京、9.30まで）

11.20　第1回、日米常設幹部連絡会議（東京）

昭和56年（1981）

2.11　NASDA、種子島より技術試験衛星Ⅳ型（ETS-Ⅳ）をN-Ⅱロケット1号機により打ち上げ、静止トランスファー軌道に投入し「きく3号」と命名（N-Ⅱロケット初飛行成功）

2.21　東大宇航研、内之浦よりM-3S型ロケット2号機により第7号科学衛星（ASTRO-A）を打ち上げ、愛称「ひのとり」（太陽フレアから放出されるX線観測が目的）

4.14　文部省、東大宇航研を改組して直轄の宇宙科学研究所（宇宙研）を発足

4.20　宇宙産業基本問題懇親会、宇宙産業ビジョンを発表

8.11　NASDA、種子島よりN-Ⅱロケット2号機で静止気象衛星2号（GMS-2）「ひまわり2号」を打ち上げ

9.26　日本航空宇宙工業会、アジアおよびオーストラリア地域に宇宙産業調査団を派遣（10.5帰国）

11.2　第7回日本ESA行政官会議（パリ、11.4まで）

12.11　NASDA、「ひまわり2号」の軌道制御を行い計画どおりの東経140度の静止軌道に投入

昭和57年（1982）

2.18　宇宙研、内之浦からカッパ9M型ロケット72号機を打ち上げ、1、2月ロケット観測を終了（1.15にカッパ9M-73打ち上げ）

4.28　NASDA、地上からの指令で1950.9.9打ち上げの「きく」の運用を停止

5.21　通産省、58年度から5カ年計画で資源探査衛星の打ち上げ計画を発表（開発費1,000億円で62年末に打ち上げの予定）

6.4　自民党宇宙開発特別委員会（中山太郎委員長）、総会で我が国の宇宙開発の見直しとそ

のなかで日本独自の「安全保障衛星」の打ち上げを提唱することを決定
8.31　宇宙開発委員会、宇宙基地計画特別部会を設置
9.3　NASDA、種子島からNロケット9号機（最終）で技術試験衛星Ⅲ型（ETS-Ⅲ）を打ち上げ、同衛星を「きく4号」と命名。これでN-Ⅰ計画終了
9.8　宇宙開発委員会、長期ビジョン特別部会を設置
11.15　第2回日米常設幹部連絡会議（ワシントン）
12.9　NASDA、8.16に行ったTT-500Aロケット11号機の打ち上げによってニッケル系合金複合材料の製造の成功を発表

昭和58年（1983）

2.4　NASDA、種子島から通信衛星2号a（CS-2a）をN-Ⅱロケット3号機を打ち上げ、「さくら2号a」と命名
2.20　文部省宇宙研、内之浦からM-3S型ロケット3号機でX線天文衛星（ASTRO-B）を打ち上げ、「てんま（天馬）」と命名
7.20　宇宙開発委員会の長期ビジョン特別部会、「わが国の宇宙開発に関する長期ビジョン」をまとめ、宇宙開発委員会に報告
8.6　NASDA、種子島から通信衛星2b号（CS-2b）「さくら2号b」を打ち上げ、8.26静止軌道上に
8.19　NASDA、宇宙材料用の小型ロケットTT-500A型13号機（最終）を種子島から打ち上げ、実験装置を搭載した頭胴部も回収に成功
9.30　郵政省、昭和64年2月に打ち上げる予定の放送衛星3号（BS-3）による放送衛星局開設の免許申請を締切る（申請はテレビ13社、ラジオ1社、計14社。チャンネル数は最大4チャンネルで、うち2チャンネルはNHK、民間は2チャンネル）
12.23　NASDA、軌道上の気象衛星「ひまわり2号」の観測装置の一部に異常が生じたと発表。その後運用を続けて1984.9.27「ひまわり3号」と交替

昭和59年（1984）

1.14　宇宙研、内之浦より午前4時30分赤外線天文観測用カッパ8M型ロケット77号機の打ち上げ成功
1.23　NASDA、種子島からN-Ⅱロケット5号機で放送衛星2a号（BS-2a）を打ち上げ、「ゆり2号a」と命名
2.7　科学技術庁、研究調整局に宇宙基地計画プロジェクト・チームを設置
2.14　宇宙研、内之浦から地球周辺観測用第9号科学衛星（EXOS-C）「おおぞら」をM-3S型ロケット4号機で打ち上げ
2.23　宇宙開発委員会、宇宙の実用化時代に対応して宇宙開発政策大綱を改訂
3.14　宇宙開発委員会、「昭和59年度宇宙開発計画」を決定
5.11　「ひまわり1号」故障発生
5.12　「ゆり2号」を使った衛星放送、開始。中継装置の故障で放送は1チャンネルのみ、衛星放送局は試験放送局に切り換え
6.29　「ひまわり2号」は1号に代わって再登場、全球画像を写すことに成功、しかし、走査鏡が動かなくなる故障のため、1日の観測回数を4回に限定使用
6.30　三菱グループによる「宇宙基地利用研究会」設立、これに続いて三井グループの「宇宙基地研究会」、住友グループの「スペース・ステーション利用懇談会」がスタート

7.15　丸紅、日産自動車など富士銀行系企業による「宇宙基地利用推進研究会」の発足を発表
8.3　NASDA、種子島から静止気象衛星3号「ひまわり3号」(GMS-3) をN-Ⅱロケット6号機で打ち上げ成功
9.27　昭和64年初めに打ち上げ予定の衛星放送3号「BS-3」を使う我が国初の民間衛星放送金社の一本化調整まとまる（新会社は資本金285億5,000万円で10月にも発起人会、12月中に設立予定）
10.11　通産省機械情報産業局長の私的諮問機関である宇宙環境利用調査検討委員会発足
11.1　科学技術庁宇宙国際課に宇宙基地計画推進室を設置
11.15　日商岩井、川崎重工など40社による「宇宙基地総合利用研究会」発足
12.14　NASDA、有人宇宙基地の日本モジュール概念設計の分担企業を決定（全体設計は三菱重工が主担当、石川島播磨重工が副担当となるほか、川崎重工、日産自動車、三菱電機、日本電気、東芝の各社で各システムを取りまとめる計画）
12.21　我が国初の民間で衛星放送を行う「日本衛星放送株式会社」の創立総会開催

昭和60年（1985）

1.8　宇宙研、内之浦から試験衛星（MS-T5）惑星探査機をM-3SⅡ型ロケット1号機で打ち上げ、「さきがけ」と命名（我が国初の太陽軌道周回）
1.16　丸紅、米マーチン・マリエッタ社と宇宙部門の総代理店契約を結ぶ
2.5　伊藤忠商事、三井物産、米ヒューズ社により「日本通信衛星企画」が発足
3.19　三菱商事、三菱電機、宇宙通信株式会社（SCC）を設立
3.28　ソニー、日商岩井、丸紅などの出資でサテライト・ジャパン社を設立
3.29　日米両政府、昭和63年初めにスペースシャトルに科学技術者を（ペイロードスペシャリスト；PS）を乗せて第1次材料実験（FMPT）を実施することで合意
4.6　科学技術庁研究調整局に宇宙基地計画推進室発足
4.10　宇宙開発委員会宇宙基地計画特別部会、「宇宙基地計画参加に関する基本構想」を発表
4.24　三菱重工、H-Ⅰロケットの地上試験機（GTV）を完成
5.9　ベッグズNASA長官と竹内科学技術庁長官、宇宙基地計画予備設計段階（フェーズB）の協力で覚書に調印
8.7　NASDA、スペースシャトルの日本人搭乗科学者（PS）に土井隆雄（30才）、内藤千秋（33才）、毛利衛（37才）の3氏を決定
8.19　宇宙研、内之浦からハレー彗星の観測を目的とした惑星探査機プラネットAをM-3SⅡ型ロケット2号機で打ち上げ、「すいせい」と命名
9.2　NASDA、1990年打ち上げ予定の放送衛星（BS-3）担当メーカーとして日本電気を選定
11.27　宇宙開発委員会、長期政策懇談会を設置
12.2　三菱重工、田代試験場にH-Ⅱロケットエンジン（LE-7）開発に用いる高圧短秒時試験設備が完成

昭和61年（1986）

2.3　財団法人「宇宙環境利用推進センター」(JSUP) 設立
2.12　NASDA、放送衛星2b号（BS-2b)、をN-Ⅱロケット8号機で打ち上げ、「ゆり2号b」と命名
2.27　ダイアモンドエアサービス社、MU-300を使って短時間の無重量状態を作り出すパラボリックフライトテストの実施

4.1　航技研、宇宙往還輸送技術の研究を昭和60年度から進めていると発表。今61年度は設計プログラムの整備、実証試験機の検討などを行う
5.16　(財)「無人宇宙実験システム研究開発機構」(USEF) 発足
6.6　通信衛星を利用して音楽番組を提供する日本PCM音楽放送設立
6.16　宇宙研、有翼飛翔体滑空飛行実験を秋田の能代実験場で行い、50秒滑空
7.12　NHK、放送衛星「ゆり2号b」を条件付きで引き取る
7.22　航技研、宇宙往還輸送技術の第1回講演会を開催
8.8　科技庁、文部省、通産省の3省庁、H-Ⅱロケットで打ち上げる宇宙実験・観測フリーフライヤ (SFU) を共同開発する計画に合意
8.13　NASDA、H-Ⅰロケットの2段式試験機1号機を種子島から初打ち上げ、測地実験衛星「あじさい」、アマチュア無線衛星「ふじ」および磁気軸受フライホイール「じんだいじ」は予定どおりの円軌道12投入 (初の第2段水素エンジンLE-5を初搭載)
12.23　NASDA、宇宙基地の日本側分担分の実験モジュール (JEM) の実物大モックアップおよび人間・機械系マニピュレータ機能モデルを完成、筑波宇宙センターで公開

昭和62年 (1987)

2.4　三菱重工のビジネスジェット機MU-300を使った航空機のパラボリックフライトによる微小重力実験が名古屋空港を基地として開始 (6テーマで各テーマ当り6フライトの微小重力飛行)
2.5　宇宙研、X線天文衛星 (ASTRU-C) を内之浦からM-3SⅡ型ロケット3号機で打ち上げ、「ぎんが」と命名
2.19　NASDA、種子島から海洋観測衛星1号 (MOS-1) をN-Ⅱロケット7号機で打ち上げ、「もも1号」と命名
3.11　日本と西独両政府外務省で開かれた第11回日独科学技術協力合同委員会で宇宙環境利用の分野での共同研究合意
4.8　NASDA、初国産化のH-Ⅱロケットの「衛星フェアリング」のテストを兵庫県播磨町の川崎重工工場で行い、左右フェアリングの継ぎ目ボルトを火薬で爆発させ分離に成功
4.13　第12回日本ESA行政官会議 (東京、4.17まで)
4.15　シュルツ米国務長官とシュワルナゼソ連外相、宇宙空間の平和利用に関する米ソ合意に調印
5.26　宇宙開発委員会長期政策懇談会、「宇宙開発の新時代を目指して」を報告
6.20　第13回日本ESA行政官会議 (パリ、6.22まで)
7.22　松下通信工業、米NASAおよびTRW社、宇宙通信用の半導体レーザーを共同開発する計画について三者間で仮契約を締結 (国内)
8.4　NASDA、去る7.28から太陽捕捉モードに入って観測不能となっていたMOS-1「もも1号」は正常モードに入ったので観測再開と発表
8.4　宇宙基地計画、日米事務レベル協議がワシントンで開催
8.27　NASDA、種子島からH-Ⅰロケット2号機 (3段式) で技術試験衛星Ⅴ型 (ETS-Ⅴ)「きく5号」を打ち上げ、9.17東経150度に静止化
9.9　宇宙研、内之浦から午前11時と午後1時の2回にわたりMT-135型ロケットを打ち上げ。午後の48号機で内之浦からの打ち上げロケット数は300機に達す
11.1　NASDA、海洋観測衛星1号 (MOS-1)「もも1号」からの取得データの一般提供を開始 (提

供は100シーンの白黒またはカラーでリモート・センシング技術センターから配布）
12.3　新日本製鉄、日本初の少年向け宇宙飛行模擬訓練施設を核にした大規模宇宙基地を昭和65年度春までに建設すると発表
12.9　宇宙開発委員会、現行の宇宙開発政策大綱の見直しを決定し、長期政策部会を設置
12.11　日本航空、インマルサットのシステムを利用し、旅客サービス想定した航空衛星電話およびファクシミリの通話、通信実験に一応成功、さらにテストを続け、実用化に踏み切る予定
12.21　関係9社の共同出資によって民間衛星を利用する映像伝送サービス会社「テレコムサット」が設立、日本通信衛星が打ち上げる民間通信衛星の中継器を使って制作から伝送までの映像サービスを行う

昭和63年（1988）

1.13　清水建設、米ベル・アンド・トロッティ社と宇宙開発について業務提携。有人宇宙施設に関する情報交換、共同開発を進める
1.25　宇宙研、内之浦より電離層の研究を目的とするK-9M型ロケット80号機打ち上げ
1.26　宇宙研、S-310型ロケット18号機を打ち上げ
2.19　NASDA、種子島から通信衛星3号a（CS-3a）をH-Ⅰロケット3号機で打ち上げ、「さくら3号a」と命名
3.14　通信衛星3号a「さくら3号a」、10回目の軌道制御を行い、東経約149度の暫定静止軌道に投入
4.4　オホーツク海のアザラシに発信機を取りつけ、人工衛星を利用して追跡、その全行動を調査する学術調査、北海道の知床半島沖で開始（米仏共同開発の「アルゴス・システム」を利用したもので国立極地研究所を中心にした研究グループが取り組む）
5.16　NASDA、「さくら3号a」が（東経135度赤道）静止し、衛星搭載機器が正常に作動していることを確認して、通信・放送衛星機構に引渡す
6.2　新日本製鉄、業務多角化の一環として移動中のバスや列車の中でも衛星放送をみられる受信装置を開発、年内にも販売を始めると発表
7.29　ヒューズ・エアクラフト社と日本電気のチーム、他の2チームとの競争に勝ち、NASDAから気象衛星5号（GMS-5）のメーカーとして選定されたと発表、1993年夏打ち上げ予定
8.3　宇宙研、有翼ロケットを9.18午前5時40分に内之浦から打ち上げると発表
9.6　NASDA、種子島からH-Ⅱロケット開発確認用の試験用ロケット（TR-1）1号機を打ち上げ
9.16　NASDA、種子島から静止通信衛星（CS-3b）をH-Ⅰロケット4号機で打ち上げ、「さくら3号b」と命名
9.29　米・日・欧・加が参加の宇宙基地の建設・運用の協力協定の調印式がワシントンで行われ、日本から松永駐米大使が出席して署名
9.30　米・日・欧・加の4極、宇宙基地協力協定に署名
10.25　NTTデータ通信、日産自動車、松下電器産業、来年春に打ち上げ予定の民間通信衛星を利用して映像伝送を中心とした通信サービスを行う「スター・コミュニケーションズ企画」の発起人会を開催
10.26　運輸省電子航法研究所、静止衛星「きく5号」を利用して北太平洋上の国際線航空機技

術衛星を管制する「衛星管制方式」の研究を昨年11月から行っているが、この実用化のめどがついたと発表

11.28　(株) 宇宙環境利用研究所 (STC)、西独MBB社が運用する小型ロケット「テキサス」19号によって第1回宇宙環境利用実験を行い、これに成功

11.29　宇宙環境利用推進センター (JSUP)、宇宙環境利用国際シンポジウムをサンケイホールで開催 (11.30まで)

12.7　NASDA、通信衛星3号b「さくら3号b」を通信・放送衛星機構に引き渡す

12.26　NASDA、フランスの地球観測衛星「SPOT-1」の受信画像データを明年1.1から一般提供すると発表

平成元年 (1989)

1.17　マツダ、「日本通信衛星」の通信衛星を利用して全国のマツダ系販売会社と東京支社を結ぶ情報ネットワークを5月から稼動させることを発表 (トランスポンダの使用料は月約3,400万円)

2.6　日本電気、オーストラリアの通信衛星用として受注した衛星のトランスポンダを現地法人「NECオーストラリア」に生産させる方針を発表

2.21　日本電信電話、日本通信衛星が打ち上げる通信衛星を利用した通信サービスを郵政省に許可申請、サービス開始は5.1から

2.22　宇宙研、内之浦からM-3SⅡ型ロケット4号機で磁気圏観測用第12号科学衛星 (EXOS-D) を打ち上げ、「あけぼの」と命名

3.15　日本と米国、米NASA本部で、現地時間14日午後5時15分、「宇宙基地協力に対する了解覚書」を締結

3.27　東京放送 (TBS)、1991年末までにソ連の宇宙ステーション「ミール」で日本人による宇宙飛行を実施することでソ連宇宙総局と合意、モスクワで調印したと発表

4.6　ヒューズ・エアクラフト社、去る3.6に打ち上げられヒューズ社によりテストを3週間受けたJCSAT-1衛星の管制業務を日本通信衛星に引き渡す

4.27　運輸技術審議会、佐藤運輸大臣に「運輸省における宇宙技術開発のあり方」について答申、気象等の観測、航空管制等の通信、測位のための多目的静止衛星を主体的に開発、またその他関係ある周回衛星について開発を推進すべきとしている

5.18　間組、地底2kmからロケット発射のCALシステムを発表

5.30　第14回日本ESA行政官会議 (東京、6.1まで)

6.28　宇宙開発委員会、宇宙開発政策大綱 (昭和53年3月決定、昭和59年2月改訂分) を改訂、それに伴い、長期政策部会と長期政策懇談会を廃止

8.8　NASDA、種子島から気象衛星4号 (GMS-4) をH-Ⅰロケット5号機で打ち上げる予定であったが、第1段補助バーニヤ、エンジンの燃料バルブの不具合で打ち上げ中止、ロケットの逆行サイクルを慎重に行い、不具合部品を交換、再打ち上げに備える

8.16　宇宙研、異常気象のメカニズム解明を目指したスーパーロッキー・ロケットの試験機1号機を内之浦から打ち上げた

8.20　NASDA、H-Ⅱロケットの試験用ロケット (TR-1) 3号機 (最終) を種子島から打ち上げ、TR-1の3号機までの飛行データを取得、データをH-Ⅱの設計に反映

9.5　政府閣議、宇宙基地協力協定の受諾、宇宙基地協定暫定取極への加入、宇宙基地協力に関する了解覚書の効力発生の通告を受諾

9.6　NASDA、午前4時11分、去る8.8の打ち上げを中止したH-Ⅰロケット（3段式）5号機で気象衛星4号（GMS-4）を種子島から打ち上げに成功、「ひまわり4号」と命名

9.6　宇宙研、内之浦からオゾン層観測ロケットMT-155-30号機を打ち上げ

9.25　来日中のクエール米副大統領、海部首相と会談し宇宙開発で日米協力を推進することを合意、また森山官房長官（外相代理）とアマコスト駐日米大使との間で宇宙研の磁気圏観測衛星「GEOTAIL」の開発と利用について協力に関する交換公文に署名

10.13　来日中のヒルズ米通商代表、大石郵政相、斎藤科学技術庁長官と会談、政府機関が購入、使用する衛星の市場開放を要求、年内にも専門家会議を開くよう提案

11.9　放送衛星（BS-2b）「ゆり2号b」、昨年11月から続いていた電子回路の故障がほぼ1年振りに自然回復

11.28　日米衛星専門家会議、外務省で開催（11.29まで）するも、通信衛星4号（CS-4）について技術開発目的や商用目的かの性格をめぐって議論は平行線を辿り、年開けに再開となる

12.20　宇宙開発委員会、宇宙ステーション部会を設置方針決定、同部会は利用分科会、システム・安全分科会の2分科会を設置、第1次材料実験テーマ選定特別部会および宇宙基地特別部会は廃止

平成2年（1990）

1.1　日本通信衛星の「JCSAT2号」通信衛星と英国の軍事通信衛星「スカイネット4A」を載せたタイタン3型、初の商業用ロケットでのケープカナベラルから打ち上げ

1.24　宇宙研、内之浦から工学実験衛星（MUSES-A）をM-3SⅡロケット3号機で打ち上げ「ひてん（飛天）」と命名、月に接近して種々なテストを行う

1.28　宇宙研、内之浦から酸素原子の密度を測定することなどを目的とする科学観測ロケットS-310型20号機を打ち上げ

2.7　NASDA、種子島から海洋観測衛星1号（MOS-1b）「もも1号b」、伸展展開機能実験ペイロード（DEBUT）「おりづる」およびアマチュア衛星1号b（JAS-1B）「ふじ2号」をH-Ⅰロケット6号機で打ち上げ

2.22　宇宙通信の「スーパーバードB」とNHKの「BS-2X」、ギアナ宇宙センターからアリアン44Lロケットで打ち上げるも、第1段不具合のため発射100秒後に地上指令爆破され失敗

2.26　米包括貿易法スーパー301条の対象となっている人工衛星調達問題、日米専門家会議が開催、日本側の研究開発衛星は国産、非研究開発の実用衛星は公開入札という案を出したが物別れ

3.19　宇宙研、1.24に打ち上げた「ひてん」が日本の人工衛星として初めて月に接近し、月の重力を利用して軌道が速度を変える技術（スイングバイ）の実験に成功

4.3　科技庁、日米間の人工衛星問題が実質的に合意に達したと発表

4.24　NASDA、91年6月に日本人として初のスペースシャトルに搭乗する宇宙飛行士（ペイロードスペシャリスト）に毛利衛氏を選定

5.14　「有人宇宙システム（株）」（JAMSS）、宇宙ステーション用日本モジュールの品質管理、検査業務等を目的として設立

5.20　NASA、4.25に打ち上げられたハッブル宇宙望遠鏡が高度約600kmの地球周回軌道から写した初の天文写真を公開

6.12　第15回日本ESA行政官会議（イタリアのフラスカティ、6.14まで）

6.21　NHK、今年2.22に打ち上げ失敗した放送衛星BS-2Xに代わる補完衛星「BS-3H」の購入契約を米ゼネラル・エレクトリック社（GE）と締結、打ち上げは1991年4月の予定。打ち上げを含めた経費は8,800万ドル（約135億円）
7.5　H-IIロケットをNASDAに納入する一括調達会社「ロケットシステム」（RSC）が設立
7.8　8日付のニューヨークタイムス社、ブッシュ政権が米商業通信をソ連製ロケットで打ち上げるのを認める方針を決めたと報じた
7.20　郵政省、日本衛星放送（JSB）と衛星デジタル音楽放送（SDAB）の2社がそれぞれ有料方式でテレビ放送、音楽放送を始めることを申請通り認可
7.26　来日中のトルーリ米NASDA長官、第15回日米常設幹部連絡会議（SSLG）において1992年のスペースシャトルのミッションスペシャリスト（搭乗運用技術者）訓練コースに日本人を参加させ、94年ごろに搭乗の可能性を検討したいと大島科学技術庁長官に提案（1991年、1993年に続いて3人目のスペースシャトル搭乗の機会となる）
8.28　NASDA、種子島からH-Iロケット（3段式）7号機で放送衛星3号a（BS-3a）を打ち上げ、「ゆり3号a」と命名
9.14　JR東日本、郵政省通信総合研究所と共同で衛星を利用しての列車運行管理や列車間制御システムの実験に着手
9.20　NASDA、去る8.28に打ち上げた放送衛星「ゆり3号a」を暫定静止軌道に投入
10.1　郵政省、日本と朝鮮民主主義人民共和国（北朝鮮）の間を結ぶ恒久的な通信衛星回線が年内に開設されることを明らかにした（インテルサット衛星を利用して電話3回線、テレックス10回線、電報1回線）
10.2　国際電信電話（KDD）と日本航空、通信衛星を利用しての国際線の旅客機からの電話およびファクシミリのサービスを来春から実施すると発表
11.2　ソ連宇宙総局、12､2に打ち上げるソユーズロケットで日本人初の宇宙飛行を目指す東京放送（TBS）社員2人のうち、正クルーに前報道局外信部副部長の秋山豊寛氏を指名（菊池涼子氏は地上で支援）
11.22　NASDA、放送衛星「ゆり3号a」について、平成3年度打ち上げ予定の放送衛星3号bの運用開始までは3チャンネルの運用に支障がないと発表
12.2　東京放送の宇宙特派員秋山豊寛氏とソ連のV・アファナシェフ、M・マナロフ両飛行士の3名を乗せた「ソユーズTM11」宇宙船をバイコヌールから打ち上げ。秋山氏はTM-10で12.10に帰還し日本人初の宇宙飛行士となる

平成3年（1991）

1.29　日本電信電話（NTT）、通信衛星を自主調達して1995年に打ち上げると発表
1.31　通産省、1.31に米NASAのプラットホーム衛星に我が国の地球観測センサー（ASTER）の搭載が正式決定と発表
2.9　宇宙研、内之浦から観測ロケットMT-135型ロケット53号機打ち上げ、観測に成功
2.16　宇宙研、内之浦からS-520型ロケット（1段式固体）を打ち上げ、観測に成功
3.20　宇宙研、第13号科学衛星「ひてん」が第1回エアロブレーキ実験に成功
3.22　科技庁、NASAが行った宇宙ステーションの計画の見直しで、実験棟の運用開始は見直し前より半年遅れになる、技術的変更について日本の計画はほとんど影響を受けないと発表
4.26　郵政省、民間3社目の衛星通信会社「サテライト・ジャパン」の事業を許可。同社の主

要株主は住友商事、日商岩井、丸紅、オリックス、日本リース、ソニーなど

5.12　北海道、上砂川町に建設中の地下無重力実験センター（JAMIC）が完成、テストを開始

6.4　第16回日本ESA行政官会議（東京、6.6まで）

6.25　経団連、「今後の宇宙開発の推進に関する要望」を関係先に提出

6.28　NASDA、スペースシャトルに飛行士ミッションスペシャリスト（MS）を公募

7.11　マクダネル・ダグラス・スペースシステムズ社（MDSSC）と清水建設、先進的宇宙探求技術を共同開発することで合意

7.25　日立製作所、米国の大手宇宙機器メーカーTRW社と宇宙分野での幅広い相互協力契約を締結と発表

8.8　三菱重工、名古屋誘導システム製作所（小牧北工場）でH-Ⅱロケット第1段エンジン（LE-7）関係の試験中、技術者1名死亡

8.15　ロケットシステム、NASDAが中心となって開発中の純国産H-Ⅱロケットで国際海事衛星機構（インマルサット）の衛星打ち上げに入札することを決め、10月にも提案書を提出すると発表

8.25　NASDA、放送衛星3号b（BS-3b）を種子島からH-Ⅰロケット（3段式）8号機で打ち上げ、「ゆり3号b」と命名

8.30　宇宙研、内之浦から太陽観測用第14号科学衛星（SOLAR-A）をM-3SⅡ型ロケット6号機打ち上げ、「ようこう」と命名

9.1　郵政省、昨年9月に施行した特定通信・放送開発事業実施円滑化法の大臣認定第1号事業となった「衛星デジタル音楽放送」が放送の有料化を開始

9.16　NASDA、種子島から宇宙実験用小型ロケット（TR-1A）「たけさき」1号機を打ち上げ、ロケットは順調に飛行し、14分後に種子島の東南東約170kmの太平洋上に着水し、回収

10.25　NASDA、放送衛星「ゆり3号b」の運用を開始、「ゆり2号b」は24日に静止軌道外に移動

10.29　日本ケーブルテレビジョン（JCTV）、郵政省に委託放送業務の認定申請を提出（計6チャンネル分のCS放送事業者の認定申請JCTVは申請第1号）

12.4　日本電信電話（NTT）、1995年打ち上げ予定の初の通信衛星「Nスター」の製作をスペース・システムズ・ロラール社に決定

12.12　NASDA、スウェーデン・キルナ市において地球資源衛星1号（JERS-1）用可搬型海外追跡管制局の開局式

12.12　航技研、超耐熱性の傾斜機能材料を使用した宇宙往還機用小型ロケットエンジンの燃焼試験に世界で初めて成功

平成4年（1992）

1.8　宇宙研、1985年1月に打ち上げた「さきがけ」探査機がハレーすい星観測などの任務終了後も、まだ正常に動いているので、これを地球の重力で方向や速度を変える「スイングバイ」で地球に近い軌道に投入、地磁気観測衛星とした

1.20　シャープ、国際電気通信衛星機構（インテルサット）の次期主力衛星インテルサットⅦA号系衛星に同社のシリコン単結晶型太陽電池が採用されたと発表

1.30　宇宙基地協定、日米間で発効

2.11　NASDA、種子島よりH-Ⅰロケット9号機で地球観測衛星（JERS-1）を打ち上げ、「ふよう1号」と命名（これでH-Ⅰロケットの打ち上げは計9回で終了）

2.15　宇宙研、2年前の1990年1月に打ち上げられた「ひてん」が月の周回軌道に入る（90年3月、「ひてん」が月に近づいた際に放出した孫衛星「はごろも」に次いで2番目の月探査機となる）
3.11　谷川科学技術庁長官、来日した欧州宇宙機関（ESA）のジャン・マリー・ルトン長官と会談、両国の宇宙往還機開発での技術協力などを進めて行くことで合意
3.31　NASDA、H-Ⅱロケット打ち上げのための射場システム試験を終了
4.8　米NASA、ハッブル宇宙望遠鏡で太陽質量の300万倍のブラックホールを発見したと発表
4.10　日本電信電話（NTT）、アリアン・スペース社と通信衛星「Nスター A、B」の2基を1995年にアリアンロケットで打ち上げる契約に調印
4.28　NASDA、宇宙ステーションの日本モジュール（JEM）の組立・運用を行う宇宙飛行士の最終選抜者を発表、372名の応募者の中から選ばれたのは日航技術部で機体構造技術を担当の若田光一氏
5.9　日本航空宇宙工業会、中国航空航天工業部より招聘を受けて「中国宇宙産業友好訪問団」を編成、訪中（16日帰国）
6.1　NASDA、去る12.1に打ち上げた地球資源衛星1号（JERS-1）、「ふよう1号」が定常段階に移行して合成開口レーダや光学センサによる観測を中心とした運用を開始
6.10　郵政省、測位衛星システムの在り方に関する調査研究会が米軍事衛星利用でGPSを拡大する方式を普及すべきとの報告書をまとめた
6.17　第17回日本ESA行政官会議（オランダ・ノルドワイヒ、6.19まで）
6.17　宇宙開発委員会、宇宙往還輸送システム懇談会を設置
7.5　政府、ロシア宇宙開発の実情を調査すると共に今後の協力の可能性を探るための「CIS宇宙ミッション」の一部（官側）が出発（7.17まで）
7.15　宇宙開発委員会、日本の宇宙飛行士が米スペースシャトルに搭乗して行う第1次材料実験（FMPT）の計画を了承、打ち上げは9.11を予定
8.20　NASDA、種子島から宇宙実験用TR-IA小型ロケット2号機「たけさき2号」を打ち上げ、微小重力実験装置を搭載したペイロード部の回収に成功
8.29　京都大学超高層電波研究センターと宇宙研、日産自動車追浜試験場でマイクロ波を地上から送り、そのエネルギーで模型飛行機を飛ばす実験を行い、40秒間の飛行に成功
9.9　宇宙研、内之浦から大気中のオゾン層を観測する小型ロケットMT-135型ロケット57号機打ち上げ
11.5　文部省の放送教育開発センター、同センターと全国の6国立大学、多数の企業を通信衛星回線で結び技術系の社会人に最新の技術をリフレッシュ教育をする実験を行った（受信は346ヵ所で行われ、約5,000人が受講）
11.6　国際宇宙年（ISY）にちなみ、アジア太平洋国際宇宙年会議（APIC）開催（東京、11.20まで）
11.24　通産省とNASDA、オーストラリアとの間で日本が打ち上げた地球資源衛星1号（JERS-1）で撮影したデータを受信し、利用する覚書に調印
11.25　郵政省、米国の測位衛星を利用したシステム（GPS）の機器メーカー、利用者、商社、関連団体などを集めた「衛星測位システム協議会」を発足
12.4　第7回日米常設幹部連絡会議（SSLG）の開催（ワシントン）
12.17　日本とドイツ、国際協力により微小重力研究用実験装置を搭載した衛星を打ち上げる

と発表（のち宇宙研の「EXPRESS」）

平成5年（1993）

1.22　NASDA、純国産大型H-Ⅱロケットの主エンジン（LE-7）の燃焼試験を種子島で行い、予定どおり350秒の燃焼試験に成功（同一エンジンで連続3回の成功結果を受けてLE-7エンジンの設計を確定）

1.29　航空・電子等技術審議会、「地球環境問題の解決のための地球観測に係る総合的な研究開発の推進方策について」の報告書を中島科学技術庁長官に答申

2.12　関東電気通信監理局、三菱グループの衛星通信会社「宇宙通信」の人工衛星「スーパーバードA1」に無線局免許を交付（同衛星は昨年12.1に打ち上げられ、2ヶ月間テストの後、2.10に通信が良好と確認）

2.18　京大・神戸大、郵政省通信総合研究所などのグループ、宇宙研のS-520ロケットを使って宇宙空間でエネルギーをマイクロ波で送電する世界初の実験を行った

2.20　宇宙研、内之浦からX線天文衛星「ASTRO-D」をM-3SⅡ型ロケット7号機で打ち上げ、「あすか（飛鳥）」と命名、高さ約550kmの軌道上で約5年間観測を続ける

3.15　日産自動車、固体燃料ロケットの開発・製造を行っている宇宙航空事業部を荻窪から移転する計画を発表、製造部門を群馬県富岡の工業団地に、研究開発部門を埼玉県川越市の研究開発センターに移し、荻窪事業所は閉鎖（一部旧本館等は残す）

3.26　宇宙研、能代実験場においてM-Ⅴ型3段目の1回目の燃焼試験に成功

4.10　宇宙研、月の衛星になっていた実験衛星「ひてん」が月面に落下するとの見通しを発表

4.12　航技研所長、宇宙開発推進本部長、NASDA理事長（2代目）の松浦陽恵氏他界（89才）

4.13　次期放送衛星（BS-4）の調査会社「株式会社放送衛星システム」が設立登記され、正式に発足

4.27　通信衛星を使い携帯電話で世界中を通話できる衛星移動体通信システムを作る「日本イリジウム」が発足

5.21　郵政省電波監理審議会、現在のBS-3の後継となるBS-4を1997年までに打ち上げ、2000年までに打ち上げる後発衛星（4チャンネル）から民放各局の参入を承認とする答申を提出

6.1　第18回日本ESA行政官会議開催（東京、6.3まで）

6.15　NASDA、H-Ⅱロケット第1段エンジン（LE-7）の実機型タンクステージ長秒時燃焼試験を実施。実機の必要燃焼時間を上回る353秒の燃焼に成功。これによって、H-Ⅱロケットは第1段推進系システムの機能、性能が実飛行に供する上で問題のないことが最終的に確認されたので、以後の開発は来年1～2月期のH-Ⅱロケット1号機の打ち上げに向けて本格化

6.17　日本通信衛星（JCSAT）とサテライトジャパン（SAJAC）、郵政省に合併認可の申請、8.17の合併を目標

6.17　クリントン米大統領、NASAに対し従来の計画を大幅に簡略化させた宇宙ステーション計画を進めるよう指示、NASA特別チームはA、B、Cの3案を提出し、大統領はこの中から縮小度が2番目のA案を採用

7.6　郵政省、日本通信衛星（JCSAT）とサテライトジャパン（SAJAC）から申請が出ていた両社の合併を認可、合併は8.17、合併後の名称は日本サテライトシステムズ（JSAT）、資本金275億円、社長には日本通信衛星の中山嘉英社長が就任。これでNTTを別にして

民間衛星通信事業者は宇宙通信（SCC）と合併会社（JSAT）の2社体制となる
7.8　NASDA、種子島で純国産大型H-Ⅱロケットの主エンジン（LE-7）の最終チェックとして総合燃焼試験（60秒間）を行い、成功
7.10　海上保安庁、遭難船や航空機から出る遭難信号を衛星で捕える国際ネットワークである「コスパス・サーサット制度」に参加、このため横浜市にある同庁の通信事務所に受信アンテナを設置している。地上局の提供国としては13番目
7.20　宇宙開発委員会、「宇宙住還システム懇談会報告書」を了承
7.21　経団連、「今後の宇宙開発に関する要望」を取りまとめ、関係先に提出
8.9　通信衛星を使ってケーブルテレビ向けにニュースなどを配信して来た「衛星チャンネル」、「朝日ニュースター」と改称、10.1から委託放送事業を開始
8.17　日本通信衛星とサテライト・ジャパンは合併し、「日本サテライト・システムズ」（JSAT）となる
9.9　第1回アジア太平洋地域宇宙機関会議の開催（東京、9.10まで）
9.22　NASDA、「HOPE」の研究開発用の大気圏再突入実験機（OREX）を三菱重工飛鳥工場で公開（来年2月、次期大型H-Ⅱロケット1号機で種子島射場から打ち上げ予定）
9.28　宇宙研、能代実験場においてM-V型ロケットキックモーターの試験を実施
10.8　NASDA、固体ロケットモータ衝突地上実験を北海道苫小牧市東部工業地区で10.11まで実施
10.13　日本とロシア、「日ロ宇宙協力協定」に調印。人材交流、シンポジウム、情報交換、共同研究などを行う
10.20　宇宙開発委員会、「長期ビジョン懇談会」の設置を決定
10.27　NASDA、H-Ⅱロケット試験機1号機を明年2.1に打ち上げる予定と発表
10.27　宇宙研、能代実験場においてM-V型ロケット2段目の燃焼試験に成功
11.16　地球観測衛星委員会（CEOS、1984年設立）本会議を筑波宇宙センターで開催（11.18まで）
11.18　NASDAとNAL、HOPE研究共同チーム技術開発室をNAL本所（調布市）に開設
11.30　科学技術庁、中国科学技術委員会と地球資源衛星1号（JERS-1）の受信等に関する、書簡およびMOU（了解覚書）を交換
12.1　宇宙開発委員会、宇宙ステーション計画にロシア参加を妥当とする道の見解を発表
12.6　宇宙ステーション計画に関する日米欧加の4極の政府間協定（IGA）会議開催、ロシアに対する参加要請を正式決定
12.13　NASDAと仏CNES合同会議（パリ、12.15まで）

平成6年（1994）

1.18　（財）宇宙環境利用研究センター（JSUP）、JEM利用利用計画ワークショップ開催（東京、1.19まで）
1.25　NASDA、ADEOS/TRMM/ワークショップ開催（東京、1.26まで）
2.4　NASDA、種子島から初の純国産2段式H-Ⅱロケット1号機打ち上げ、軌道再突入実験機（OREX）「りゅうせい」は地球一周のあと中部太平洋に着水、性能確認用ペイロード（VEP）「みょうじょう」は遠地点36,000kmの長円軌道へ
2.16　宇宙研、ノルウェー宇宙センターのアンドーヤロケット発射場で極域における熱圏・成層圏結合過程の解明を主目的としたS-310型-22号機ロケットを打ち上げ、観測に成功
3.30　（株）次世代衛星通信・放送システム研究所（関本忠弘社長）が設立、日本電気など14社

および基盤技術研究促進センターの出資を得て次世代の移動体通信･放送システムを研究開発するもので、7年間に83億8,200万円の研究費を使って開発するもの

4.5 米、日、欧州、カナダにロシアを加えた5極会議、ワシントンで開催、新しい枠組による国際宇宙ステーション計画の概要が固まる（これまでの4極による計画の縮小版に「ミール」をドッキングさせる昨年秋の中間案をもとに作成したが、組立完了は2003年9月から2002年6月に縮まり乗組員は4人から6人に、米国が負担する開発費は174億ドル、昨年9月の計画変更時よりさらに約20億ドル少なくなった）

4.11 日本電子機械工業会、「衛星測位システム利用技術に関する調査研究」を発表したが、これによるとGPS関連機器の市場規模は93年の約215億円から2000年に約3,600億円、2010年で約5,000億円と飛躍的に拡大の見込み

4.12 航技研、我が国初のスクラムエンジンの実験を宮城県の角田支所にあるラムジェットエンジン試験設備で行い、成功

6.13 宇宙開発委員会、宇宙往還輸送システム懇談会の廃止を決定

6.21 宇宙研､能代ロケット実験場で固体燃料を使うロケットで我が国最大となるM（ミュー）-Ⅴ型ロケットの第1段燃焼実験に成功

7.8 米NASA、スペースシャトル「コロンビア号」で第2次国際微小重力実験室（IML-2）を打ち上げ（STS-65）、日本人初の女性宇宙飛行士向井千秋（PS）ほか計7名搭乗、7.23に帰還（14日17時間55分；女性飛行士宇宙滞在記録）

7.14 米上院歳出委員会、日本や欧州に加えロシアも参加することになった宇宙ステーションの建設費21億ドルを盛りこんだNASAの1995年度歳出注案（144億ドル）を承認（すでに下院は6月に同法案を可決）

7.26 宇宙開発委員会、「新世紀の宇宙時代の創造に向けて」と題する長期ビジョン懇談会の報告を了承

8.5 米政府、米国宇宙輸送政策を発表

8.28 NASDA、種子島から技術試験衛星Ⅵ型（ETS-Ⅵ）をH-Ⅱロケット試験機2号機で打ち上げ成功、「きく6号」と命名。しかし衛星の2段式アポジエンジンの不具合により静止軌道投入に失敗

10.1 三菱重工、東京工業大学工学部機械宇宙学科に「宇宙インフラストラクチャー工学」を寄付講座とした

10.14 NASDA、静止軌道投入に失敗して楕円軌道を飛行中の「きく6号」について、可能な実験を行っていると発表（イオン・エンジン、高性能電池の機能、高効率ガスジェット、部品・材料の特性、打ち上げ環境測定などで一部は終了）

10.25 日米両政府、NASDAが95年度に打ち上げる地球観測プラットホーム衛星（ADEOS）の開発、運営を協力して推進することで合意

10.31 第2回アジア太平洋地域宇宙機関会議開催（東京、11.2まで）

12.9 郵政省、ロンドンで臨時総会を開いていた国際海事衛星機構（インマルサット）で通信衛星12個を使って国際間の携帯電話や無線呼び出しなどのサービスをする新会社「インマルサットP」を設立する発表

12.13 科技庁、ワシントンで「宇宙飛行士訓練計画に係る協力に関する日本国政府とアメリカ合衆国政府との間の書簡の交換」を交換

12.13 NASDA、米NASAから1995年秋に打ち上げる予定のスペースシャトル「エンデバー号」

（STS-72）のミッションスペシャリスト（MS）の1人として同事業団の若田光一搭乗部員を決めたという連絡を受けたと発表

12.14　宇宙開発委員会特別調査委員会、静止軌道に投入に失敗した「きく6号」の原因調査結果報告書を提出（直接の原因は打ち上げ飛行時の振動などでアポジエンジンの二液推薬弁のばねが横に変位したためとし対策をたてると共に地上環境試験の充実が望ましいとした）

12.28　宇宙開発委員会、「技術試験衛星Ⅵ型（ETS- Ⅵ）特別調査委員会報告書」を了承

平成7年（1995）

1.15　宇宙研、内之浦からドイツとの共同回収実験衛星EXPRESS（エキスプレス）をM-3SⅡ型ロケット8号機で打ち上げたが、重量増加のため重心が前方にあったためロケットの姿勢制御装置が機能せず衛星は予定の軌道投入に失敗

1.23　宇宙研、内之浦から観測ロケットS-520型17号機を打ち上げ、口径30センチの望遠鏡でオリオン座大星雲の低温のちりを観測

2.1　宇宙開発委員会、今後15年間の国の基本方針となる宇宙開発政策大綱を今年の夏ごろまでに改定するため長期政策部会を新設し、長期ビジョン懇談会を廃止

2.23　三菱商事、ロッキード社と組み、軍事偵察用に開発された高性能の画像解析技術を民需に転換、精密な衛星写真データを販売する

3.2　宇宙通信、ヒューズ・スペース・アンド・コミュニケーションズ・インターナショナル社（HSCI）にスーパーバードC号機を発注、同機はアクティブ・トランスポンダ（電波中継器）24本を搭載し、日本、南アジア、東アジア、ハワイにテレビ放送とビジネス通信サービスを提供、1997年に納入され、13年以上運用の予定

3.14　ロシア、ソユーズTM-21宇宙船に、米人初の医師N・ザガードが搭乗（計3名）打ち上げ、「ミール」に移乗

3.15　米ロッキード社とマーチン・マリエッタ社、正式に合併しロッキード・マーチン社が発足

3.18　NASDA、種子島からH-Ⅱロケット試験機3号機を打ち上げ、13分後に宇宙実験・観測フリーフライヤ（SFU）を、28分後に気象衛星5号（GMS-5）「ひまわり5号」をそれぞれ軌道投入に成功

4.1　NASDA、地球観測データ解析研究センターを東京都港区六本木に開設

4.19　宇宙開発委員会、「宇宙保険問題等懇談会」の設置を決定

4.19　郵政省は衛星を介して番組を流している香港の「スターテレビジョン」と「ターナー・エンターテイメント・ネットワークス・アジア」の2事業者を「放送」と認め、日本のケーブルテレビが受信して再放送することを認めた

4.19　気象庁、先月18日に打ち上げられた東経160度の静止軌道上の「ひまわり5号」から初めて画像を撮影

4.28　NASDA、昨年8月に打ち上げられたETS- Ⅵ「きく6号」について、アポジエンジンの不具合で正規の軌道から離れた長楕円軌道を飛行しながらある程度の実験中との中間報告を発表

5.19　航技研、テスト中の研究用スクラムジェットエンジンがマッハ6の燃焼試験に成功と発表

6.8　NASDA、技術試験衛星Ⅵ型「きく6号」が米NASAの上層大気観測衛星（UARS）と日

本初の衛星間通信実験に成功

6.19　郵政省、高速衛星通信に関する研究会が大容量の情報を衛星を介して送る「高速衛星通信」を産官学の協力で2005年ごろまでに実用化すべきだとの報告書をまとめた

7.20　日米宇宙損害協定が発効

7.21　航技研、平成3年度から整備を進めて来た世界最大の大型極超音速風洞（マッハ10、計測時間30秒～1分間、測定部直径127cm）の通風式を行う

8.11　NASDA、HOPE宇宙往還試験機の自動着陸技術を確立用の小型実験機「ALFLEX（アルフレックス）」が完成し、富士重工業宇都宮製作所で公開

8.29　日本電信電話およびNTT移動通信が使用する「Nスター1」衛星がギアナ宇宙センターよりアリアン44Lロケットで打ち上げ

9.6　宇宙開発委員会、宇宙環境利用部会を新設、宇宙ステーション部会を廃止

9.27　米国から日本にあるロボットを遠隔操作する実験、茨城県つくば市の電子技術総合研究所と米ジェット推進研究所の間で行い成功

9.28　ヒューズ社、衛星を使って映像番組を直接家庭に配信するディレクTVサービスを日本に普及するための企画会社「ディレク・ティービー・ジャパン」を設立

10.25　宇宙研、NASDA、通産省新エネルギー産業技術組合、去る3月に打ち上げられた宇宙実験・観測フリーフライヤ（SFU）について予定された実験はほとんど終了と発表（同SFUは来年1月に打ち上げられるスペースシャトルで回収の予定）

10.31　三菱重工名古屋航空宇宙システム製作所で、HOPEの極超音速実験機「HYFREX（ハイフレックス）」を公開

11.8　郵政省通総研（CRL）と米ジェット推進研究所（JPL）、技術試験衛Ⅵ型（ETS-Ⅵ）「きく6号」を用いてJPLの地上局との間に初めて双方向のレーザー伝送実験に成功

平成8年（1996）

1.9　運輸省黒野匡彦航空局長、ワシントンで米国FAA長官と第2回定期協議において運輸多目的衛星についての協力を合意

1.24　宇宙開発委員会、現行の宇宙開発政策大綱を改定

2.2　日本サテライトシステム社（JSAT）、ヒューズ・スペース・アンド・コミュニケーションズ・インターナショナル社に同社の4番目の通信衛星であるJCSAT-4を発注

2.5　仏アリアン・スペース社、日本電信電話（NTT）およびNTT移動通信機（NTT DOCOMO）の通信衛星Nスターbをアリアン44Pロケットで打ち上げ

2.12　NASDA、種子島からJ-1ロケット試験機1号機を打ち上げ、NALと共同のHYFLEX（ハイフレックス）機による極超音速飛行実験、ロケットから分離したHYFLEX機は順調に飛行し、小笠原父島北東300kmの海上に着水したが、フローテーション・バックとHYFLEX機を結ぶ取付け部が切れており回収に失敗

2.29　運輸省航空局、航空衛星地球局システムを三菱電機に24億7千2百万円で、衛星制御地球局システムを東芝に7億6千2百20万円でそれぞれ発注、納期は平成10年3月26日

3.12　NASDA、ロシア宇宙庁（RSA）とロシアの宇宙ステーション「ミール」を利用して10月から12月にわたってライフサイエンス実験を行う契約に調印

4.4　NASDA、米NASAから1998年3月スペースシャトル「コロンビア号」で打ち上げ予定のニューロラブ計画のペイコードスペシャリスト（PS）として向井千秋搭乗部員ら4名を最終選定

4.12　スペースシャトル「エンデバー号」により回収された宇宙実験・観測フリーフライヤー（SFU）が日本に海路帰国、三菱電機鎌倉製作所に収容され関係者に公開
4.15　NASDA、4月からオーストラリアのウーメラ基地におけるALFLEX実験機のシステム試験を開始。6月初旬から本格テストを開始する予定
5.22　日本電気、ヒューズ・スペース・アンド・コミュニケーションズ社との間にアイコグローバル社が計画している移動体通信衛星システム向けの衛星搭載通信機器を製造分担することに合意したと発表、受注額は3,000万ドル（約31億5千万円）
5.24　NASDA、ロシアの宇宙船「ミール」を利用した宇宙実験の準備を進めているが、「ミール」の運航スケジュールの変更で当初の計画より約2ヶ月遅れ、NASDA実験装置の打ち上げは12.20バイコヌール基地から無人貨物輸送船「プログレスM」で、回収はカザフスタン基地に有人宇宙船「ソユーズTM」で1997.2.22となったと発表
5.29　NASDA、宇宙飛行士第4期生として野口聡一氏（31才）の候補（MS）を決定
6.4　NASDA、平成8年度事業計画の説明の中でH-II計画の価格低減は2トン型で85億円以下、3トン型で115億円以下としたいと発表
7.1　通産省機械情報産業局長の私的諮問機関である宇宙産業基本問題懇談会、宇宙産業は21世紀のリーディング産業となる資質を持っているという内容の報告書を公表
7.6　航技研（NAL）とNASDA、オーストラリアのウーメラ実験場でヘリより落下加速させるALFLEX（アルフレックス）小型自動着陸実験のフェーズIの第1回実験に成功したと発表
7.11　科学技術庁、2000年に打ち上げ予定の国産ロケットH-IIAの1号機（試験機）で欧州宇宙機関（ESA）の通信実験衛星「アルテミス」を打ち上げる予定と発表
8.6　NASDA、宇宙実験・観測フリーフライヤ（SFU）に搭載した気相成長基礎実験装置（GDEF）を用いたダイヤモンド薄膜の宇宙空間での気相合成に世界で初めて成功したと発表
8.15　航技研とNASDA、7.6からオーストラリアのウーメラ飛行場で行っていた小型自動着陸実験（ALFLEX）が全13回の実験を予定通り終了し、宇宙往還技術試験機（HOPE-X）の自動着陸の基盤技術確立のために必要な各種技術データを取得することができたと発表
8.17　NASDA、種子島からH-IIロケット4号機で地球観測プラットフォーム技術衛星（ADEOS）とピギーバック式のアマチュア衛星3号（JAS-2）の打ち上げに成功、ADEOSは「みどり」と命名
9.8　NASDA、地球観測プラットフォーム技術衛星「みどり」を所定の静止軌道に投入
10.2　科学技術庁、宇宙ステーションの日本実験モジュール（JEM）の打ち上げスケジュールが2000年2月～2001年3月から2000年6月～2001年5月に変更されたと発表
10.2　NASDA、地球観測衛星「みどり」に搭載されたPOLDER（地表反射光観測装置）による初画像の取得
10.10　通産省、科技庁、NASDA、地球観測衛星「みどり」に搭載されたIMG（温室効果気体観測センサー）による初観測
11.4　理化学研究所、米仏の研究機関と共同で開発した天文観測衛星（HETE）は米NASAのペガサスXLロケットで打ち上げられたが、衛星がロケットの第3段から切り離されなかったため、太陽電池パネルを展開できず失敗

11.18　仏国立宇宙研究センター（CNES）、NASDA と東京で長期協力推進のための取極めに署名
11.26　ロケットシステム（RSC）、米国時間 25 日ロサンゼルスで米ヒューズ・スペース・アンド・コミュニケーション・インターナショナル社と 2000 年の後半以降に H-ⅡA ロケットでヒューズの商業衛星を打ち上げる契約を結んだ（10 機の打ち上げと数機のオプション）
11.27　ロケットシステム（RSC）、米スペース・システムズ・ロラール社と商業衛星打ち上げ契約を締結（2000 年の後半から 2005 年までに 10 機の打ち上げを行う）
12.12　三菱重工、西岡喬航空機・特車事業本部長、宇宙往還技術試験機（HOPE-X）の基本設計が始まり、名古屋に民間側の設計支援チームが設置されたことを発表（三菱重工、川崎重工、富士重工、日本電気、三菱プレシジョン、三菱ソフトウエア、日本航空電子の 6 社で現在約 120 名、平成 9 年度のピークで 150 名ぐらい）

平成 9 年（1997）

1.20　通産省、開発していた資源探査用将来型センサー（ASTER）が完成し、2 月中旬に米 NASA に送ると発表。NASA の EOS-AMI 衛星に搭載される予定
1.28　宇宙開発委員会、米科学者を招き、「オリジン計画などに関する日米科学者会合」を開催（東京、1.29 まで）
2.7　運輸省航空局、運輸多目的衛星用航法補強システムを日本電気に 46 億円 305 万円で発注、納期は平成 11 年 2 月 5 日（平成 11 年に打ち上げる運輸多目的衛星を利用して日本の飛行情報区およびその周辺を航行する民間航空機に対し、GPS を補強し、使用できるようにするためのもの）
2.12　宇宙研、内之浦から第 16 号科学衛星（MUSES-B）を M- Ⅴ型ロケット 1 号機で打ち上げ成功し、「はるか」（HALCA）と命名
2.25　日産自動車、米サイオコール社（ユタ州）と H-ⅡA ロケットの量産・低コスト化に向け複合材技術で提携、宇宙分野の要素技術を民生品に派生させる試みともなる
3.2　NASDA、「ミール」船内で行った「宇宙船内微生物計測実験」が予定通り終了、実験装置を無事回収
3.17　第 4 回アジア太平洋地域宇宙機関会議（東京、3.19 まで）
3.24　米ロッキード・マーチン・フェデラルシステムズ、日本電気が率いるチームの一員として日本政府の新しいグローバル航法システムである「運輸多目的衛星を中核とした次世代航空保安システム」の設計・開発に参加すると発表
3.26　宇宙開発委員会、本委員会と各専門部会等は原則として公開また必要に応じて国民から意見聴取することを決定
5.14　宇宙ステーション管理会議（SSBC）、建設開始を 8 ヶ月遅れとする新しい組立スケジュールを承認
5.16　宇宙研と国立天文台、今年 2 月に打ち上げた世界初の電波望遠鏡衛星「はるか」が地上の電波望遠鏡と連動し巨大な宇宙の瞳として働くことが確認できたと発表
5.27　NASDA、CNES 共催の日仏宇宙協力シンポジウム、パリで開催（5.28 まで）
5.30　電波監理審議会、「2000 年をめどに BS-4 後発衛星を打ち上げ、BS デジタル放送を開始、従来のアナログ放送は一定期間平行して放送するが廃止する」との答申を郵政省に提出
5.31　国際宇宙ステーション参加 5 極の宇宙機関長会議（HOA）、筑波宇宙センターで開催
6.2　米 NASA のゴールディン長官、近岡科学技術庁長官を訪問、1999 年 1 月に打ち上げを予定しているスペースシャトル「アトランティス号」のミッションスペシャリストとし

て NASDA の若田光一宇宙飛行士を搭乗させることを発表

6.25　大倉商事、三井物産、九州松下電器、KDD が中心となって事業化の準備を進めて来たオーブコムジャパン（株）が正式に発足。来春から低軌道周回衛星を使った双方向データ通信サービスを国内で開始する予定

6.30　NASDA、地球観測プラットフォーム技術衛星（ADEOS）「みどり」が太陽電池パドル破断のため突然機能停止。約 10 ヶ月間運用

7.14　郵政省、「宇宙通信」が申請していた衛星デジタル放送「ディレク TV」などの衛星放送局 3 局について予備免許を交付。電波送受信テスト後本免許を交付

7.28　宇宙通信、「スーパーバード C」をロッキード・マーチン社のアトラスⅡAS ロケットでケープカナベラルから打ち上げ

9.2　TBS、衛星デジタル放送の「パーフェク TV」に資本参加すると発表。出資比率は 10%（20 億円）程度を予定

10.1　科技庁、「地球フロンティア研究システム」を発足

10.19　三菱重工、ボーイング社より次世代ロケットのエンジン部品を受注（我が国の宇宙産業として米国にロケットの主要部品を輸出する初のケース）

11.10　NASDA、日本の地球観測衛星データを地図や土地利用図作りに生かす共同研究を開始することでタイ国家研究評議会と協力協定を締結

11.19　米 NASA、スペースシャトル「コロンビア号」（STS-87）を打ち上げ、土井隆雄ミッションスペシャリスト（MS）が日本人初の船外活動（EVA）を 2 回実施。12.5 に帰還

11.28　NASDA、種子島より H-Ⅱロケット 6 号機により日米共同の熱帯降雨観測衛星（TRMM）と技術試験衛星Ⅶ型（ETS- Ⅶ）のチェサー「おりひめ」とターゲット「ひこぼし」を打ち上げ

12.1　通信衛星を利用して多チャンネルのデジタル放送を行うディレク TV が開業、1996 年 10 月に開業したパーフェク TV に次いで 2 社目の CS デジタル放送会社、63 チャンネルから 90 チャンネルまで拡大

平成 10 年（1998）

1.19　科学技術庁、スペースシャトル「コロンビア号」（STS-87）に搭乗し、日本人初の船外活動（EVA）を行った土井隆雄宇宙飛行士に科学技術庁長官特別賞を授与

1.28　（社）日本航空宇宙工業会、宇宙産業基本問題検討委員会を設置。産業界として当面の重要課題である「商業化、実用化」に向けた政策支援のあり方について検討、タイムリーに関係方面に意見を具申する事が目的

2.9　郵政省、電機通信技術審議会の答申を受け、2000 年に放送開始の放送衛星を使ったデジタル放送で米パソコン業界が要望している方式を含む 5 方式を標準規格と決定

2.21　NASDA、種子島より H-Ⅱロケット 5 号機を打ち上げたが第 2 段エンジンの燃焼が途中で停止、搭載していた通信放送技術衛星（COMETS）「かけはし」の予定の静止軌道への投入に失敗（その後衛星側で少しづつ静止軌道に近づける制御を実施中）

3.5　NASDA、宇宙開発委員会技術評価部会に「H-Ⅱロケット 5 号機による通信放送技術衛星の軌道投入失敗の原因究明及び今後の対策について」と題する報告書を提出

3.14　科学技術庁、日本においても今後宇宙の本格的利用が進む中で、万が一の場合の損害賠償に関し、国際水準と同等の措置を講ずることにより迅速かつ円滑な処理を図り、被害者保護と打ち上げ業務の円滑な推進に資するため、宇宙開発事業団法の一部の改

正法案を国会に提出

3.18 国鉄新幹線の生みの親であり初代 NASDA 理事長の島秀雄博士他界 (96 才)

4.2 第1回日露宇宙協力合同委員会、東京（三田共用会議室）で開催。日本側からリモートセンシングおよび宇宙環境利用について、ロシア側から宇宙医学、リモートセンシング、衛星データベース、宇宙環境利用、新しいロケットエンジンの開発についての報告と共に、双方の衛星技術応用、ロシアの試験施設活用が提案

4.8 宇宙開発委員会、「平成10年度宇宙開発計画」を決定

4.9 NASDA、内外の専門家による外部評価委員会を設置

4.18 橋本首相、ロシアのエリツィン大統領と静岡県川奈で会談、昨年11月のクラスノヤルスク会談で合意した「橋本・エリツィンプラン」に新たに宇宙協力を盛り込むことに合意

4.20 NASDA、放送衛星 (BS-3a)「ゆり3号a」運用終了

4.23 宇宙開発事業団、毛利衛有人宇宙活動推進室長および野口聡一搭乗部員は米 NASA のミッションスペシャリスト（MS）全コースを無事終了、今後も NASA ジョンソン宇宙センターを中心に実施するより高度な練習に参加し、国際宇宙ステーション（JEM）に係わる開発支援作業を行う

4.27 総務庁、宇宙開発事業に対する初の行政監察をまとめ、科学技術庁など関係省庁に開発計画の見直しを勧告。日本の宇宙開発技術はすでに世界水準にあるが、厳しい財政事情等を考慮して経費を節減すべきとの趣旨

5.28 宇宙開発事業団、昨年1.28に打ち上げた「おりひめ／ひこぼし」が定常段階に移行と発表、7.7には初のランデブ・ドッキング実験を行う予定

6.21 第5回アジア太平洋地域宇宙機関会議開催（ウランバード、6.23まで）

6.30 三菱グループの宇宙通信、8月までに400億円の減資を実施し、465億円ある累積損失の大半を一掃する方針を発表（通信衛星の打ち上げ失敗が重なり、累積損失となったが、最近は単年度黒字）

6.30 NASDA、1999.9.16打ち上げ予定の「エンデバー号」に毛利衛氏（MS）が搭乗すると発表（2回目）

7.4 宇宙研、M-V3号機により日本初の火星探査機「のぞみ」(PLANET-B) の打ち上げ成功

7.7 NASDA、技術試験衛星Ⅶ型「おりひめ／ひこぼし」の第1回ランデブ・ドッキング実験を筑波宇宙センターから米国のデータ中継衛星を利用して行い成功

7.17 郵政省、2000年から始まる衛星放送（BS）デジタル放送に利用する衛星を調達・運用する受託放送事業者として、NHK と民放各社が出資する放送衛星システム（BSAT）を決定

8.7 NASDA、技術試験衛星Ⅶ型「おりひめ／ひこぼし」の第2回ランデブ・ドッキング実験を筑波宇宙センターから米国の追跡のデータ中継衛星を利用して実施するも、合体前にお互いの位置を把握できなくなるトラブルが発生し、実験は失敗。今回は主航法センサにランデブ・レーダを用い最終接近フェーズ（分離距離約520m）の技術実証を目的としていたが、何らかの理由で「ひこぼし」のレーダーが「おりひめ」を見失い、衝突回避のモードに入ったもようで、両衛星は約2.4km離れた地点で停止

8.27 NASDA、7日の失敗以来離れたまま地球を周回していた「おりひめ」と「ひこぼし」、6回目の挑戦によりドッキングに成功

9.1 政府、関係者閣僚会議を開き、北朝鮮との国交正常化は当面見合わせ、情報収集能力

を高めるため、偵察衛星の保有、利用についての検討を申し合せ
9.7　政府・自民党、偵察衛星については軍事目的に限らず、環境問題の調査などにも活用できる「多目的衛星の形で導入」を検討する方針を固めた
9.8　石川島播磨重工、日産自動車、三菱商事の3社は商業衛星の打ち上げサービス事業参画のため年内にも合弁会社を設立することで基本合意
9.24　宇宙研、火星探査機「のぞみ」が月スイングバイを行う
10.12　NASDA、地球資源衛星「ふよう1号」からのデータ通信が途絶えたため、回復不能と判断し、運用を終了（同衛星は平成4年2月に打ち上げられ、設計寿命2年の予定が6年半も使用）
11.9　NASDA、オーストラリアのウーメラ実験場でロケット指令破壊の際に生じた固体推進薬片が地面に衝突した場合の挙動と爆発威力に関するデータ取得を目的とした実験を開始
11.30　NASDA、放送衛星（BS-3b）「ゆり3号b」の運用終了
12.22　政府閣議、情報衛星導入を正式に決定
12.24　科学技術庁、文部省、通産省は無人宇宙実験・観測フリーフライヤー（SFU）について同機が将来の再利用型宇宙機の実験機として開発されたものであるが、再利用は費用、回収など解決すべき課題が多いため、本プロジェクトは一応終了すると発表

平成11年（1999）

1.8　宇宙研、「さきがけ」が送信電波を停止し、運用終了と発表。「さきがけ」は1985.1.8にM-35Ⅱ初号機で打ち上げられ、1986.3.11にはハレー彗星に700万kmまで接近
1.12　宇宙研、平成10年7月4日に打ち上げた火星探査機「のぞみ」の火星周回軌道への投入が、地球が31カ国脱出の際バルブ不調により推進剤を多く使ったため、当初予定の本年10月から2003年末から2004年初めにずれ込むと発表
1.12　科技庁、12日までに政府関係11省庁の平成11年度宇宙開発関係予算をとりまとめ、平成11年度は歳出2,519億6,000万円、国庫債務1,351億4,400万円で平成10年度に比較して、歳出で45億3,100万円、1.8%の増
1.29　政府閣議、「産業再生計画」を決め、宇宙産業分野については「商業用人工衛星市場の拡大が本格化することから、半導体等の民生部品について、極限環境での実証実験を通じ、宇宙分野への転用を推進」する施策を強調
2.4　運輸省気象庁、（運輸多目的衛星MTSAT）1号機の今夏打ち上げ前に、2号機の調達計画を明らかにした。同2号機は、2004年の打ち上げを目指し、今年度から製作に着手、製作費は総額199億6,300万円で、8月中旬に調達計画を官報で告示、年度末に契約予定
2.10　NASDA、国際宇宙ステーション（ISS）に滞在し、運用や利用などに従事する宇宙飛行士候補者として、古川聡（34才）、星出彰彦（30才）、角野（すみの）直子（28才）の3氏を選定
2.11　戦後、日本のロケット宇宙開発の生みの親の糸川英夫東大名誉教授が他界（86才）
2.16　日本サテライト・システムズ（JSAT）、「JCSAT-6」、ケープカナベラルからアトラス2ASロケットで打ち上げ
2.24　NASDA、仏CNESと共に第2回日仏宇宙協力シンポジウムを開催（東京、1.26まで）
3.5　宇宙開発委員会、国際宇宙ステショーン（ISS）への日本参加計画を定期的に検討する計画評価委員会を設置

3.10　宇宙開発委員会は、平成11年度宇宙開発計画をまとめた（月周回衛星SELENEの開発移行、第22科学衛星SOLAR-Bの開発研究移行ほか8件の打ち上げ年度変更を決めた）

3.24　宇宙研、我が国初の垂直離着陸型ロケットの試作機を使った離着陸実験を能代ロケット実験場で行い、初期の成果を収めた、機体は高さ約70cm、約3秒間浮上、試作機は全長約3m、重さ310kgで液酸／液水式エンジン搭載

3.26　通産省、新エネルギー・産業技術総合開発機構（NEDO）を通じ、（財）資源探査用観測システム研究開発機構に「将来型合成開口レーダーシステムの研究開発」を委託

4.1　政府、内閣官房に「情報収集衛星推進委員会」の設置を決定（委員長は野中官房長官）、同衛星は、2002年度に打ち上げ予定

4.21　宇宙開発委員会、「ロケットによる人工衛星の打ち上げに係わる安全評価基準」の検討・策定を決定

4.24　NASDA、国際宇宙ステーション（ISS）における日本の実験棟（JEM）の愛称を「きぼう」（英文KIBO）に決定、また、JEMのロゴマークも決定

5.1　日本とロシア、国際宇宙ステーション（ISS）を使って、人工衛星の残骸など、宇宙空間を漂う「宇宙ゴミ」（スペースデブリ）の実態調査に乗り出すこととなった、この調査は、NASDAがゴミの捕獲装置を開発し、2000年に打ち上げるロシアの宇宙便でステーションに運ぶ

5.23　NASDA、国際宇宙ステーション（ISS）に搭乗予定の宇宙飛行士候補者2名の技術訓練を黒海沿岸とモスクワ郊外のガガーリン宇宙飛行士訓練センターで7.2から開始する旨、宇宙開発委員会に報告

5.24　第6回アジア太平洋宇宙機関会議開催（筑波宇宙センター、5.27まで）

5.28　航技研・角田宇宙推進技術研究センターの「高温衝撃風洞設備（HIEST）」を完成、同所で完成披露式典

6.4　NASDA、「第1回宇宙環境利用に関する先率的応用化研究ワークショップ」を開催（札幌）

6.23　NASDA、（財）リモード・センシング技術センター（RESTEC）、「地球観測フェア‘99」を開催（横浜）

7.1　科技庁研究開発局、計算科学技術共同研究制度の新規課題として、航空・宇宙分野から「単使用型宇宙推進エンジン仮想実験」を採択（航技研、九州大、東北大、日本電気が参加）

7.19　内閣の情報収集衛星推進委員会、現時点における目標性能や開発計画を宇宙開発委員会計画調整部会に報告（平成14年度に同衛星4機の打ち上げを予定）

7.30　第3回国連宇宙会議、「世界宇宙週間」（初の人工衛星スプートニク打ち上げの日である10月4日から宇宙条約が発効した同10日まで）を創設することで合意

8.4　宇宙開発委員会、先端技術実証ロケット（従来のJ-Ⅰロケットの改善型）の開発研究を平成12年度から着手することを了承、平成14年度頃に初号機（試験機）の打ち上げを予定

8.4　宇宙開発委員会、政府が2002年度に4基打ち上げを目指している情報収集衛星の開発を了承

8.6　NASDA、通信放送衛星（COMETS）「かけはし」の運用停止を9月末までに行うと発表

8.24　米会計検査院（GAO）、米・欧・日・加等16カ国参加の国際宇宙ステーションについて、「ロシア担当部分の建設の遅れをどう補うか明確でなく、総建設費もさらに膨らむ可能

性がある」との報告書をまとめた（議会で、撤退あるいはNASA予算削減の声が高まることが危惧される）

9.1　NASDA、1997年に打ち上げた技術試験衛星Ⅶ型「おりひめ・ひこぼし」を使って、前回に続いて人工衛星を無人で捕獲する実験に成功、小型衛星の「おりひめ」を分離し、本体である「ひこぼし」のロボットアームを自動制御して捕捉

9.22　NASDA、9月1日実施のETS-Ⅶ衛星を利用したターゲット衛星捕獲実験の成果について、「ロボットアームの搭載系画像処理機能を利用し、他の衛星を捕獲することに世界に先駆けて成功」と、その意義を強調する速報を発表

9.29　外務省と内閣官房、米政府と日米相互防衛援助協定に基いて、日本が開発する情報衛星用の部品や構成品の一部を米国から取得する覚書（書簡）を交換

10.12　三菱商事、同社とロッキード・マーチン社等が出資したスペース・イメージング社が9月末打ち上げの商業衛星「イコノス」が撮影した高精度デジタル画像を12月から国内販売と発表

10.14　日本航空宇宙工業会、第200回理事会で「宇宙産業技術戦略検討委員会」と「次世代ロケット産業調査委員会」の設置を決定

10.24　三菱電機（株）、オーストラリア通信大手のケーブル・アンド・ワイヤレス・オプタス社から同社が2002年に打ち上げる「オプタスC-1」通信衛星製造の主契約企業に選定

10.27　内閣情報調査室、情報収集衛星を平成14年度に打ち上げることとし、予定を繰り上げて平成11年度から開発段階に着手したいとの要望を宇宙開発委員会に提出、了承

11.9　航技研、大阪大学および（財）レーザー総合研究所との共同研究により、高出力レーザーを使用した衛星の軌道変換輸送システムに用いるレーザーエンジンのモデル実験に世界で初めて成功

11.15　NASDA、種子島から運輸多目的衛星（MTSAT）搭載のH-Ⅱロケット8号機（通算7回目）を打ち上げたが、第1段エンジン（LE-7A）の早期停止により、約8分後に国内初の指令爆破し失敗

11.16　小渕総理、中曽根科学技術長官、二階運輸相とH-Ⅱロケット8号機の打ち上げ失敗について協議し、原因究明と再発防止策の徹底を指示、同時に国産技術によるロケットや衛星の開発を今後も重視していく方針と述べた

11.30　NASDA、宇宙開発委員会技術評価部会に11.15に打ち上げ失敗したH-Ⅱロケット8号機の原因究明活動の状況と今後の予定等について報告、この中で、不具合要因をLE-7Aエンジン内部の配管系等3つに絞り込んでいる

12.6　NASDAと環境庁、「地球観測衛星ADEOS/ADEOS-Ⅱ合同シンポジウム」を開催（京都）

12.8　NASDA、H-Ⅱロケット8号機の打ち上げ失敗に伴い、平成12年度事業計画の見直しを報告した（H-Ⅱ Aの開発を確実に行うため1機残っているH-ⅡA7号機の開発を中止）

12.9　科技庁、H-Ⅱロケット打ち切りを決定（残った7号機は8号機の原因究明などに有効に活用）

12.18　通産省の開発による「資源探査用将来型センサ（ASTSR）」を搭載したNASAの地球観測衛星「TERRA」が米バンデンバーグ基地からアトラスⅡASロケットで打ち上げ成功

平成12年（2000）

1.11　NASDAと海洋科学技術センター、小笠原諸島北西約380kmの海底約3,000mからH-Ⅱロケット8号機LE-7Aエンジンの配管やバルブなどを深海無人探査機「ドルフィン3K」

により回収

1.24　NASDA、小笠原諸島海域でH-Ⅱロケット8号機の一対となった液体酸素ターボポンプ、液体水素メインバルブやクロスオーバー管を回収

2.10　宇宙研は、内之浦からM-V型ロケット4号機により、第19号科学衛星（X線天文衛星：ASTRO-E）を打ち上げたが、第1段ロケットの異常燃焼のため、軌道投入に失敗、衛星は行方不明

2.14　日産自動車、同社が持つ宇宙航空事業の営業譲渡について石川島播磨重工と基本合意（今後、両社は詳細協議を重ね本年8月までの譲渡を目指す）

2.15　三菱重工とボーイング社ロケットダイン事業部、世界の次世代ロケット上段向けに新たな高性能推進システムとして、液体水素と液体酸素を推進剤としたロケットエンジンを共同研究開発することで合意（同エンジンは、「MB-XX」と呼称され、すでに長期にわたる共同作業を実施中）

2.21　政府、H-Ⅱロケット8号機およびM-Vロケット4号機の打ち上げ失敗に伴い、宇宙開発体制を見直すため、文部省・科技庁・NASDA、NAL、ISAS、5者の各責任者によりなる協議会の設置を決めた

2.24　気象庁とNASDA、静止気象衛星「ひまわり4号」の電源系に経年劣化による異常が生じ、今後の運用が困難と判断、運用を終了

2.28　宇宙開発委員会技術評価部会専門家会合、H-Ⅱロケット8号機の第1段エンジンの急停止原因について、回収物を調査した結果、液体水素ターボポンプのインデューサ羽根が疲労で欠損したためとの検討結果を報告

2.29　日本電気と東芝、人工衛星を核とする宇宙事業について包括提携することで基本合意

3.10　宇宙研、M-Vロケット4号機の打ち上げ失敗の原因について、第1段固体ロケットエンジンのグラファイト製ノズルスロートの破壊・脱落が一次要因であるとの見解を発表

4.10　政府の国家産業技術戦略検討会（座長：吉川弘之日本学術会議会長）、「航空宇宙産業」を含む7つの分野別産業技術戦略を策定し発表

4.10　石川島播磨重工業、日産自動車の宇宙航空事業部の営業譲渡について、同社と正式に合意

4.26　航技研、HOPE-Xの外形状の改善設計とその評価がほぼ終了と宇宙開発委員会に報告

5.14　科技庁研究開発局長の私的研究会である「将来宇宙輸送システムに関する懇談会」（座長：秋葉鐐二郎宇宙開発委員会委員）、2段式スペースプレーン（TSTO）の開発が妥当な選択である、との報告書を宇宙開発委員会に提出

5.18　衛星軌道上を漂う「宇宙ゴミ」を探査する美星スペースガードセンター（岡山県美星町）が試験稼働を開始。同センターは、（財）日本宇宙フォーラム（JSF）が建設

5.24　NASDA、H-ⅡAロケット第1段LE-7Aエンジンの開発を、同事業団および関係企業である三菱重工業と石川島播磨重工業が総力をあげて、効果的かつ確実に推進するため、LE-7Aエンジン合同開発チームを設置すると発表

5.27　政府、人工衛星を利用した「高速、大容量の宇宙通信システム」を構築するとの方針を固めた。地上のインターネットを格段に上廻わる大容量を目指す

6.28　NASDA、第4回宇宙環境利用地上研究公募の結果、81件の研究テーマを選定したことを宇宙開発委員会に報告

6.30　政府、NASDAの新理事長（8代目）に山之内秀一郎UIC（国際鉄道連合）副会長を任命

（7.10 に就任）

7.1　（株）アイ・エイチ・アイ・エアロスペース（IA）の発足

7.23　NEC と住友商事、ロシア国営の衛星通信会社ロシア・サテライト・コミュニケーションズ（RSCC）社からトランスポンダ、アンテナ、光通信装置など通信衛星の基幹システムを合計 3 基、約 110 億円を受注

7.26　三菱重工、ISS の運用や利用などでボーイング社と協力し合う協定を締結したと発表

7.27　三菱電機、運輸省と気象庁から運輸多目的衛星（MTSAT）の新 2 号機を 135 億 4,500 万円で受注、2004 年夏に打ち上げ予定

8.4　科技庁、無人宇宙往還技術試験機「HOPE-X」の実機製作を凍結することを明らかにした（新たな宇宙輸送手段として、「スペースプレーン」構想などが浮上してきたのでこれへの転換が考えられている）

8.15　三菱電機、人工衛星を使った旅客機の乗客向けの高速通信網（コネクション・バイ・ボーイング）構築で、ボーイング社との協力関係を拡大することとし、専用アンテナの共同開発に加え、トランスポンダの製造やアジア地域で必要となる衛星の調達を担当することで合意

8.23　米衛星電話サービス会社イリジウム社、事業が破綻し、軌道上の同社の通信衛星 66 個を 8、9 ヶ月かけて衛星軌道から外し廃棄処分することとなった

9.27　「超高速インターネット衛星」（仮称）の第 1 回ミッション検討会を開催（東京）

10.4　航技研、宇宙研および NASDA の宇宙 3 機関は、事業等の一体的な運営を目指す「運営本部（仮称）設立準備委員会」の設置を宇宙開発委員会に報告、来年 4 月の同本部発足を目指す

10.4　NASDA、宇宙開発ベンチャー・ハイテク制度による戦略研究テーマ 5 件、芽出し調査研究 18 件の採択を発表

10.26　宇宙開発委員会基本戦略部会は、我が国宇宙開発の中長期戦略を方向づけることを目的とした報告書案をまとめた（現行の宇宙開発政策大綱を見直し）

11.7　科技庁、気象庁気象研究所、大学など 21 機関が共同でつくば市周辺で行っている「GPS を用いた水蒸気の詳細観測」が世界で初めて成功したと発表

11.13　宇宙開発委員会の宇宙環境利用委員会、国際宇宙ステーション日本実験棟（JEM）について、マルチメディア広告等を含む商業利用への活用方針を示す

11.22　中国政府、「中国宇宙白書」を発表、有人宇宙飛行については、今後 20 年程度でシステムを確立し、宇宙空間で科学研究や技術試験を行うとしている

11.28　NASDA と米 NASA は、両国が地球科学分野で包括的な協力関係の構築を主旨とする共同声明を発表

12.4　宇宙研、イオン流出機構観測ロケット S-520 ロケット 2 号機をノルウェーのスバルバードロケット実験場から打ち上げ、同ロケットに搭載の観測センサは、順調に観測データを取得し、打ち上げ 1,100 秒後に着水、回収

12.9　日米両政府、宇宙飛行士訓練計画に関する協力取り決めの有効期限を平成 18 年 7 月 31 日まで延長することで合意、ワシントンで書簡を交換

12.13　NEC と東芝、両者の宇宙事業の統合一体化を図ることとし、2001 年 4 月をめどに合弁会社を設立することで基本的に合意（資本金は、70 億円、出資比率は NEC60%、東芝 40% の予定）

12.14　宇宙開発委員会、同委員基本戦略部会がまとめた「我が国宇宙開発の中長期戦略」についての報告書を了承（現行の宇宙開発政策大綱に代わるもので明年1月の中央省庁再編に備えた）

12.21　JSAT社、ジュピターテレコム、スカイパーフェクト、松下電器、ソニーと共同で、衛星を利用したケーブルテレビ向けデジタルコンテンツ配信サービスの事業化検討を目的とする新会社「ケーブルスカイネット企画」を設立

12.25　NASDA、20日にアリアンV型ロケットで打ち上げた技術試験衛星-Ⅷ（ETS-Ⅷ）の大型展開アンテナ小型モデル（LDREX）が軌道上で展開せず

12.26　NASDA、H-ⅡAロケット第1段エンジン（LE-7A）の技術データ取得試験を種子島で、計画通りの成果を出して21世紀に入ることとなった

平成13年（2001）

1.6　中央省庁再編で文部省と科技庁が合併し、文部科学省（MEXT）と改称。NASDA、ISAS、NALの3機関も同省下となる

1.26　NASDA、ロケット開発に際しての企業との役割･責任関係の見直しについて報告、監督･検査に当たっては、同事業団が共同開発者として関与することが適当との見解を明らかにした

2.15　石川島播磨重工、同社瑞穂工場内のH-ⅡAロケット関係業務を除く宇宙開発部門をアイ・エイチ・アイ・エアロスペースの事業所（富岡市など）に移転

2.22　NECと東芝の宇宙事業の合弁会社の社名は、「NEC東芝スペースシステム」に決定（4.2に発足）

3.1　X線天文学で世界をリードした元東大宇宙研教授小田稔博士、心不全で逝去（78才）

3.2　宇宙研、太陽活動の影響で観測不能となったX線天文衛星「あすか」（ASTRO-D）が大気圏に突入し消滅

3.13　JSAT社と欧州の衛星通信企業SES社、両社の衛星とNTTコミュニケーションズのグローバルIP-VPNを用いたデータ通信ネットワークを構築する事で合意

3.21　気象庁気象ロケット観測所（岩手県三陸町綾里）、1970年開設以来、週1回の定期観測を行っていたが1,119号機目のMT-135Pロケットを打ち上げ、約30年にわたる観測を終了

3.21　国土交通省とNASDA、1999年秋の運輸多目的衛星（MTSAT）打ち上げ失敗に伴う費用の係争で、東京地裁の調停を受け入れ、ロケット製造費25億円余は同省が支払い、打ち上げ費等は9億円余は同事業団が負担

3.27　平成7年（1995）NASDAの中型ロケット構想として立ち上った「先端技術実証ロケット」であるが、官民共同のプログラムとしての推進が決定された。これに対応し石川島播磨重工、三菱商事、川崎重工、アイ・エイチ・アイ・エアロスペース、日本航空電子、富士重工、国際倉庫の7社が、官民共同プログラムとして中小型衛星の打上を目的としたロケット開発のため、民間の受け皿として、合弁会社「ギャラクシーエクスプレス」（GALEX）を設立。政府側は文部科学省/宇宙開発事業団、経済産業省が開発に加わり、米国ロッキードマーティン社も参画する日米共同開発ロケットとしてスタートした。

4.1　航技研（NAL）、独立行政法人となる

4.2　NECと東芝の宇宙事業部門の合弁会社「NEC東芝スペースシステム（株）」が成立発足、社長に林宏美NEC執行役員常務が就任

4.6　NASDA、NAL、ISASの宇宙3機関は、連携・協力の推進に関する協定を交わした
4.23　国土交通省・気象庁は、2003年初頭に予定している運輸多目的衛星新1号（MTSAT-1R）の打ち上げをロケットシステム（株）に発注（発注額は90億円）
4.28　民間人として初めて米実業家デニス・チトー氏、ロシアの宇宙船「ソユーズTM-32」に搭乗し、国際宇宙ステーションに（同ステーションに6日間滞在し、5.6無事帰還）
5.18　日ロ宇宙協力協定（1993年10月）に基く第3回日ロ宇宙協力合同委員会、外務省で開催、両国間で実施中の案件や協議中の案件について協議
6.13　NASDA、電通と共同で国際宇宙ステーション内でのテレビコマーシャル制作を行うことを明らかにした（早ければ年内にも世界初の宇宙撮影CMが放映）
6.18　文科省は、平成12年度科学技術白書を発表。日本の航空宇宙技術水準については、「欧米より低い」との認識を示した
6.20　ボーイング、三菱重工、三菱電機の3社、航空宇宙事業全般について包括的業務提携することで合意したと発表
7.4　新エネルギー・産業技術総合開発機構（NEDO）、ロケット開発等に適用する「システム設計・インテグレーション高度化知的基盤研究開発」委託先の公募を開始
7.11　内閣府総合科学技術会議、平成14年度科学技術予算に関する方針の中で、宇宙分野についてロケット開発の低コスト化や信頼性向上等を目指し予算配分等を行うとした
7.12　アリアンスペース社、日本の放送衛星社のデジタル・テレビ放送衛星「BSAT-2b」とESAの通信技術試験衛星「アルテミス」をアリアンV型ロケットで打ち上げたが、データ解析の結果、エンジンの燃料不足により、予定高度より低い高度への投入にとどまったと発表
7.13　米NASAジョー・ローゼンバーグ宇宙飛行局長、ISS建設に関するNASAのコスト超過額は7億ドルないし8億ドル、ISS全体では48億ドルに達する見込みとのコストオーバランを明らかにした
8.1　（財）日本航空協会、航空宇宙輸送研究会を立上げ
8.1　NASDA、国際宇宙ステーション（ISS）の日本実験施設「きぼう」の利用アイデア9件を選定したと発表
8.21　遠山文科省大臣、NASDA、ISAS、NALの総合に向けた「宇宙3機関統合準備会議」を設置すると発表
8.24　文科省の集計によると、政府関係省庁の平成14年度宇宙関係経費概算要求は、歳出2,746億5,500万円、国庫債務負担行為751億4,200万円で、前年度に比べ歳出112億円、国庫174億円の減、このほか構造改革特別枠で58億1,400万円を要求
8.29　NASDA、大型国産H-ⅡAロケット試験機1号機を種子島宇宙センターから打ち上げ、成功
9.10　宇宙研（ISAS）は、第14号科学衛星「ようこう」打ち上げ10周年を記念し、NASA本部、PPARC（英国素粒子物理学天文学研究会議）と同時記者会見
10.9　新エネルギー・産業技術総合開発機構（NEDO）、去る7.4に公募したロケット産業等の基盤強化を主眼とした「システム設計・インテグレーション高度化知的基盤研究開発」プロジェクトの委託先を（社）日本航空宇宙工業会と（株）ギャラクシーエクスプレスに委託決定
10.16　NASDA、偵察など情報収集目的の人工衛星のための地上局を西オーストラリア州パー

スに建設することで、同国最大手の通信会社と合意

10.25　NASDA、国際宇宙ステーション（ISS）計画がスペイン皇太子財団の「スペイン皇太子賞」（国際協力部門）を受賞

11.15　国交省・気象庁、運輸各目的衛星新1号（MTSAT-1R）の打ち上げを2003年3月末から同夏度に延期する。スペースシステム・ロラール社の製造遅れによる

11.30　三菱重工名航南工場においてNAL向けの将来SST用技術取得のための小型超高音速実験機（ロケット・ブースター付、NEXST-1）の引渡式、明2002年春より豪州ウーメラ実験場で飛行テスト予定

12.6　文科省・宇宙3機関統合準備会議、統合後の新機関の機能や役割について中間報告

12.12　NASDA、筑波宇宙センターにおいて、ISSに搭乗するNASDA、NASA、ESAの宇宙飛行士12名に対するアドバンズド訓練を開始

12.13　NASDA、平成10年10月12日に運用終了していたJERS-1「ふよう1号」が22時28分頃南極沖の南太平洋上空において大気圏再突入し、消滅

平成14年（2002）

1.7　NASDA、衛星総合システム本部が、品質管理の国際規格ISO 9001の認証を取得

1.9　文科省、情報収集衛星（IGS）、データ中継衛星（DRTS）など7機の衛星を平成14年度にH-ⅡAおよびM-Vロケットで打ち上げると宇宙開発委員会に報告

1.17　NASDA、第5回極低温タンクに関するワークショップ開催（東京・港区）

2.4　NASDA、H-ⅡAロケット2号機を打ち上げ民生部品・コンポーネント実証衛星（MDS-1）は成功したが、宇宙研の高速再突入実験機（DASH）の分離に失敗

2.13　文科省、「H-ⅡAロケットの余剰打ち上げ能力の活用について（案）」を宇宙開発委員会に提示し、基本的な考え方を明確化するための検討を求めた

2.22　国土交通省、運輸多目的衛星新1号機（MTSAT-1R）の打ち上げ機をH-ⅡAロケットに決定

2.28　NASDAの種子島宇宙センター、環境マネージメントシステムISO 14001第三者認証を取得

3.11　NASDA、多目的用として世界最速のスーパーコンピュータ「地球シミュレータ」運用開始

4.3　宇宙開発委員会、我が国のロケットの在り方を検討するためワークショップを開催

4.10　文科省、宇宙開発委員会でH-ⅡAロケットを我が国の基幹ロケットと位置付け、同ロケットの世界最高レベルの信頼性確立にむけ注力すべきとの意見を表明

4.10　宇宙研、科学衛星の動向と今後の輸送手段について宇宙開発委員会に報告、M-Vロケットの製造コスト約65億円を企業努力等により半額程度に引き下げる期待を表明

5.10　気象庁、MTSAT-1R運用まで米国の静止気象衛星GOES-9を活用、「ひまわり5号」をバックアップしてもらうことで、米国海洋大気庁（NOAA）と調印

5.17　文科省、第1回宇宙3機関・産業界等宇宙開発利用推進会議を開催

5.26　第23回宇宙技術と科学の国際シンポジウム（ISTS）を開催（松江市、6.2まで）、次回は2004年5月に宮崎市の予定

6.3　国際宇宙ステーション（ISS）の5極パートナーの宇宙機関長会合（NASA、ESA、CSA、NASDA、RASA）、パリにおいて開催

6.5　文科省、「今後のロケット開発の進め方」についての文書案をまとめ宇宙開発委員会に報告、H-ⅡA標準型を基幹ロケットとし、早期民営化を図ることなどの方針を示した

6.18　宇宙開発委員会の計画・評価部会のLNG飛行実証プロジェクト小委員会、GXロケットを用いたLNGエンジンの飛行実証について、プログラムに参画する経産省、民間共同事業会社の意向に反し、開発に着手すべきではないとの総合評価をまとめた
6.19　総合科学技術会議､今後10年間の宇宙開発利用の取り組みに関する報告書案を決議､「平成15年度の科学技術に関する予算、人材等の資源配分の方針（案）」を決定
7.4　NASDA地球観測利用研究センター、熱管理技術・宇宙太陽発電システム（SSPS）合同ワークショップ開催
7.10　東大阪商工会議所、3年後めどにマイクロ級小型衛星開発を主目的とする第1回宇宙開発関連研究会を開催
7.15　日本経済団体連合会、宇宙開発利用推進会議に準天頂衛星システム推進検討会を設置し、第1回会合を開催
7.16　第24回宇宙ステーション利用計画ワークショップ開催（7.17まで）
7.24　総合科学技術会議、平成15年度の科学技術関係予算の概算要求に向け意見交換をしたが、このなかで準天頂衛星システムの開発に500億円（6年間）の予算確保が提案される
7.25　i-spaceワークショップの開催（東京）
8.8　NEDO、「次世代輸送系システム設計基盤技術開発」対象として、SJACとGALEXの共同提案を採択したと発表
8.19　NASDA、宇宙ステーションの日本実験棟モジュール「きぼう」の船内実験室を筑波宇宙センターで報道関係者に公開
8.21　日本経済団体連合会は、準天頂システムの開発・利用等の事業を行うオールジャパン体制の新会社を設立すると発表
8.28　文科省、H-ⅡAロケットの民営化について、11月はじめに移管先を選定するとの中間とりまとめを宇宙開発委員会に報告
9.9　東大阪商工会議所、重量約50kgの重力傾斜安定型の小型衛星研究開発に、中小企業31社が参加すると発表
9.10　NASDA、H-ⅡA3号機を打ち上げ、USEFの次世代無人宇宙実験システム（USERS）およびデータ中継技術衛星（DRTS）をそれぞれの軌道投入に成功
9.18　宇宙開発委員会、地球観測に係わるプログラムを「先導的基幹プログラム」と位置付け、中長期的なシナリオ作成の検討に着手
9.18　日本経団連、宇宙開発委員会で準天頂システム構築の民間受け皿として、「新衛星ビジネス（株）」の設立を明らかにした
9.19　NASDA、豪州連邦科学・産業研究機構（CSIRO）と同国のFEDSATの打ち上げおよび運用に関する協力についてのMOUを締結
9.24　NASDA、宇宙開発利用の一層の裾野拡大を図るため、産業界との連携活動総合相談窓口として、産業連携協力室を企画部に設置、9.30に同「宇宙連携総合窓口」を開設
9.25　ISAS、MUSES-Cの打ち上げを明年5月に延期すると宇宙開発委員会に報告
9.30　IHI、明年4月1日をめどに、H-ⅡAのターボポンプおよびGXロケットを除く宇宙開発事業を子会社のアイ・エイチ・アイ・エアロスペースに分離・移管すると発表
12.14　NASDA、H-ⅡA-4号機で、FedSat、観太くん等の衛星を打ち上げ

平成15年（2003）

3.28　NASDA、H-ⅡA-5号機にて情報収集衛星（IGS-1A/1B）を打ち上げ

5.9　NASDA、M-V-5 号機にて「はやぶさ」を打ち上げ

10.1　日本の航空宇宙 3 機関、文部科学省宇宙科学研究所（ISAS）・独立行政法人航空宇宙技術研究所（NAL）・特殊法人宇宙開発事業団（NASDA）が統合され、国立研究開発法人宇宙航空研究開発機構（Japan Aerospace eXploration Agency, JAXA）が発足

11.29　JAXA、H-ⅡA-6 号機にて情報収集衛星（IGS-2A/2B）を打ち上げるも、SRB が 1 本分離せず失敗（指令破壊）

平成 16 年（2004）

・前年の H-2A-6 号機の打ち上げ失敗により、1 年間日本の宇宙開発が停滞した。

平成 17 年（2005）

2.26　JAXA、H-ⅡA-7 号機にて「MTSAT-1R」を打ち上げ

7.10　JAXA、M-V-6 号機にて「すざく」を打ち上げ

10.　国家宇宙戦略立案懇話会（衆議院議員河村建夫座長）が宇宙基本法制定に向け、「国家宇宙戦略立案懇話会」報告書（副題―新たな宇宙開利用制度の構築に向けて）を作成。懇話会メンバーは、座長河村建夫（前文部科学大臣）、座長代理今津寛（防衛庁副長官）、小嶋敏男（文部科学副大臣）、小此木八郎（経済産業副大臣）、河井克行（外務大臣政務官）、櫻田義孝（準天頂衛星議員連盟事務局長）、岩屋毅（自由民主党国防部会長）（いずれも衆議院議員）。なお、鈴木一人現北海道大学公共政策大学院教授、河村健一秘書、長年民間で宇宙開発に携わってきた池本多賀史氏、北村幸雄氏、他多くの大学、企業関係者が懇話会活動の事務局として尽力。一方、日本航空宇宙工業会（細谷孝利専務、田中俊二常務）では通産省電気総合研究所、中国工業試験所長を歴任された中山勝矢氏の指導の下「スペースポリシー委員会」が設置され、日本の宇宙政策の在り方が議論され、現在まで毎年宇宙政策提言書が政官界に向け発信され、多方面に影響を与えてきた。

平成 18 年（2006）

1.24　JAXA、H-ⅡA-8 号機にて「だいち」を打ち上げ

2.18　JAXA、H-ⅡA-9 号機にて「MTSAT-2」を打ち上げ

2.22　JAXA、M-V-8 号機にて「あかり」を打ち上げ

3.31　平成 2 年に H-2 ロケットの海外展開を目指し、MHI、IHI、日産、KHI など 6 社が幹事会社となり、大手商社、銀行、保険、製造企業 73 社が出資したロケットシステム社が、米国衛星製造会社から一時衛星 30 機打上の仮契約を果たしたが、相次ぐロケット打上失敗により解散を余儀なくされた

9.11　JAXA、H-ⅡA-10 号機にて情報収集衛星（IGS-3A）を打ち上げ

9.23　JAXA、M-V-7 号機にて「ひので」を打ち上げ

12.18　JAXA、H-ⅡA-11 号機にて「きく 8 号」を打ち上げ

平成 19 年（2007）

2.24　JAXA、H-ⅡA-12 号機にて情報収集衛星（IGS-4A）を打ち上げ

9.14　JAXA、H-ⅡA-13 号機「かぐや」を打ち上げ

平成 20 年（2008）

2.23　JAXA、H-ⅡA-14 号機にて「きずな」を打ち上げ

5.28　自民党衆議院議員河村建夫、今津寛が中心となり、公明党衆議院議員佐藤茂樹ほか、民主党衆議院議員野田佳彦ほかによる 3 党協力による議員立法で「宇宙基本法」が成立（法律第 43 号）。従来の文部科学省、科学技術研究開発中心の宇宙開発から、安全保障、

産業振興、科学・研究開発を三本の柱とし、内閣に宇宙開発戦略本部を設置し、本部に関する事務は内閣官房において処理することが定められた

平成 21 年（2009）

1.23　JAXA、H2A-15 号機にて、「いぶき」、「まいど 1 号」等の衛星を打ち上げ
6.2　政府は、第一次宇宙基本計画を宇宙開発戦略本部決定
9.11　JAXA、H-ⅡB-1 号機にて「HTV-1」を打ち上げ
11.28　JAXA、H-ⅡA-16 号機にて情報収集衛星（IGS-5A）を打ち上げ

平成 22 年（2010）

5.21　JAXA、H-ⅡA-17 号機にて「しんえん」、「WASEDA-SAT2」等の衛星を打ち上げ
9.11　JAXA、H-ⅡA-18 号機にて準天頂衛星（みちびき）を打ち上げ
11～12　GX ロケット完成後、日米双方の中型衛星打上に供する日米合意があるにもかかわらず、突然の民主党政権の事業仕分けにより GX ロケットは開発中止となり、会社は解散を余儀なくされ多大な損害を蒙る

平成 23 年（2011）

1.22　JAXA、H-ⅡB-2 号機にて、「HTV-2」を打ち上げ
9.23　JAXA、H-ⅡA-19 号機にて、情報収集衛星（IGS-6A）を打ち上げ
12.12　JAXA、H-ⅡA-20 号機にて、情報収集衛星（IGS-7A）を打ち上げ

平成 24 年（2012）

5.18　JAXA、H-ⅡA-21 号機にて、「しずく」、韓国通信衛星（アリラン 3 号）、「SDS-4」等の衛星を打ち上げ
6.　内閣府所掌業務の追加、宇宙政策委員会の設置、従来文部科学省にあった宇宙開発委員会の廃止、JAXA 機能の見直し等の内閣設置法案等の一部改正
7.21　JAXA、H-ⅡB-3 号機にて、「HTV-3」を打ち上げ

平成 25 年（2013）

1.25　政府は、第二次宇宙基本計画を宇宙開発戦略本部決定
1.27　JAXA、H-ⅡA-22 号機にて、情報収集衛星（IGS-8A/8B）を打ち上げ
8.4　JAXA、H-ⅡB-4 号機にて、「HTV-4」を打ち上げ
9.14　JAXA、イプシロン -1 号機にて、「ひさき」を打ち上げ
12.17　国家安全保障に関する基本方針となる「国家安全保障戦略」が我が国で初めて閣議決定された。これは、我が国が平和国家としての歩みを堅持しつつ国際社会の主要プレーヤーとして我が国の安全及び地域の平和と安定、繁栄の確保にこれまで以上に積極的に寄与していくための様々な取組を包括的、戦略的に示したものである。

平成 26 年（2014）

2.28　JAXA、H-ⅡA-23 号機にて、大学衛星（ぎんれい他）を打ち上げ
5.24　JAXA、H-ⅡA-24 号機にて、「だいち 2 号」を打ち上げ
8.26　自民党は、河村建夫宇宙・海洋開発特別委員長、今津寛宇宙総合戦略小委員長の強力なリーダーシップの下、第一次提言「国家戦略遂行に向けた宇宙総合戦略」を策定し政府に提言
10.7　JAXA、H-ⅡA-25 号機にて、「ひまわり 8 号」を打ち上げ
12.3　JAXA、H-ⅡA-26 号機にて、「はやぶさ 2」を打ち上げ

平成 27 年（2015）

1.9　政府は、自民党第一次提言を受けて小宮義則宇宙戦略室長の強力なリーダーシップの下、我が国としては初となる宇宙予算とリンクした 10 年間の宇宙計画を示した第三次宇宙基本計画・工程表を作成

1.27　宇宙開発戦略本部事務局の設置、宇宙政策に関する内閣官房・内閣府の協議の場の設置等の行政改革に伴う閣議決定

2.1　JAXA、H-ⅡA-27 号機にて、情報収集衛星（IGS レーダ予備機）を打ち上げ

3.26　JAXA、H-ⅡA-28 号機にて、情報収集衛星（IGS 光学 5 号機）を打ち上げ

8.19　JAXA、H-ⅡB-5 号機にて、「HTV-5」を打ち上げ

9.18　自民党は、河村建夫宇宙・海洋開発特別委員長、今津寛宇宙総合戦略小委員長の強力なリーダーシップの下、第二次提言「新宇宙基本計画制定後のわが国の宇宙政策の主要課題」を策定し政府に提言

11.19　自民党は、寺田稔座長の強力なリーダーシップの下宇宙 2 法への提言「宇宙法制に関するワーキング・チーム取りまとめ」を策定し政府に提言。ワーキング・チーム（寺田稔座長、中谷真一、中川郁子、大野敬太郎、牧島かれん、小田原潔、豊田真由子）は、宇宙・海洋開発特別委員会（河村建夫委員長）の宇宙総合戦略小委員会（今津寛委員長）の下に設置され、宇宙 2 法は、宇宙基本法の理念を実現するための我が国の宇宙活動を規定する「宇宙活動法」と衛星データ管理を規定する「衛星リモートセンシング法」からなる

11.24　JAXA、H-ⅡA-29 号機にて、「Telstar12（カナダ）」衛星を打ち上げ

12.8　政府は、2015 年度版「工程表」を改訂

平成 28 年（2016）11 月まで

2.17　JAXA、H-ⅡA-30 号機にて、「ひとみ」等の衛星を打ち上げ

11　自民党提言「宇宙法制に関するワーキング・チーム取りまとめ」をもとに作成された法案である「宇宙 2 法（宇宙活動法、衛星リモートセンシング法）」が臨時国会で成立

新・宇宙戦略概論
グローバルコモンズの未来設計図

2017年2月27日　初版発行

著　者　　坂本　規博

発行者　　松塚　晃医
発行所　　科学情報出版株式会社
〒300-2622　茨城県つくば市要443-14 研究学園
電話　029-877-0022
http://www.it-book.co.jp/

ISBN 978-4-904774-52-6　C0031